Tipps für die Oberfräse

Richard Wagner

Tipps für die Oberfräse

150 ZUSATZVORRICHTUNGEN ZUM NACHBAUEN

Bassermann

Zum Autor
Richard Wagner arbeitet als Tischler und Möbeldesigner, er entwirft und fertigt individuelle Möbelstücke und Wohnaccessoires. Nebenberuflich ist er als freischaffender Bildhauer, Maler und Autor tätig.

Autor und Verlag haben das Werk nach bestem Wissen und mit größtmöglicher Sorgfalt erstellt. Gleichwohl können sie keine Garantie für alle inhaltlichen und technischen Angaben übernehmen. Eine Haftung des Autors bzw. des Verlags und seiner Beauftragten für Personen-, Sach- und Vermögensschäden ist ausgeschlossen.

ISBN 978-3-8094-4504-3

2. Auflage 2024

produktsicherheit@penguinrandomhouse.de
(Vorstehende Angaben sind zugleich Pflichtinformationen nach GPSR)

Die Originalausgabe erschien unter dem Titel *Neue Tipps für die Oberfräse*.

Projektleitung dieser Ausgabe: Dr. Iris Hahner
Umschlaggestaltung: Atelier Versen, Bad Aibling
Herstellung: Elke Cramer

Penguin Random House Verlagsgruppe FSC® N001967

Druck und Bindung: Alföldi Nyomda Zrt., Debrecen

Printed in Hungary

430037370109

Inhalt

Vorwort

Die Oberfräse ist so vielseitig wie kein anderes Elektrowerkzeug. Durch selbst angefertigte Zusatzvorrichtungen lassen sich ihre Einsatzmöglichkeiten sogar noch erweitern.
Neue Tipps für die Oberfräse knüpft an den Band *Die Oberfräse und andere Spezialwerkzeuge* an und zeigt über 150 neue kreative Ideen für Zusatzvorrichtungen. Insgesamt sind damit annähernd 250 verschiedene Konstruktionen dokumentiert, die wiederum in den verschiedensten Varianten eingesetzt werden können. Sie alle sind in der praktischen Auseinandersetzung mit unterschiedlichen Bearbeitungsproblemen in meinem beruflichen Alltag als Möbelschreiner und -designer entstanden. Den Schwerpunkt dieses Bandes bilden die Zusatzvorrichtungen mit Schablonen.
Das Buch richtet sich an Tischler und ambitionierte Hobbyhandwerker, die Werkstücke aus Holz und anderen Materialien effizient bearbeiten und dabei Arbeitsabläufe vereinfachen wollen, ohne sich teures Spezialwerkzeug anzuschaffen.
Am unteren Rand jeder Seite befindet sich eine Symbolleiste. Die blau markierten Symbole weisen auf die vorrangigen Einsatzbereiche der jeweils vorgestellten Konstruktion hin. Zusammen mit dem Stichwortverzeichnis und dem detaillierten Inhaltsverzeichnis im Anhang kann somit für jedes Bearbeitungsproblem schnell die passende Vorrichtung gefunden werden.
Bei den Zeichnungen wurde bewusst auf Maßangaben verzichtet, da sie von jedem Anwender individuell auf die eigene Aufgabenstellung übertragen, unter Umständen ergänzt oder abgeändert werden können. Dabei ist der Nachbau für private Zwecke erwünscht; der gewerbliche Nachbau ist nur mit schriftlicher Genehmigung des Autors erlaubt.
Ganz besonders aber sollen die gezeigten Vorschläge dazu anregen, selbst originelle Lösungen zu unterschiedlichen Fertigungsproblemen zu entwickeln.

Koblenz, im Juni 2009
Richard Wagner

Symbolerklärungen

Bei den Arbeitsbeispielen weisen blau gedruckte Symbole auf die vorrangigen Einsatzbereiche hin.

Möbelbau

Bank- und Stuhlbau

Laden- und Innenausbau

Restaurations- und Reparaturarbeiten

Türenbau

Fensterbau

Dachausbau, Fußbodenbau

Schiffsbau

Schnitzarbeiten

Spann- und Verleimarbeiten

Bau von Möbelsäulen

Regalbau

Messebau

Messen und anreißen

Bearbeitung kleiner Werkstücke

Kleinmöbel, Dekorationsgegenstände

Zimmermannsarbeiten

Profilierungen

Sonderanfertigungen aller Art

Montagearbeiten

Rahmenbau, Bilderrahmenanfertigung

1 Primärvorrichtungen zur Befestigung der Oberfräse

1.1 Einfache Befestigungsvorrichtung mit Flügelschrauben

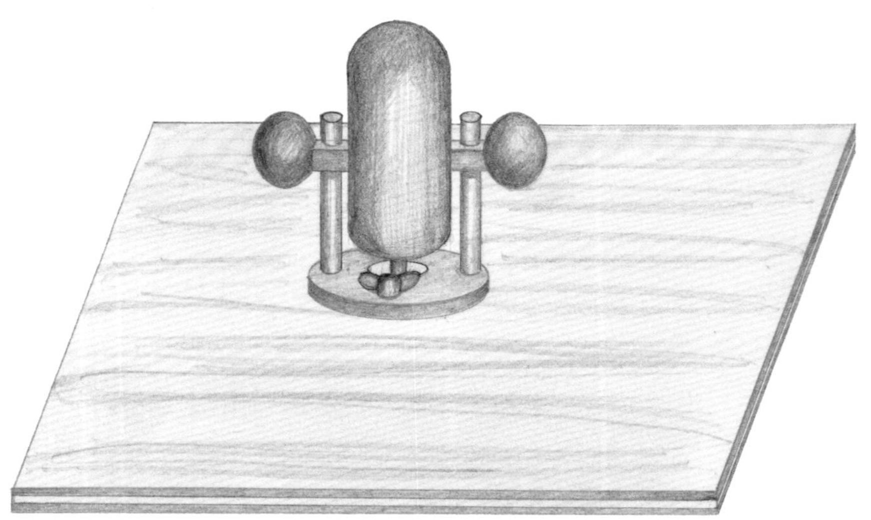

Ansicht: Oberfräse mit Zusatzgrundplatte

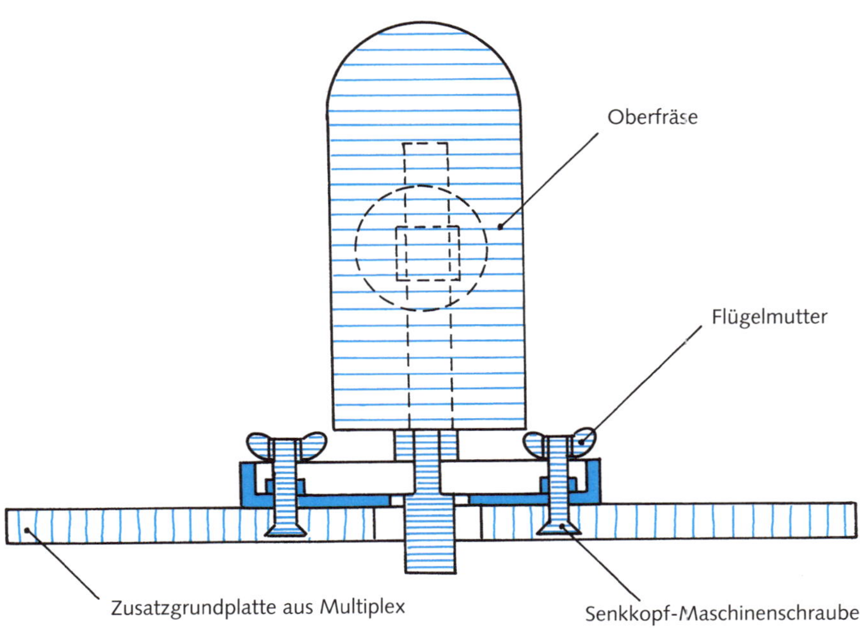

Vertikalschnitt: Zusatzgrundplatte mit Oberfräse und Flügelschraubenbefestigung

Die einfache Vorrichtung aus einer Platte aus Multiplex wird mit Schrauben und Muttern bzw. Flügelmuttern mit der Oberfräse verbunden. Wichtig ist, dass eine Öffnung in die Platte gesägt oder gebohrt wird, die den Blick auf das Werkstück ermöglicht. Die Materialstärke der Platte sollte nicht mehr als 9 mm betragen, da sonst die Eintauchtiefe des Fräswerkzeugs zu sehr verringert wird. Um ein Durchbiegen der Platte zu verhindern, kann zusätzlich ein Rahmen aufgeschraubt werden.

1.2 Positioniervorrichtung

Genaue Fixierung der Oberfräse

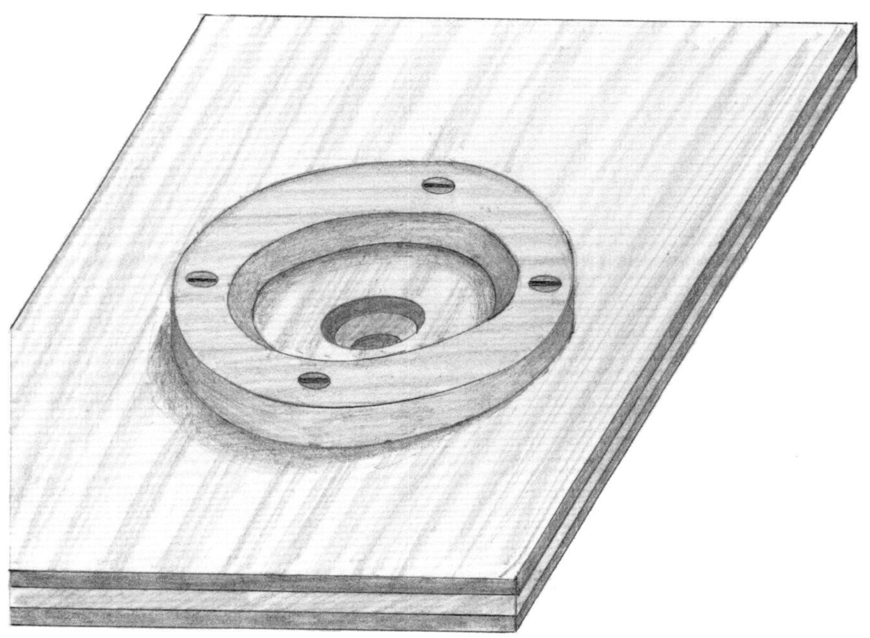

Ansicht: Zusatzgrundplatte für Oberfräse und Positionierring (Oberfräse passt spielfrei in den Ring)

        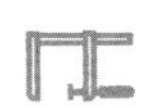 

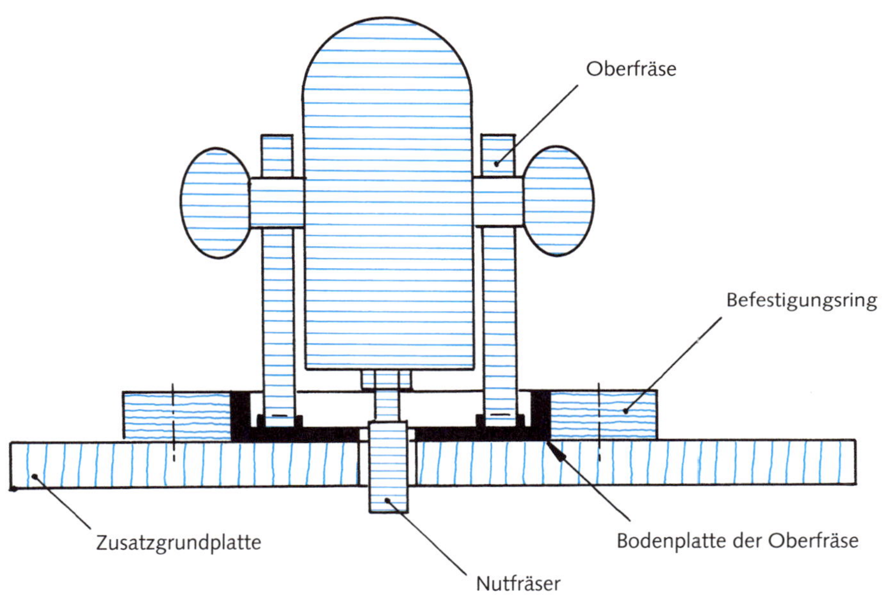

Vertikalschnitt: Zusatzgrundplatte mit Oberfräse und Befestigungsring

Diese Vorrichtung ist eine Weiterentwicklung der Vorrichtung 1.1, mit dem Unterschied, dass ein Ring für eine Oberfräse mit runder Bodenplatte und einem Ausschnittrahmen für eine Oberfräse mit einer anderen Bodenplatte auf die Zusatzgrundplatte aufgeschraubt wird. Die Oberfräse wird dann in diesen »Ring« hineingesetzt und mit Leisten auf dem Ringrahmen fixiert. Auf diese Art entfällt das Einsetzen von Schrauben, die wegen ihres kleinen Durchmessers die Bohrungen in der Grundplatte ausweiten und dadurch zu Ungenauigkeiten führen können. Der Rahmen hat den Vorteil, dass er auf unterschiedliche Unterlagen aufgeschraubt werden und eine genaue Fixierung der Oberfräse gewährleisten kann.

Der Ring wird folgendermaßen auf der Zusatzgrundplatte montiert: Mit einem Nutfräser wird eine Bohrung in die Zusatzgrundplatte gefräst. Danach wird der Befestigungsring um die Bodenplatte der Oberfräse gelegt. Der Nutfräser wird in die Öffnung gesteckt; der Ring wird anschließend auf der Zusatzplatte festgeschraubt. Dadurch kann die Maschine passgenau montiert werden.

1.3 Befestigungsvorrichtung mit Metallklammern

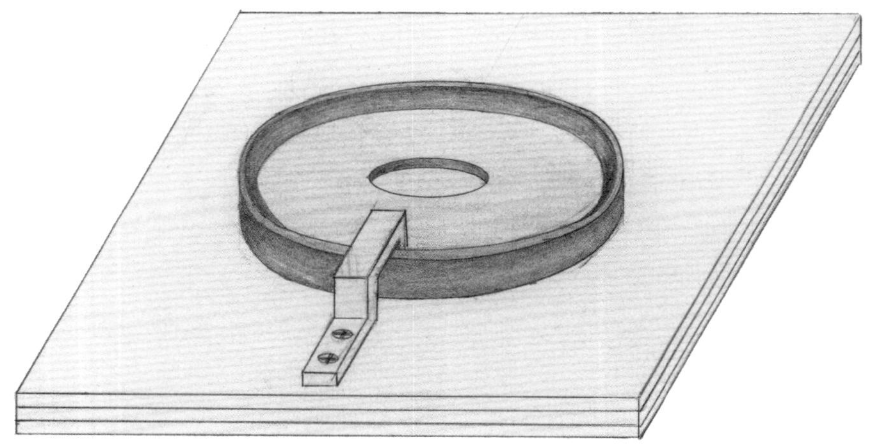

Grundplatte aus Multiplex, Bodenplatte der Oberfräse und Metallklammern zur Befestigung (Befestigungswinkel)

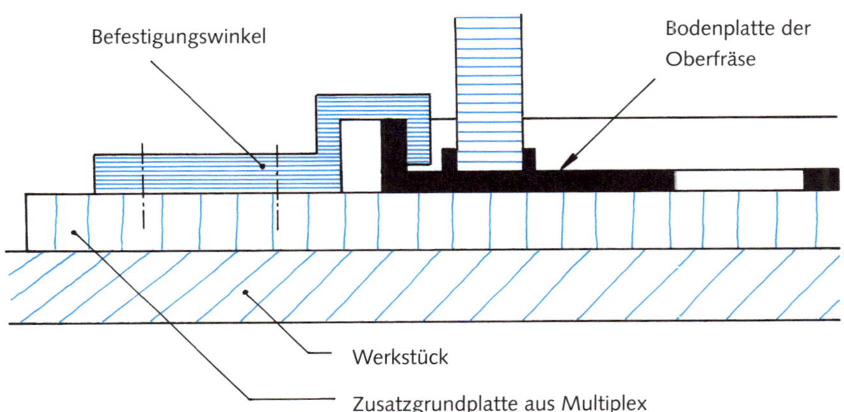

Vertikalschnitt: Teilansicht Bodenplatte der Oberfräse, Zusatzgrundplatte aus Multiplex und Befestigungswinkel

Bei dieser Vorrichtung wird die Oberfräse auf eine Multiplexplatte aufgesetzt und mit Metallklammern befestigt, die entsprechend der Originalbodenplatte der Oberfräse geformt sein müssen (Befestigungswinkel). Die Klammern werden am Rand der Bodenplatte aufgesetzt und mit der Multiplexplatte verschraubt. Es werden mindestens vier von diesen Klammern benötigt, da wegen der geringen Stärke der Zusatzplatte aus Multiplex nur kurze Schnellbauschrauben verwendet werden können. Der Vorteil dieser Befestigungsschrauben: Die Oberfräse kann mit geringem Zeitaufwand befestigt werden.

1.4 Befestigungsvorrichtung aus zwei Teilen

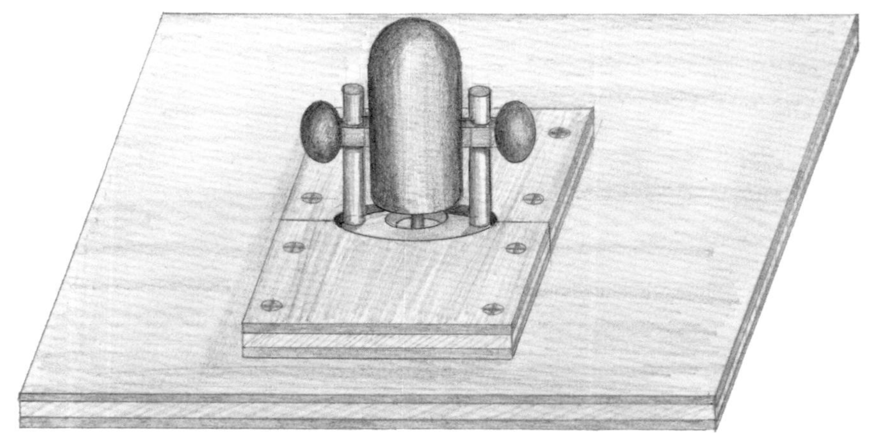

Ansicht: Grundplatte und Formstücke zum Fixieren der Oberfräse

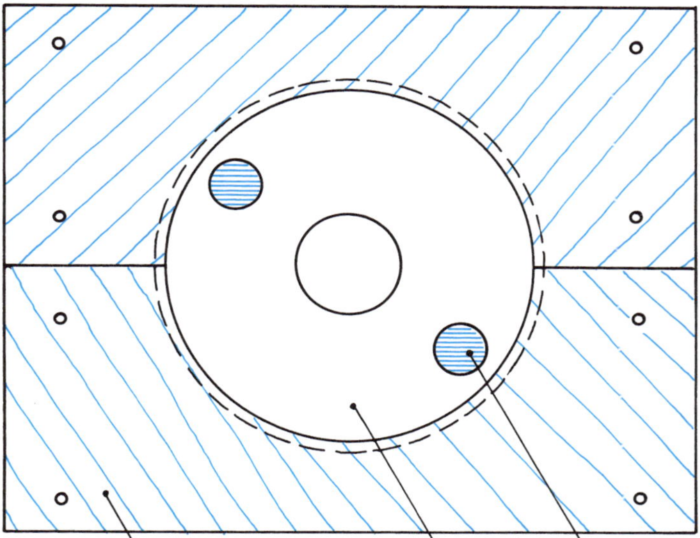

Formstück zur Befestigung der Bodenplatte

Führungsstangen der Oberfräse

Grundplatte (Metall) der Oberfräse

Horizontalschnitt: Formstücke mit Befestigungsbohrungen und Grundplatte der Oberfräse

Bei dieser Befestigungsvorrichtung wird die Oberfräse auf die Bodenplatte aufgesetzt. Anschließend werden die beiden Befestigungsteile (Formstücke) über die Bodenplatte geschoben und mit der Grundplatte aus Multiplex verschraubt. Die Formstücke haben einen Falz, der so genau gearbeitet sein muss, dass die Bodenplatte der Oberfräse spielfrei hineinpasst. Die Teile sind so gearbeitet, dass der Rand der Bodenplatte überdeckt ist und beim Festschrauben gegen die Zusatzplatte aus Multiplex gepresst wird. Die Formstücke werden mit Schnellbauschrauben mit der Zusatzplatte verbunden.

1.5 Versenkbare Oberfräsenbefestigung

Befestigungsvorrichtung mit größerer Eintauchtiefe

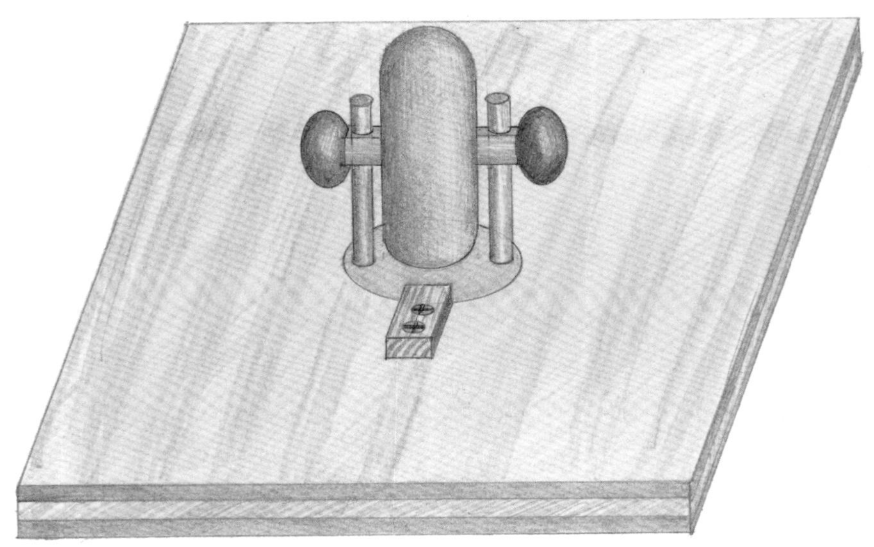

Oberfräse, eingelassen in Grundplatte, mit Befestigungsklotz

Für diese Zusatzgrundplatte wird eine sehr stabile Multiplexplatte verwendet; das hat den Vorteil, dass keine zusätzlichen Stabilisierungen gegen Durchbiegen befestigt werden müssen. Die Form der Oberfräsenbodenplatte wird in die Platte gefräst, und zwar so tief, dass der Rand der Bodenplatte etwas über den Rand der Multiplexplatte herausragt. Dadurch ist es möglich, mit kurzen Holzteilen, die etwas in die Bodenplatte der Oberfräse hineinragen, die Oberfräse spielfrei und stabil festzuschrauben. Der Vorteil dieser Vorrichtung: Die Aussparung kann so tief in die Zusatzplatte gefräst werden, dass nur wenig Eintauchtiefe verlorengeht. So ist es möglich, die Zusatzplatte bis auf etwa 4 oder 5 mm Rest-

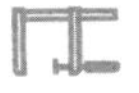

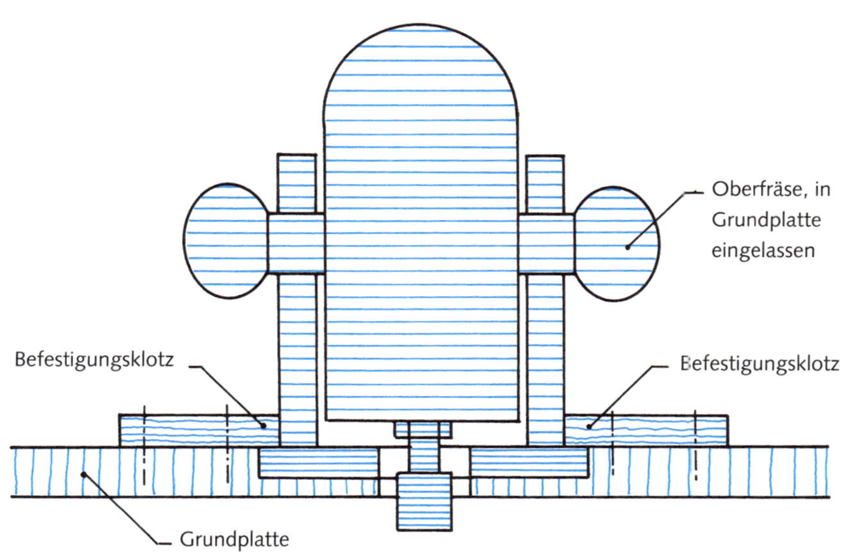

Vertikalschnitt: Befestigungsvorrichtung mit eingelassener Oberfräse und Befestigungsklötzen

material auszufräsen. Dadurch wird im Gegensatz zu den anderen Befestigungsvorrichtungen Eintauchtiefe gewonnen.

Variante: Einsetzen einer Metallplatte, um zusätzliche Eintauchtiefe zu gewinnen. Bei dieser Variante wird der Ausschnitt für die Bodenplatte der Oberfräse vollständig durchgefräst. Anschließend wird auf der Unterseite ein Falz gefräst, in den dann eine Metallplatte mit Öffnung für die Fräswerkzeuge von unten auf die Multiplexplatte geschraubt wird. Dadurch ist der Verlust an Eintauchtiefe bis auf wenige Millimeter zu minimieren.

1.6 Bolzenscheibe

Für den Einsatz von Zirkelvorrichtungen zum Fräsen von Verzierungen, kreisförmigen Nuten u. Ä. in Werkstücke, die nicht verletzt werden dürfen

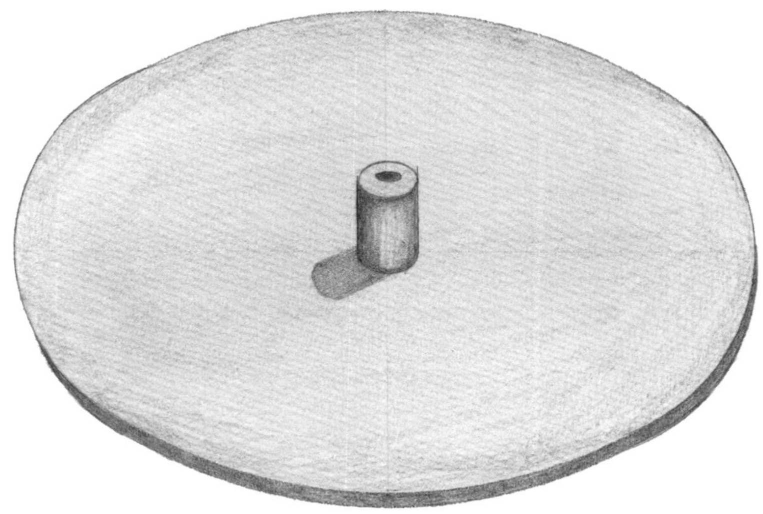

Ansicht: Metallscheibe mit mittig durchbohrtem Bolzen

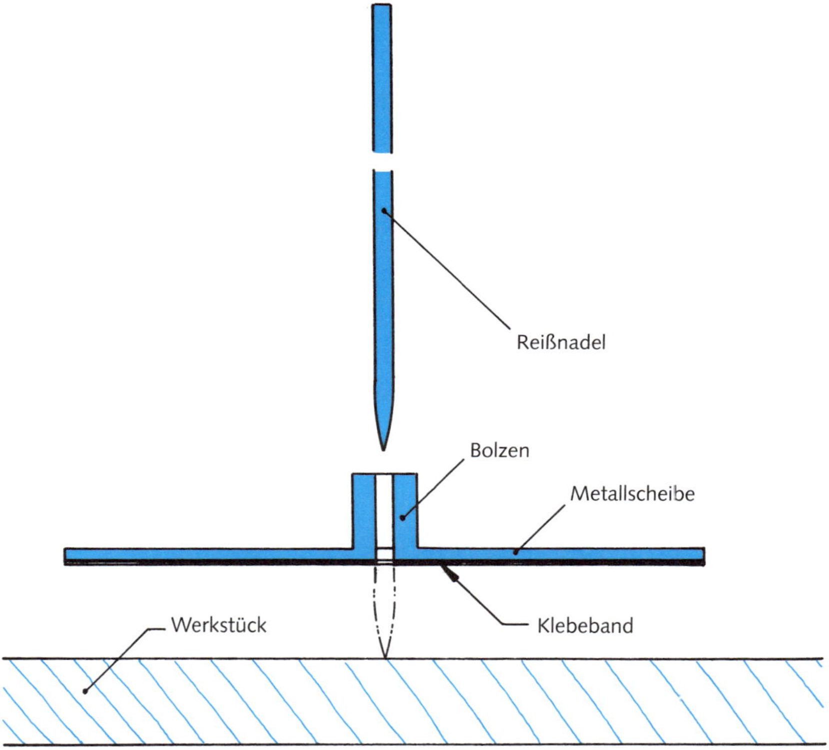

Vertikalschnitt: Reißnadel zur Bestimmung des Mittelpunkts, Metallscheibe mit durchbohrtem Bolzen

In der Mitte des Bolzens befindet sich genau mittig eine Bohrung, durch die eine Reißnadel o. Ä. eingeführt werden kann. Die Reißnadel wird durch die Öffnung geführt und genau auf den angerissenen Mittelpunkt im Werkstück aufgesetzt. Anschließend wird die Platte mit dem Bolzen auf das Werkstück abgesenkt und fixiert. Je nach Werkstück können dazu Doppelklebebänder mit unterschiedlich starker Haftung benutzt werden. Die Scheibe muss groß genug sein, um eine sichere Fixierung auf dem Werkstück gewährleisten zu können. Auf diese Weise können Zirkelfräsvorrichtungen u. Ä. benutzt werden, ohne die Oberfläche zu beschädigen.

1.7 Verstellbarer Frästiefenausgleich

Zum Fräsen mit Kopierhülsen entlang von Schablonen

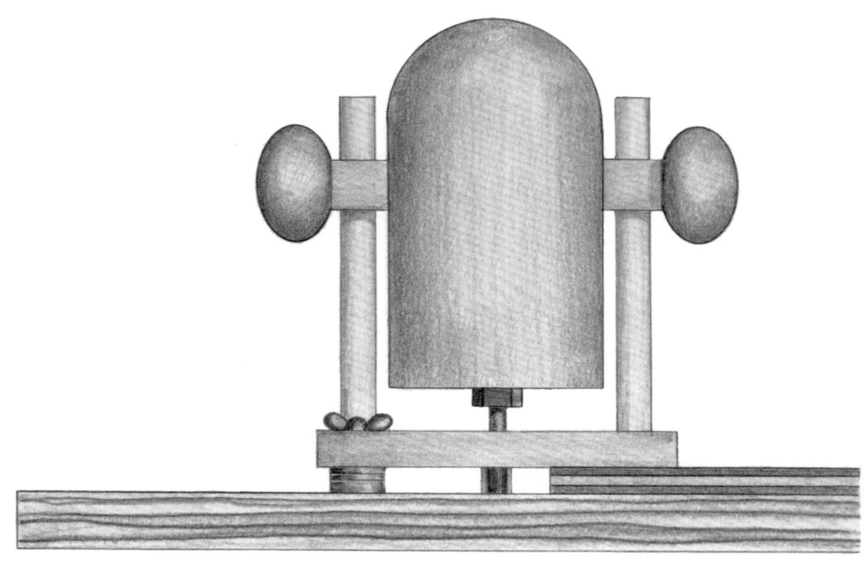

Ansicht: Oberfräse mit variablem Höhenausgleich

Höhenausgleichsscheibe

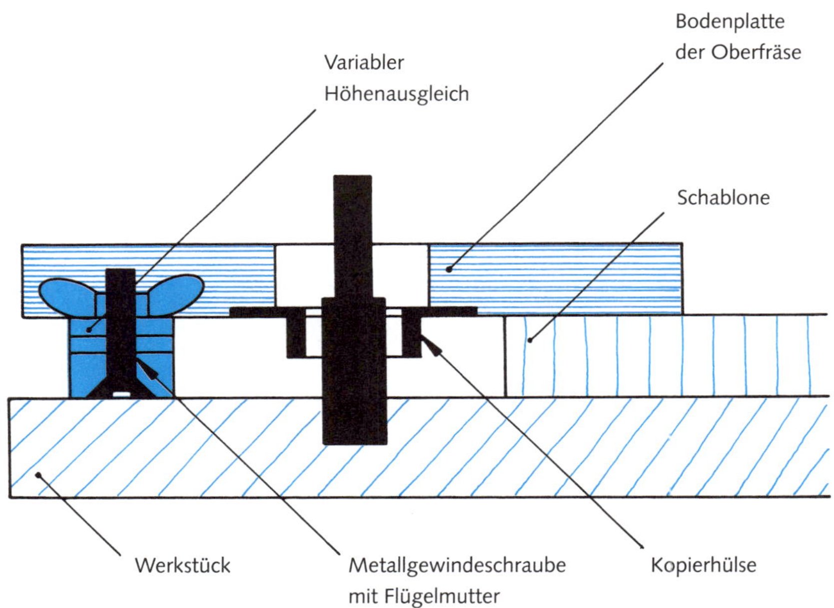

Vertikalschnitt: Bodenplatte der Oberfräse mit Nutfräser und Kopierhülse, Schablone und variablem Höhenausgleich

Da beim Fräsen mit Kopierhülsen entlang von Schablonen das Problem auftritt, dass die Oberfräse bei unsachgemäßer Handhabung aufgrund ihres Eigengewichtes abkippen kann, empfiehlt es sich, einen Höhenausgleich zu verwenden. Ist in der Bodenplatte der Oberfräse keine Bohrung an günstiger Stelle vorhanden, kann diese dort angebracht werden. Mittels einer Flügelschraube können Unterlegscheiben unter der Bodenplatte befestigt werden. Wichtig ist allerdings, dass die unterste Scheibe aus Hartholz oder Kunststoff gefertigt ist und zusätzlich einen abgerundeten Rand hat, damit sie ohne Widerstand über das Material gleiten kann. Die Größe der Scheiben kann dem Verwendungszweck angepasst werden, sollte aber möglichst groß sein, um eine sichere Auflage zu gewährleisten.

2 Schablonenvorrichtungen

2.1 Einfache Schablonenrahmenvorrichtung

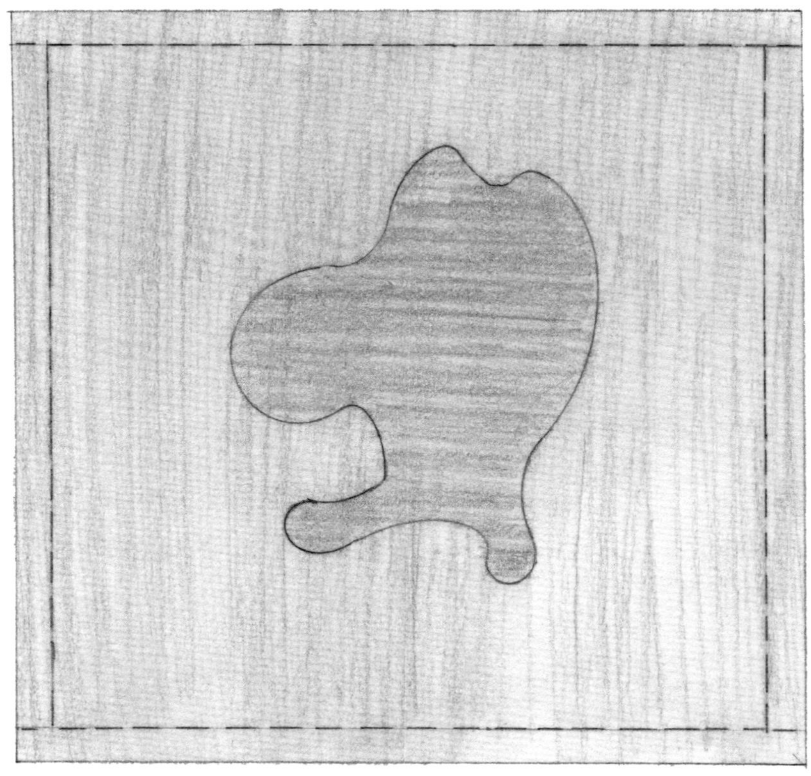

Draufsicht: Schablone mit Rahmen (gestrichelte Linien)

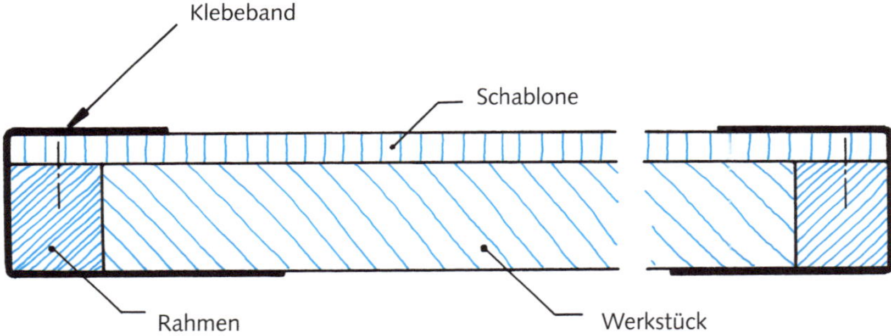

Vertikalschnitt: Befestigungsrahmen mit Werkstück und Klebeband

Bei dieser relativ einfachen Schablonenvorrichtung wird die Schablone auf einen Rahmen geschraubt, der genau die Maße des Werkstücks hat. Der Rahmen wird nur über das Werkstück gelegt; so können problemlos Serien gefräst werden. Wichtig: Der Rahmen darf kein Spiel haben, muss aber trotzdem problemlos auf das Werkstück passen.

2.2 Vierfachrahmen-Fräsvorrichtung

Fräsen von symmetrischen Motiven

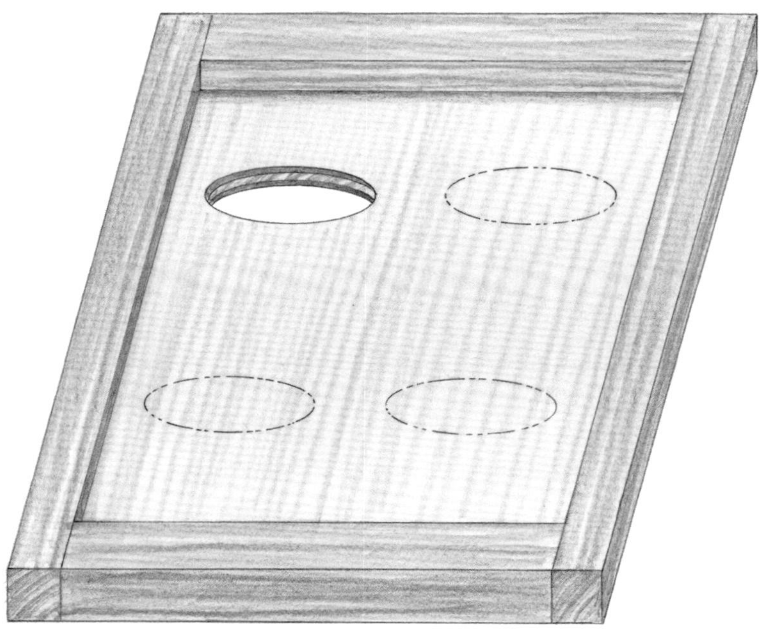

Draufsicht: Fräsrahmen mit Schablone und einem Motivausschnitt; die Schablone kann sowohl gedreht als auch gewendet werden, um das Motiv viermal zu fräsen.

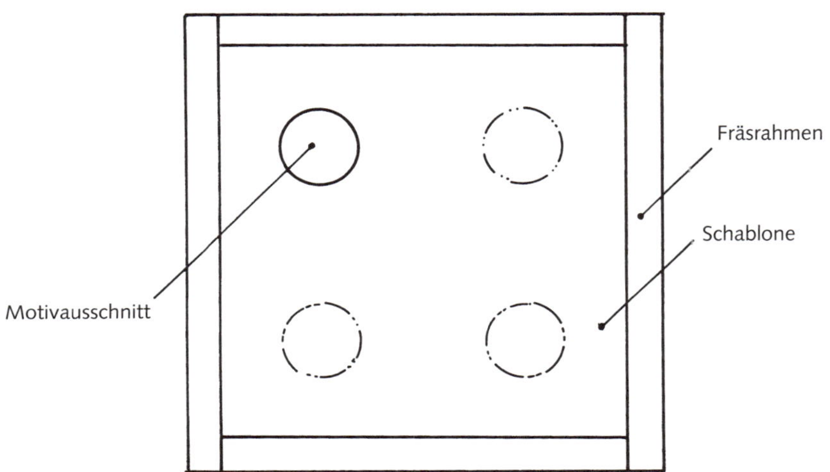

Draufsicht: Fräsrahmen mit Schablone und einem Motivausschnitt

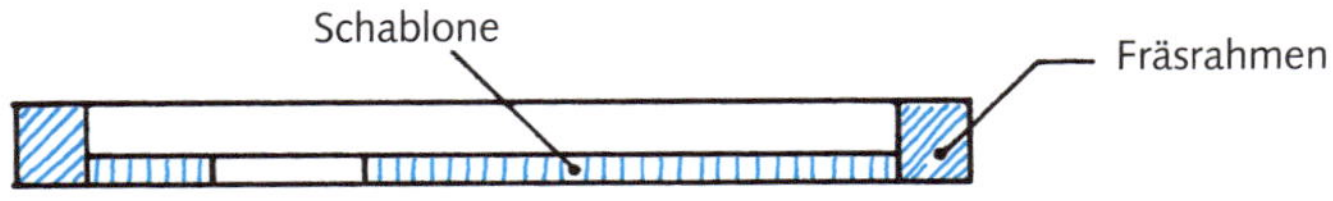

Vertikalschnitt: Fräsrahmen mit Schablone

Bei dieser ausgesprochen einfachen Fräsvorrichtung wird ein Rahmen angefertigt, in den die Schablone eingelegt wird. Die Vorrichtung eignet sich in dieser Form allerdings nur für symmetrische Motive. Wichtig: Der Rahmenausschnitt muss genau quadratisch sein, da die Schablone gedreht und auch gewendet werden muss. Der Rahmen kann aus einer Multiplexplatte mittels Tauchschnitten herausgesägt oder -gefräst werden, oder er wird als Rahmen angefertigt. Dieser Rahmen wird auf dem Werkstück befestigt und die Schablone eingelegt. Bei genauer Bearbeitung kann nun das Motiv der Schablone viermal in das Werkstück gefräst werden. Der Vorteil dieser Schablonenvorrichtung ist, dass das Motiv nur einmal angefertigt werden muss und dass das Positionieren enorm erleichtert wird.

2.3 Wendeschablonenvorrichtung

Fräsen von symmetrischen Motiven mit Steg

Ansicht: Beispiel eines Schablonenrahmens mit eingelegter Formschablone

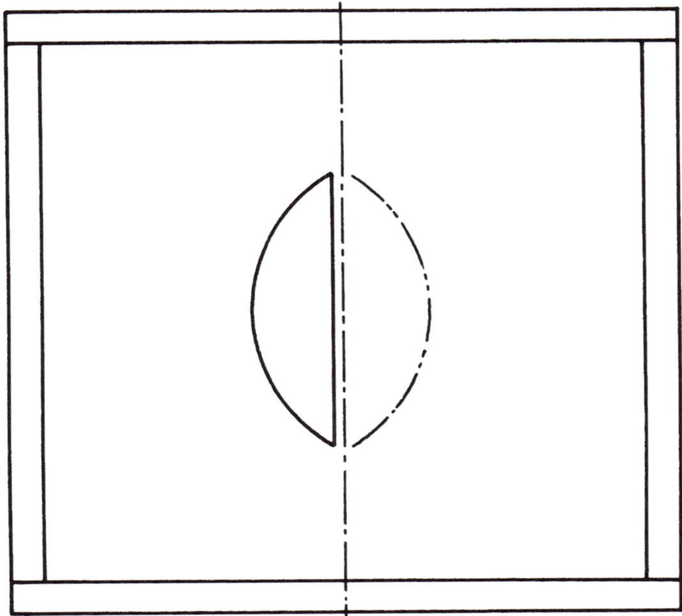

Draufsicht: Schablonenrahmen und Schablone; die Schablone wird nach dem ersten Fräsvorgang gedreht

Vertikalschnitt: Schablonenrahmen mit Schablone und Formausschnitt

Die Vorrichtung kann eingesetzt werden, wenn symmetrische Motive nebeneinander gefräst werden müssen, aber vor allem auch, wenn, wie im Beispiel auf der linken Seite, ein schmaler Steg im Werkstück stehen bleiben soll. Eine Schablone in dieser Doppelform wäre nicht denkbar, da für die Kopierhülse der Mittelsteg zur Führung wegfallen würde. Wird jedoch nur die halbe Form als Schablone angefertigt, kann man durch Wenden auch solche Motive fräsen, die einen kleinen Steg in der Mitte haben.

2.4 Einfache Verschiebeschablonen-Vorrichtung

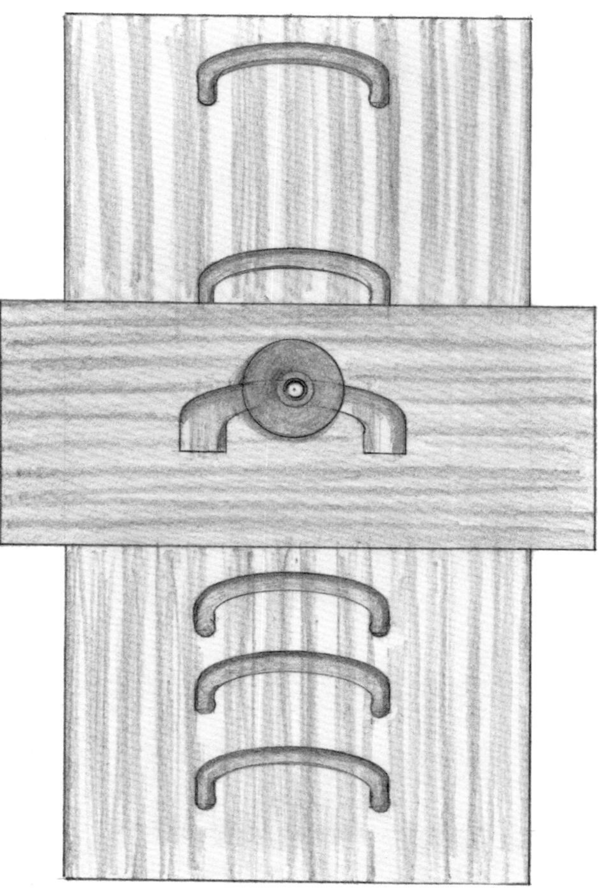

Draufsicht: Schiebeschablonenvorrichtung und Türblatt mit Formfräsungen (Fräsung wird mit Kopierring ausgeführt)

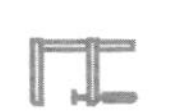

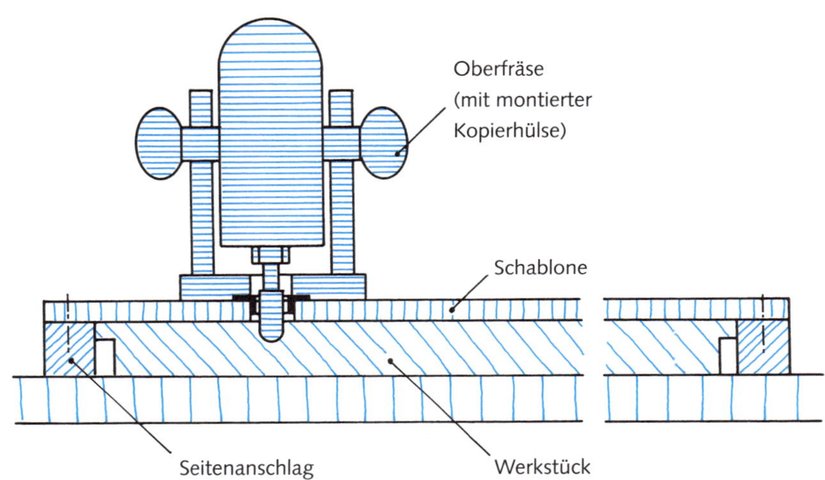

Vertikalschnitt: Arbeitsplatte, Werkstück (Türblatt), Schiebeschablone mit seitlich angebrachten Anschlägen, Oberfräse mit Kopierring

Bei dieser Fräsvorrichtung befindet sich links und rechts unter der Schablone eine Führungsleiste, die so fixiert sein muss, dass die Schablonenvorrichtung spielfrei am Werkstück (in der Zeichnung ein Türblatt aus Vollholz) entlanggeschoben werden kann.
Das Motiv kann dann in beliebiger Zahl mit Kopierhülse und Fräswerkzeug wiederholt werden. Die Schablone wird aus Multiplex oder einem anderen geeigneten Schablonenmaterial hergestellt.

2.5 Verschiebbare Randverzierungs-Schablonenvorrichtung

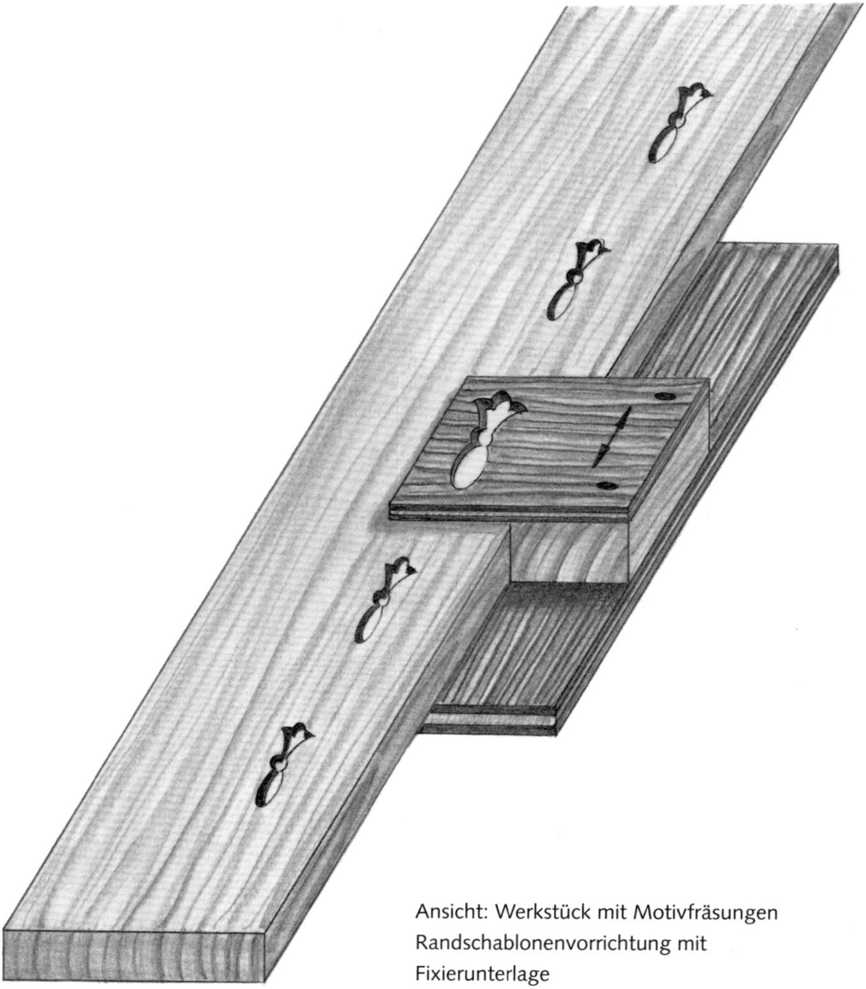

Ansicht: Werkstück mit Motivfräsungen
Randschablonenvorrichtung mit Fixierunterlage

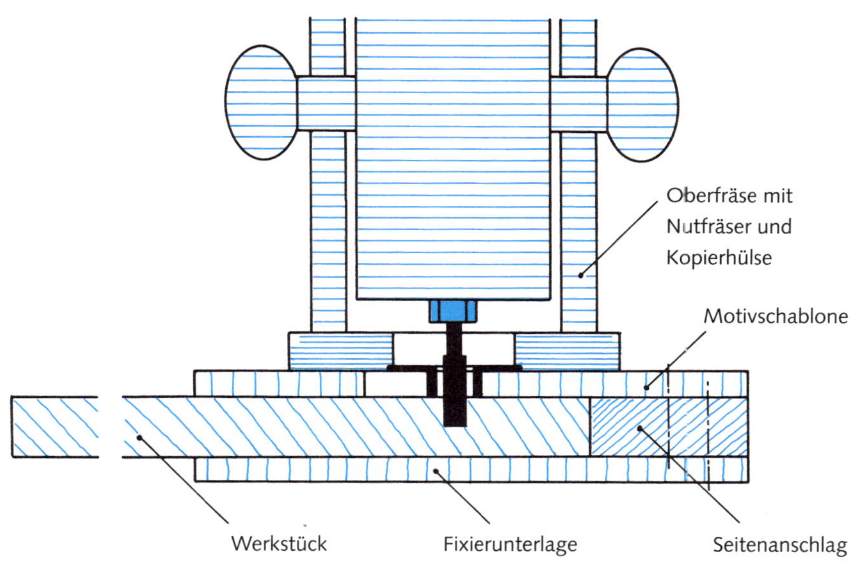

Vertikalschnitt: Oberfräse mit Kopierhülse, Motivschablone mit Seitenanschlag und Fixierunterlage; Werkstück

Die Vorrichtung besteht aus Fixierunterlage, Zwischenplatte, die gleichzeitig als Anschlag und Führung genutzt wird, und der aufgeschraubten Schablone. Die Zwischenplatte muss ein wenig stärker sein als das Werkstück, damit die Oberfläche des Werkstücks beim Verschieben nicht beschädigt werden kann. Nach jedem Fräsvorgang kann die Vorrichtung um eine Position nach oben oder unten verschoben und mit Klemmzwingen fixiert werden. Auf diese Weise kann ein Motiv ohne große Schwierigkeiten beliebig oft wiederholt werden.

2.6 Verstellbare Schablonenrahmen-Vorrichtung

Gleichförmige Fräsarbeiten entlang einer Kante

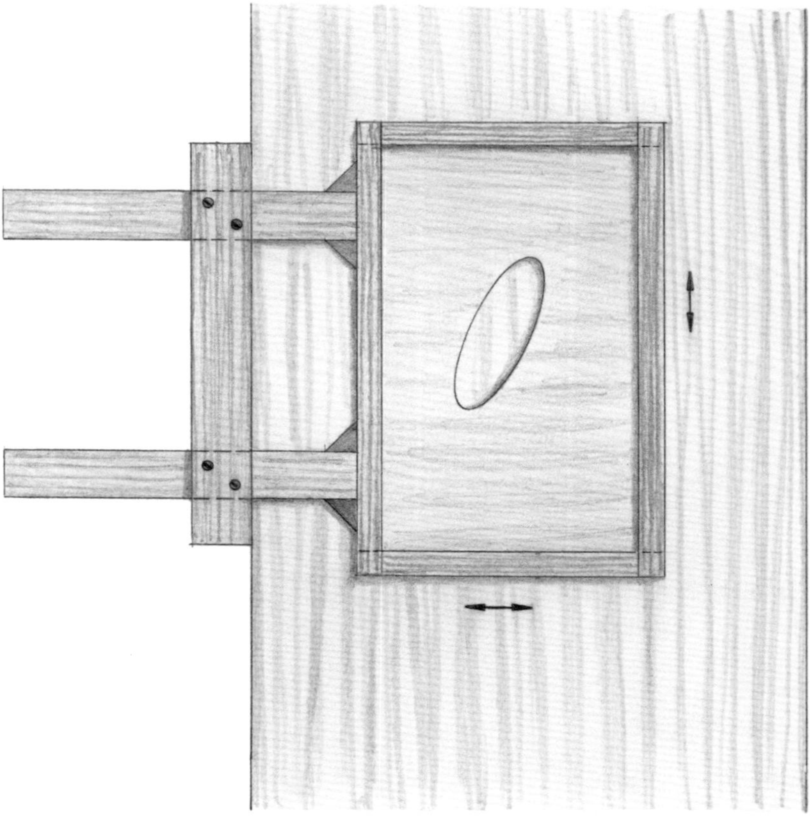

Draufsicht: Werkstück mit aufliegendem Schablonenrahmen mit Schablone sowie seitliche Verlängerungen mit verschraubtem Anschlagstück

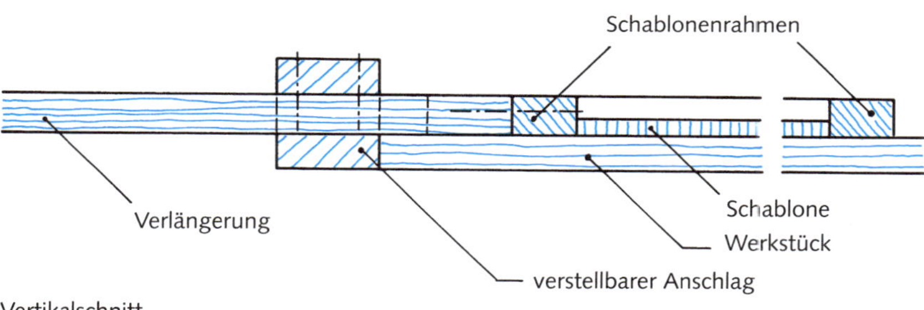

Vertikalschnitt

Diese Vorrichtung ist eine Weiterentwicklung der Vorrichtung 2.5, die eher für gleichförmige Fräsarbeiten entlang einer Kante verwendet wird. Sie hat den Vorteil, dass sie sowohl am Rand entlanggeführt und zusätzlich noch in der Seitenposition variabel verstellt werden kann. In den Rahmen können Wechselschablonen eingelegt werden, die, je nach Form des Rahmens, gewendet und/oder gedreht werden können. Mit dieser Vorrichtung kann man also sehr flexibel und zeitsparend arbeiten. Die Herstellung des Rahmens und der Vorrichtung kann aus der Draufsicht ersehen werden und benötigt keine weitere Erklärung.

2.7 Verstellbare Lochreihen-Schablonenvorrichtung

Arbeiten in Längs- und in Querrichtung mit festgelegten Maßverschiebungen

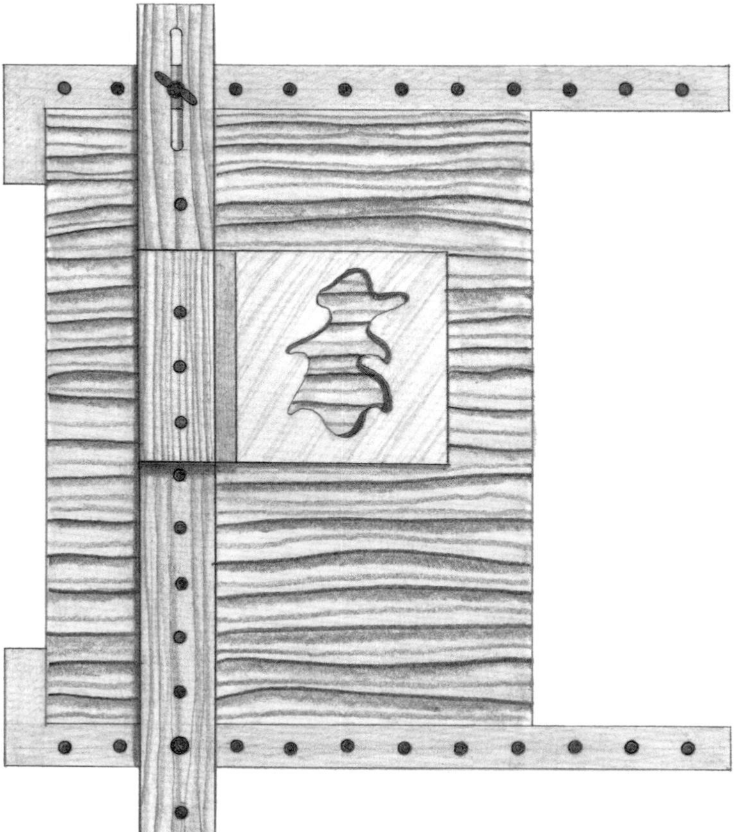

Draufsicht: Vorrichtung mit Lochreihen-Winkelanschlägen und verstellbarem Lochreihenbrett mit Schablonenbefestigung

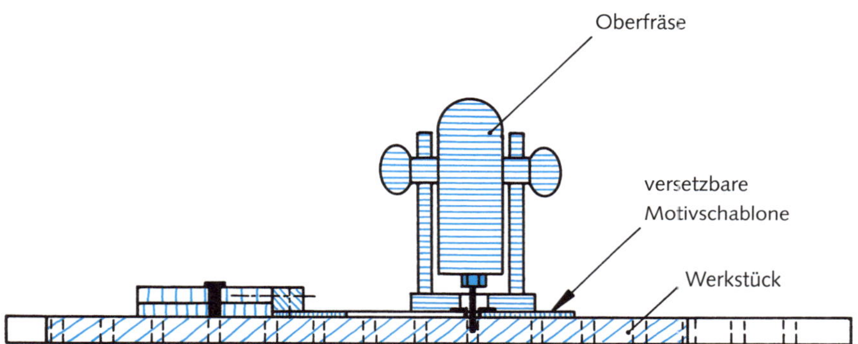

Vertikalschnitt: Werkstück mit Anlegewinkel und Positionsbohrungen; Motivschablone mit Befestigungsstück für versetzbares Längsteil, gleichfalls mit Positionsbohrungen

Wie in der linken Zeichnung ersichtlich, werden an das Werkstück zwei Winkelschienen mit Passbohrungen angelegt. Diese beiden Winkelschienen werden mit einer zusätzlichen Schiene, die ebenfalls mit Passbohrungen versehen ist, verbunden. Die Verbindungsschiene hat ein Langloch, sodass sie an unterschiedliche Werkstücke angepasst und mittels Flügelschraube fixiert werden kann. Die Schablone wird mit einem Winkel versehen, in dem ebenfalls Passbohrungen angebracht sind. Durch diese werden dann zur Fixierung an der Verbindungsschiene Bolzen eingeführt. So kann die Schablone entlang der Passbohrungen immer wieder neu fixiert werden. Da die Verbindungsschiene ebenfalls mit einem Bolzen und der Flügelschraube positioniert werden kann, ergeben sich sehr viele Verstellmöglichkeiten. Werden Fräspositionen benötigt, die nicht durch die Lochreihen möglich sind, können an den beiden Winkelschienen passende Distanzhölzer eingeschoben werden. Auf diese Weise ist die Vorrichtung noch variabler.

Variante: Wird mehr Flexibilität in der Positionsverschiebung benötigt, können in die Verbindungsschiene zwei statt nur einem Langloch eingefräst werden.

2.8 Eckfräs-Schablonenvorrichtung

Profilierung von Ecken

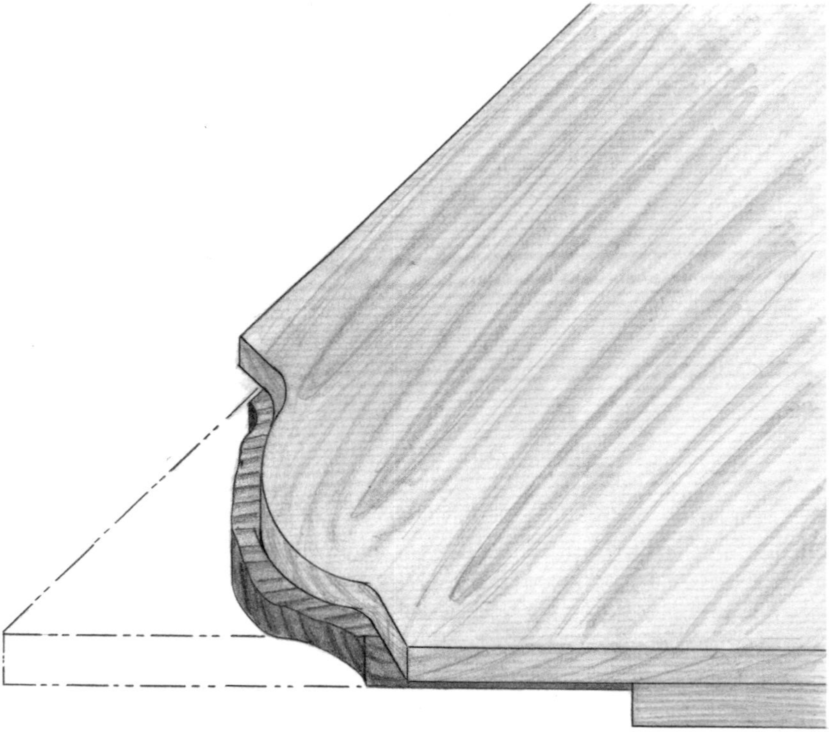

Ansicht: Schablone für Profilformecke mit Werkstück (in vorgesägter Form); die Schablone wird mit im Winkel angebrachten Leisten fixiert.

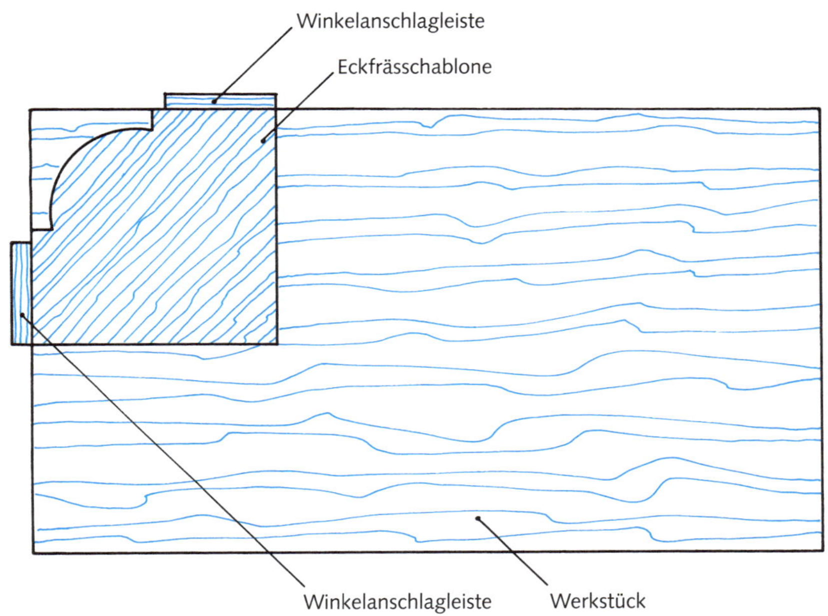

Die Vorrichtung besteht aus einer Schablone und zwei Führungsleisten, die als Winkel angeschraubt werden. Die Führungsleisten reichen nur bis kurz vor das Ende der Profilform, damit das Fräswerkzeug frei geführt werden kann, ohne an die Leiste anzustoßen. Die Profilform wird mit einem Bündigfräser mit oben oder unten angebrachtem Anlaufring angefahren. Für die Position des Anlaufrings ist entscheidend, ob die Schablone ober- oder unterhalb des Werkstücks angebracht wird. Die Schablone wird einfach auf die Ecke des Werkstücks gelegt und fixiert. Danach können alle Ecken des Werkstücks nacheinander in Form gefräst werden. Sinnvoll ist es, zur Verminderung der abzufräsenden Masse die Ecken grob vorzusägen.

2.9 Ecken-Abrundvorrichtung

Für mittlere und sehr große Werkstücke

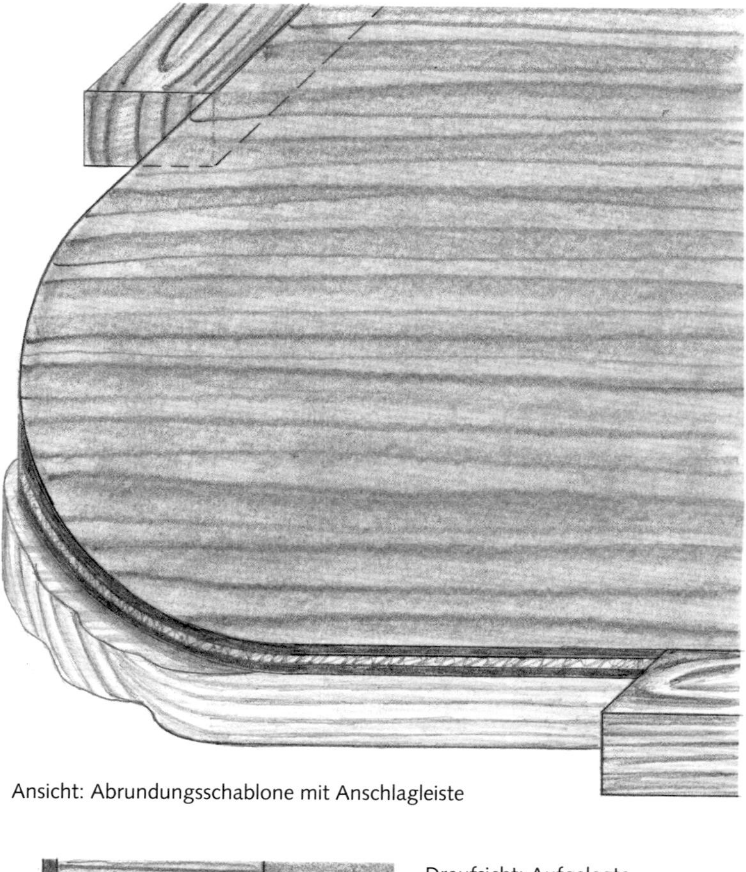

Ansicht: Abrundungsschablone mit Anschlagleiste

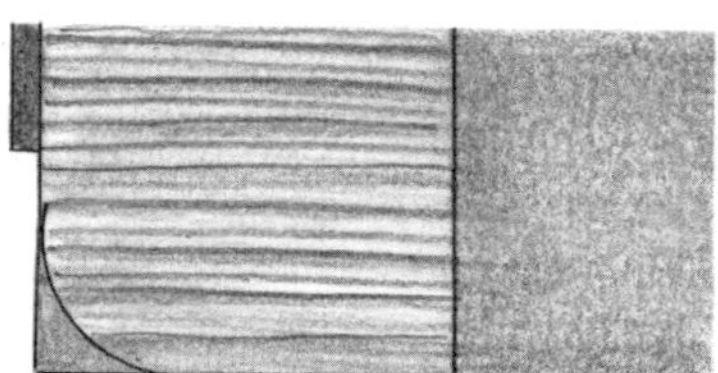

Draufsicht: Aufgelegte Abrundungsschablone mit rechteckigem Werkstück (Detail)

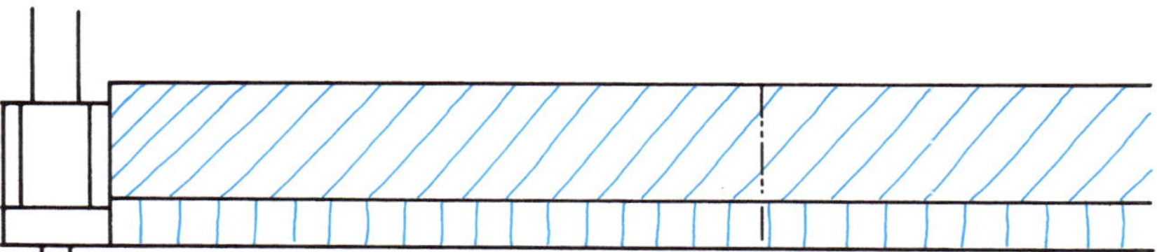

Vertikalschnitt: Untenliegende Abrundungsschablone mit Bündigfräser mit unterem Kugellageranlaufring und Werkstück

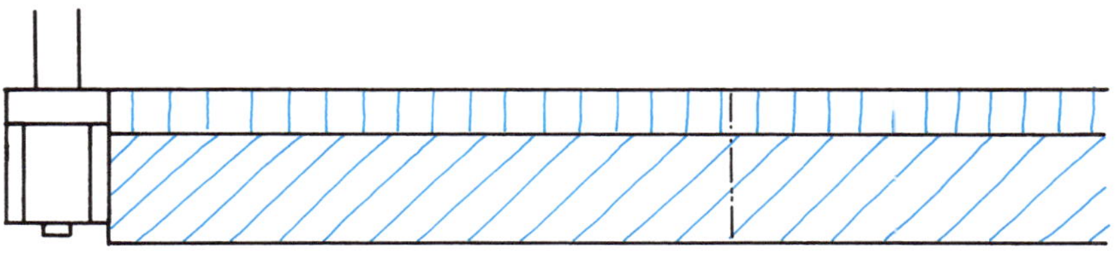

Vertikalschnitt: Obenliegende Abrundungsschablone mit Bündigfräser und Werkstück (obenliegendes Kugellager)

Die Abrundvorrichtung besteht wie die Vorrichtung 2.8 aus der Schablonenform, in diesem Fall einer Teilkreisform, die auf die Ecke des Werkstücks aufgelegt wird. So können die Ecken von Werkstücken in mittleren und sehr großen Größen sehr passgenau abgerundet werden. Fixiert wird die Eckschablonenvorrichtung mit einer Schraubzwinge. Um das Fräsen zu erleichtern, ist es sinnvoll, die Ecken grob vorzusägen.

2.10 Eckwinkel-Zierform-Fräsvorrichtung

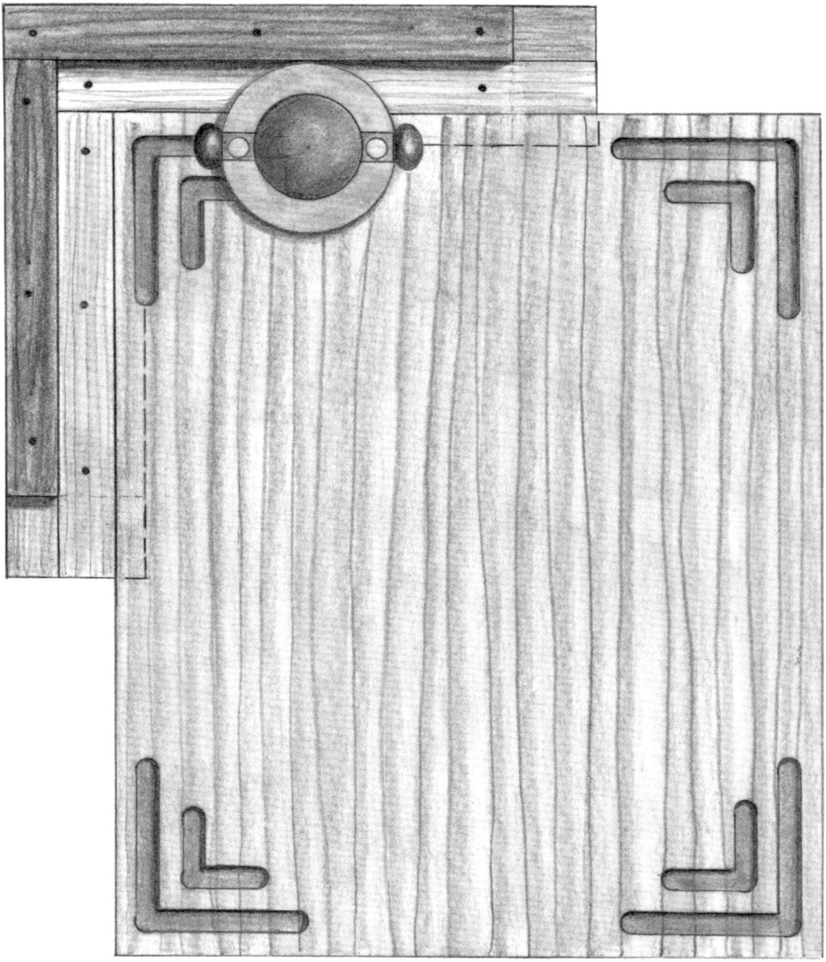

Draufsicht: Werkstück mit Zierfräsungen und Winkelfräsvorrichtung mit Werkstückanschlag und Fräsanschlag für die Oberfräse

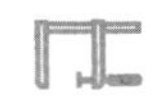

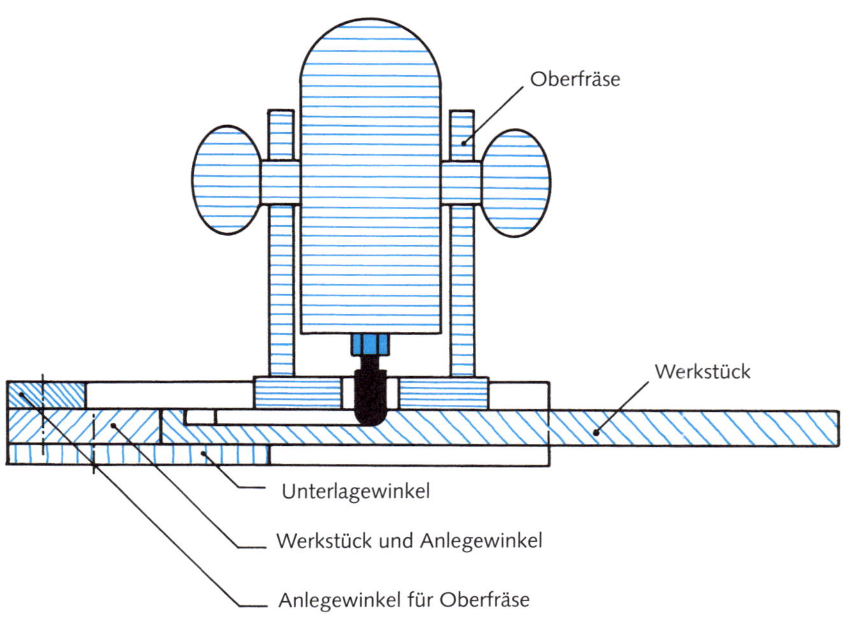

Vertikalschnitt: Werkstück mit Winkelunterlage und Anlegewinkel für Werkstück und Oberfräse

Die Vorrichtung besteht aus einem Brett, auf dem zwei Winkel aufgeschraubt sind. Ein Winkel dient als Anlage an der Ecke von Werkstücken, der zweite als Führung für die Bodenplatte der Oberfräse. Die Position des Anlegewinkels hängt von der Fräsposition der Zierformen ab. Um parallele Zierwinkel o. Ä. in die Ecken zu fräsen, werden einfach passende Zusatzleisten an den Anlegewinkel für die Oberfräse gelegt. So können bei einer Einstellung mehrere Formen gefräst werden. Wichtig ist, dass der Anlegewinkel am Werkstück die gleiche Stärke wie das Werkstück hat, damit die Oberfräse gut geführt werden und nicht abkippen kann. Werden Zierkehlwinkel wie im Beispiel gefräst, müssen an den äußeren Winkelschenkeln Stoppklötze befestigt werden, um identische Formwinkel fräsen zu können.

2.11 Motivschablonen-Eckfräsvorrichtung

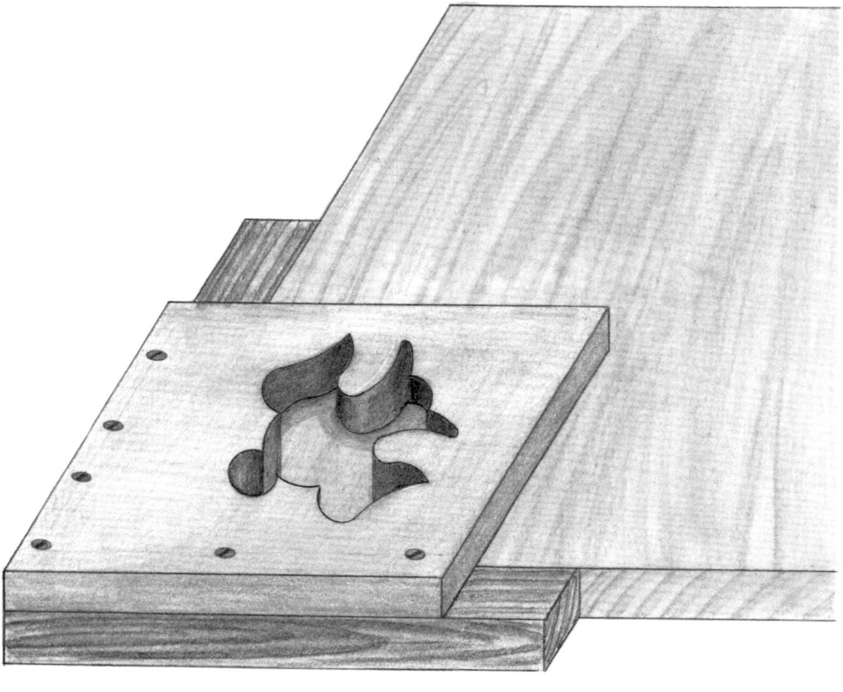

Teilansicht: Werkstück mit Eckwinkel und Schablone (die Schablone wird an den Ecken befestigt und nach Bedarf umgesetzt)

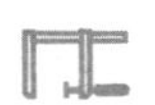

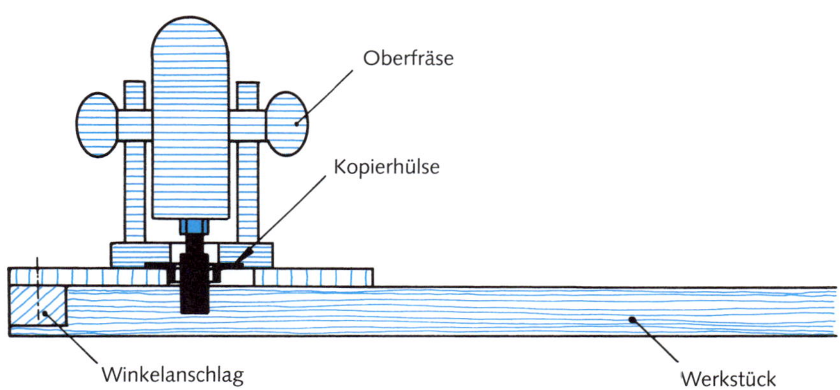

Vertikalschnitt

Hier handelt es sich um eine einfache Vorrichtung aus einer Motivschablone, unter die ein Winkel aus Leisten angeschraubt wird. Dieser Schablonenwinkel wird auf eine Werkstückecke aufgelegt und fixiert. Anschließend können die Motive in die Ecken gefräst werden.

2.12 Drehbare Kreisschablone

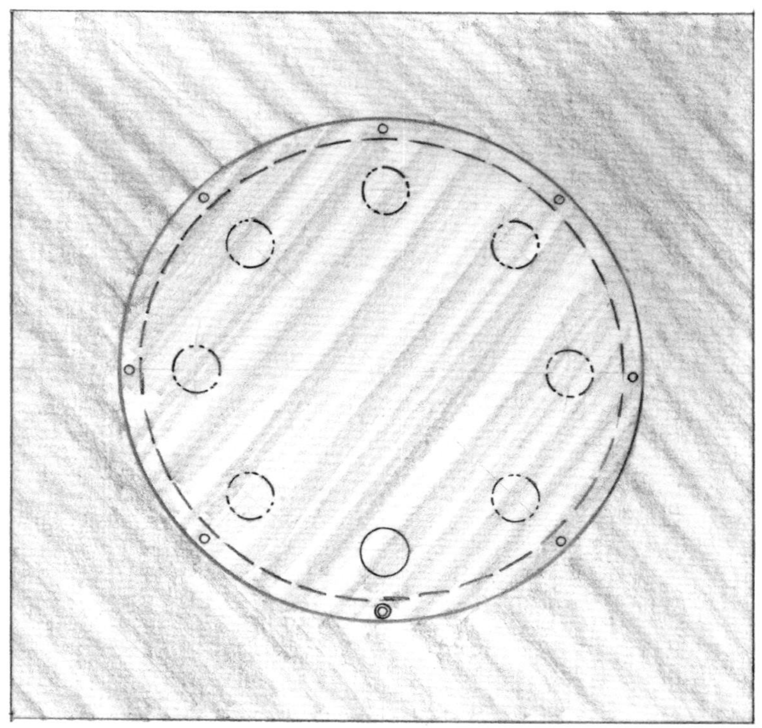

Draufsicht: Verstellbare Kreisschablone mit Positionsbohrungen und Rahmen

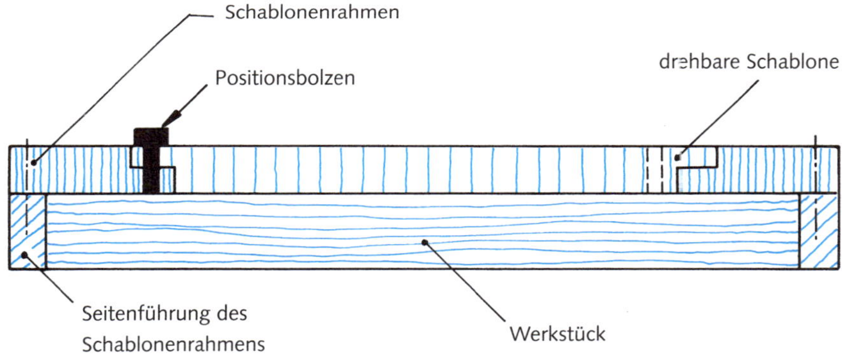

Vertikalschnitt

Diese einfache Vorrichtung besteht aus einer quadratischen Multiplex-Platte, in die ein Kreis mit einem Falz gefräst ist. In diesen Kreis wird eine passende Scheibe mit Falz eingesetzt, die genau in den Ausschnitt passt. In den Falzbereich werden Passbohrungen gebohrt, die sowohl durch den Falz der Scheibe als auch durch den Falz des Rahmens gehen. Die Scheibe, die gleichzeitig Schablone ist, kann im Rahmen gedreht und mit Rundstäben nach jeder Drehung fixiert werden; zum Fixieren eignet sich auch Klebeband. Der Rahmen kann mit Schraubzwingen am Werkstück befestigt werden; bei Serienfräsungen wird ein aufgeschraubter Rahmen benutzt.

2.13 Segmentrahmen-Fräsvorrichtung (1)

Fräsen flächendeckender Motive in große Werkstücke

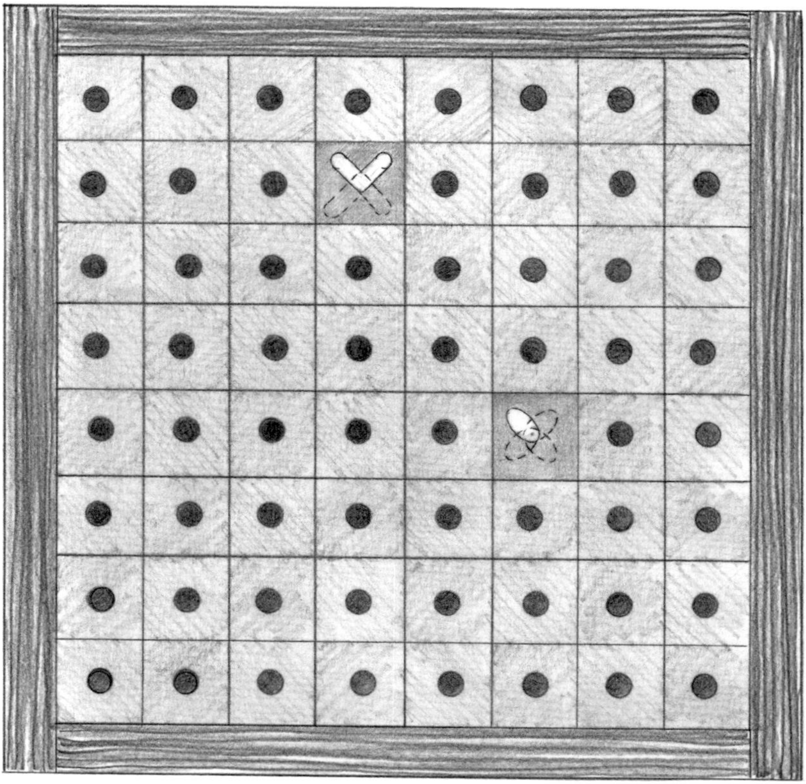

Draufsicht: Rahmen mit zwei Einlege-Motivschablonen und Blindsegmenten. Die Schablonen können gedreht und gegen Blindflächen getauscht werden.

Vertikalschnitt: Rahmen mit Blindsegmenten und Motivschablonen und Oberfräse (mit Kopierhülse)

Die Vorrichtung besteht aus einem großen Grundrahmen und eingelegten quadratischen Multiplexplatten, die zusammen genau den Rahmen ausfüllen. Die Platten sind als Formschablonen gefertigt und können je nach gewünschter Position gegen neutrale Platten (Blindsegmente) ausgewechselt werden. Die Kanten werden mit Klebeband überklebt, um eine bessere Führung der Oberfräse zu gewährleisten. So können mit wenigen Schablonen flächendeckend Motive in große Werkstücke gefräst werden. Durch die quadratischen Segmente können die Formschablonen problemlos gewechselt und neu positioniert werden. Der große Grundrahmen kann aus Leisten oder Brettern gefertigt oder aus einer Platte herausgesägt werden.

2.14 Segmentrahmen-Fräsvorrichtung (2)

Serielles Fräsen von großen Werkstücken mit Schablonen

Ansicht: Ausschnitt eines Segmentrahmens mit Wechselschablone (die Schablone kann in jedes Segment umgesetzt werden)

Wechselschablone

Segmentrahmen

Draufsicht: Segmentfräsrahmen mit Motivwechselschablone

Bei sehr großen Werkstücken, die in Serie gefräst werden müssen, ist es sinnvoll, einen großen Segmentrahmen zu fertigen, in den die Motivschablonen zum Fräsen eingelegt werden können. Sollten kleine Ungenauigkeiten beim Fertigen des Rahmens entstehen, können die Formschablonen mit kleinen Holzkeilen in den Rahmensegmenten fixiert werden.

2.15 Segment-Schablonenrahmen als Fertigmatrize

Serielles Fräsen von Werkstücken mit den gleichen Motivpositionen

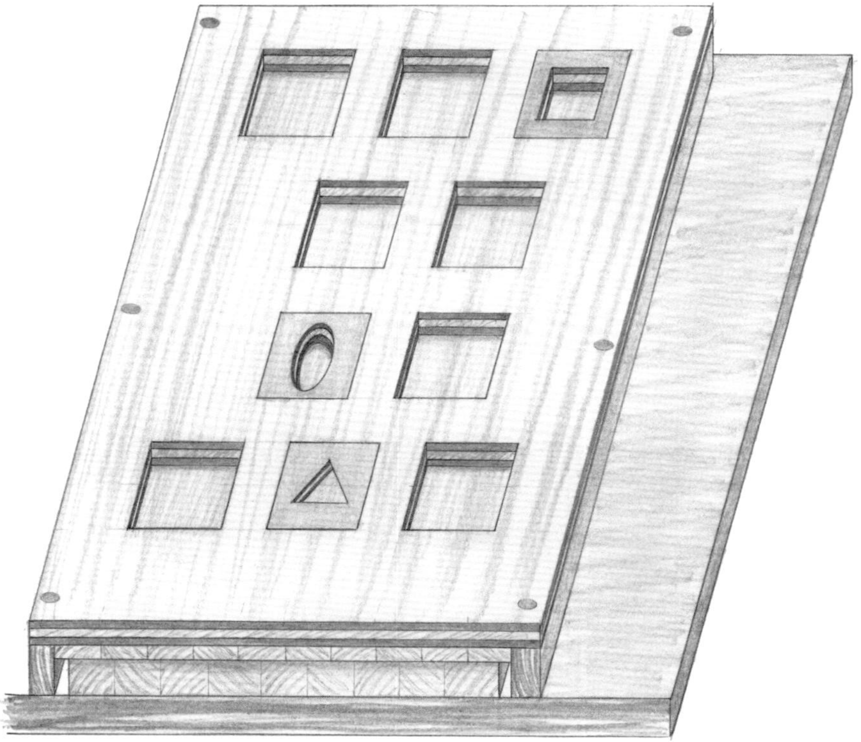

Ansicht: Schablonenrahmen mit Seitenbegrenzung und teilweise eingelegten Wechselschablonen zur Bearbeitung einer Massivholztür

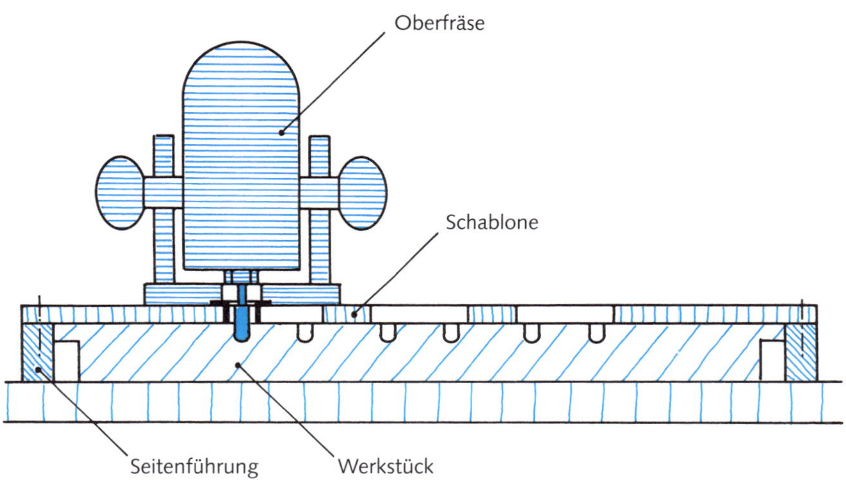

Vertikalschnitt

Bei dieser Vorrichtung, die aus einer durchgehenden Multiplexplatte besteht, werden nach Bedarf gleich große oder unterschiedliche Ausschnitte gesägt oder gefräst, um Wechselschablonen einlegen zu können. Auf diese Weise können bedarfsgerechte Schablonenvorrichtungen für Serienfertigungen hergestellt werden. Die Grundplatte kann mit einem Rahmen versehen werden, der genau auf das jeweilige Werkstück passt. So können problemlos Serien von gleichen Werkstücken mit den gleichen Motivpositionen gefräst werden.

2.16 Schachbrettmuster-Fräsvorrichtung

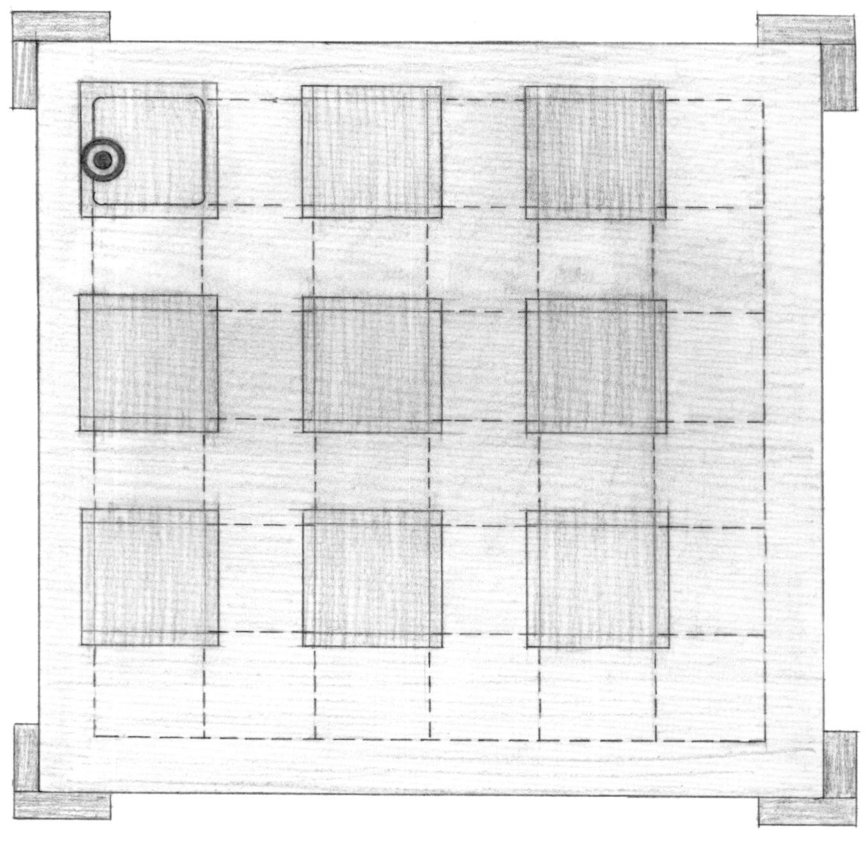

Draufsicht: Schablone für z. B. schwarze Felder mit einem bereits gefrästen Feld mit Nutfräser und Kopierring. Fixierung des Werkstücks und der Schablone mit Eckwinkeln

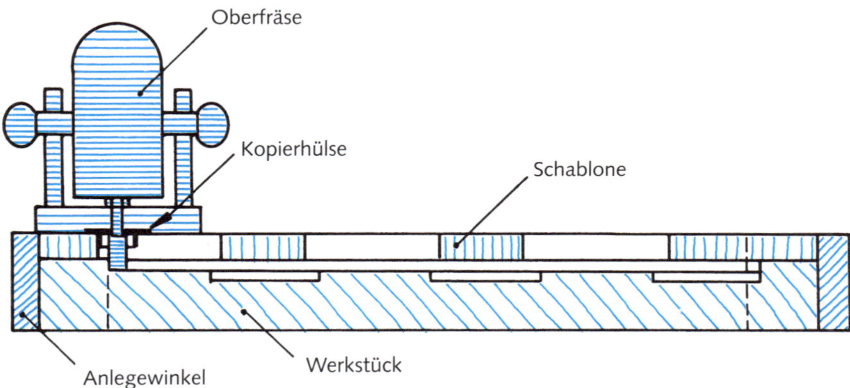

Vertikalschnitt

Es wird ein quadratischer Rahmen angefertigt, in den die Schablone mit den Schachfeldern genau passt. Auf der Zeichnung auf der linken Seite kann man erkennen, dass die Ausschnitte für Kopierhülse und Fräswerkzeug nur das übernächste Feld betreffen. Durch Wenden in zwei Richtungen werden alle Felder des Schachbretts erreicht. Nach dem Fräsen müssen die Ecken der Felder noch von Hand nachbearbeitet werden. Es versteht sich von selbst, dass sowohl der Rahmen als auch die einzelnen Ausschnitte sehr genau gearbeitet sein müssen.

    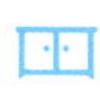     

2.17 Motiv-Eckschablonenvorrichtung zum randnahen Fräsen

Motivfräsungen in Ecken, Zierwinkelfräsungen u. Ä.

Detailansicht: Winkelschablonenvorrichtung mit Werkstück, Anlegewinkel für Oberfräse und Anlegewinkel für Werkstück sowie Formschablone. Die Vorrichtung kann wie 2.16 umgebaut werden.

Die Vorrichtung besteht aus einem Grundwinkel, der aus einer Multiplexplatte aus einem Stück gefertigt wird, und einem äußeren Leistenwinkel, der als Anschlagsführung für die Bodenplatte der Oberfräse dient. Unter den Grundrahmen werden Leisten in Materialstärke des Werkstücks geschraubt. Zusätzlich

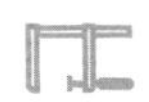

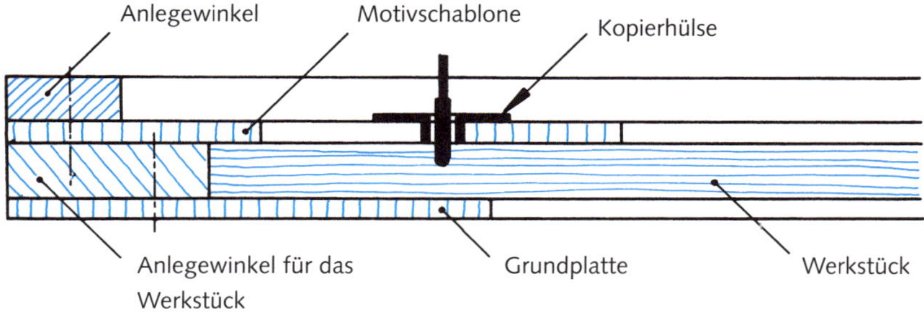

Vertikalschnitt: Winkelschablonenvorrichtung

Draufsicht: Motivschablone mit Anlegewinkeln für Werkstück und Oberfräse

kann noch ein großer Winkel aus Multiplex an diese Leisten geschraubt werden, um die Vorrichtung fest mit dem Werkstück zu verbinden. Die Motivschablone wird in den inneren Rahmen gelegt und mit Klebeband am Grundrahmen befestigt. Positionsveränderungen der Schablone können mit eingelegten Multiplexstreifen herbeigeführt werden. Gleiches gilt für Fräsungen entlang des aufgeschraubten Leistenwinkels. Müssen mehrere Zierwinkel parallel zu den Ecken gefräst werden, kann dies durch Einlegen verschiedener Zusatzleisten bewerkstelligt werden.

2.18 Balken-Fräsrahmen-Zierfräsvorrichtung

Verzieren fest verbauter Balken oder anderer rechteckiger Werkstücke

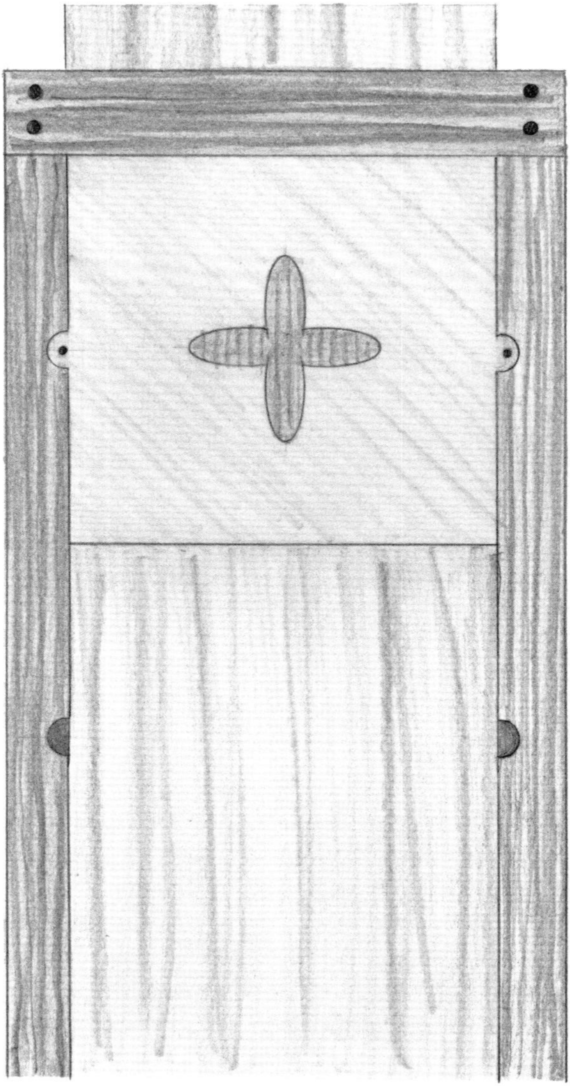

Ansicht: Teilausschnitt Werkstück (Balken) und Fräsrahmen mit Positionsbohrungen für Wechselschablonen und eingelegter Wechselschablone

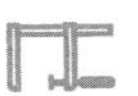

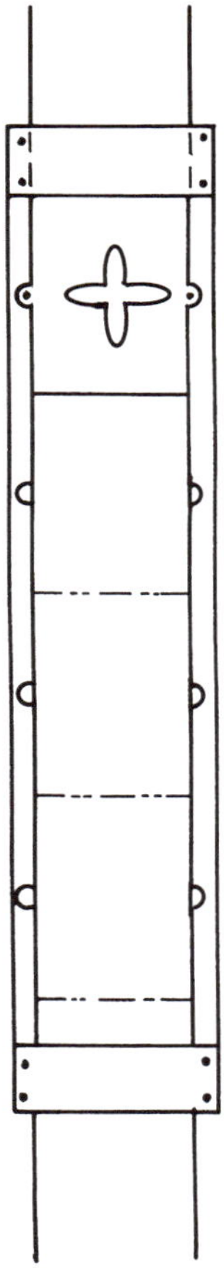

Vertikalschnitt

Draufsicht: Schablonenrahmen mit Wechselschablone und Werkstück

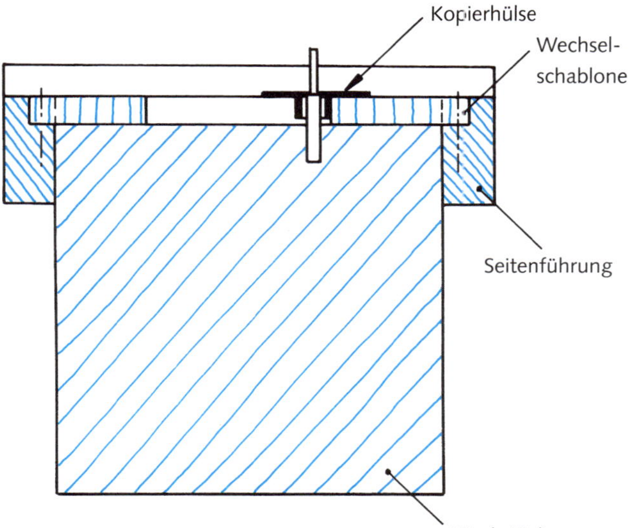

Die Vorrichtung besteht aus einem Rahmen mit zwei Leisten als Seitenführung. Mit diesen Leisten kann die Vorrichtung am Werkstück (z. B. Balken) passgenau aufgelegt und mit Schraubzwingen festgeschraubt werden. Das Besondere an diesem Rahmen: In regelmäßigen Abständen sind Halbkreise in die Seiten des Rahmens gebohrt. Diese Aussparungen dienen der Aufnahme von Wechselschablonen, die an den Seiten zwei überstehende Halbkreise haben. Diese passen genau in die Aussparungen des Rahmens. So können sowohl unterschiedliche Schablonen eingesetzt, aber auch die gleiche Schablone jeweils um eine Position versetzt werden. Die Schablone wird mit Klebeband gegen Herausfallen gesichert.

2.19 Spezialrahmenvorrichtung für Wende-Wechselschablonen

Für aufwendige oder spiegelverkehrte Motive

Draufsicht: Rahmen mit Halbkreispassbohrungen; Einsetzrahmen mit eingelegter Wende-Wechselschablone

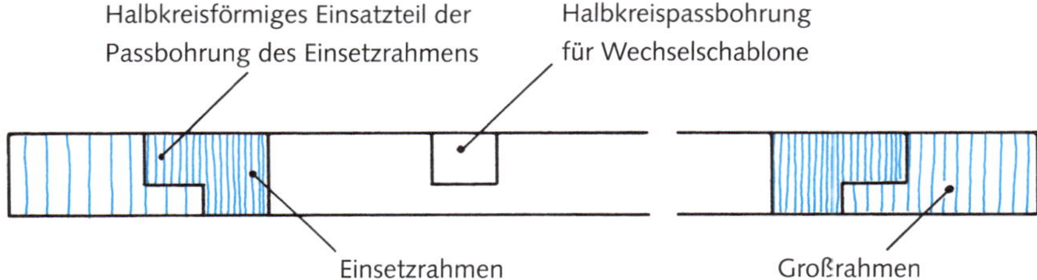

Vertikalschnitt: Großrahmen mit Halbkreispassbohrungen, Einsetzrahmen mit Passbohrung für Einsetzrahmen

Die Vorrichtung kann bei aufwendig herzustellenden Motiven verwendet werden und auch dann, wenn das Motiv in spiegelverkehrter Position benötigt wird oder in der Höhe mehrfach versetzt werden muss. Die Vorrichtung besteht aus einem Grundrahmen aus Multiplex, der aus einem Stück gefertigt ist. In diesen Rahmen sind genauso wie bei der Vorrichtung 2.18 halbkreisförmige Vertiefungen als Passungen eingearbeitet. In den äußeren Rahmen wird ein zusätzlicher Rahmen aus Multiplex eingelegt, dessen zwei seitliche, halbrunde Ausstülpungen in die Aussparungen des äußeren Rahmens passen. Im Inneren des Zusatzrahmens sind wiederum Aussparungen angebracht, in die die Motivschablone eingelegt (und gespiegelt) werden kann.

2.20 Kreuzrahmen-Wechselschablonen-Fräsvorrichtung

Draufsicht: Rahmenkreuz mit halbkreisförmigen Aussparungen und Wechselschablone

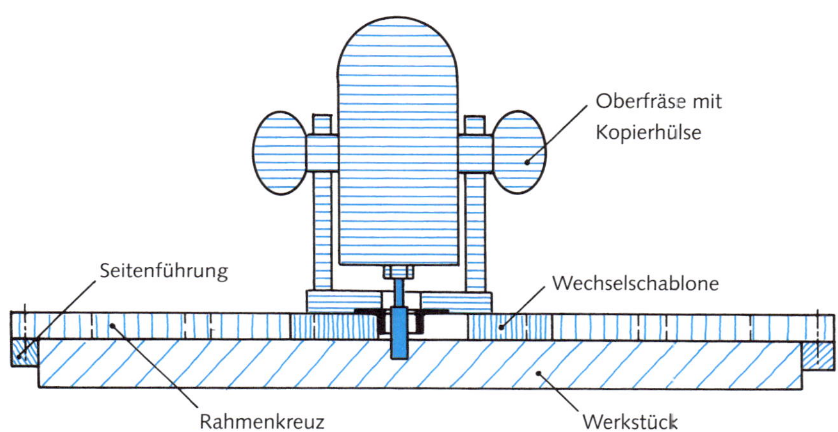

Vertikalschnitt: Fräsrahmen und Wechselschablone

Bei dieser Vorrichtung wird ein Kreuz aus einer Multiplexplatte herausgeschnitten. In den Kreuzarmen werden halbkreisförmige Ausschnitte angebracht, um Wechselschablonen fixieren zu können. Die Schablonen können so in vier Richtungen positioniert und zusätzlich noch gedreht werden.

Variante: Statt der Schablonen mit angearbeiteten Halbkreisen können neutrale Quadratschablonen benutzt werden. Allerdings ist es dann notwendig, die anderen Freiflächen mit neutralen Quadraten zu füllen. Diese Variante hat zusätzlich den Vorteil, dass die mittlere Quadratfläche mit einer Schablone bestückt werden kann. Diese Vorrichtung bietet sich an, wenn Motive in gleichbleibender kreuzförmiger Anordnung gefräst werden müssen.

2.21 Lamellen-Fräsvorrichtung (1)

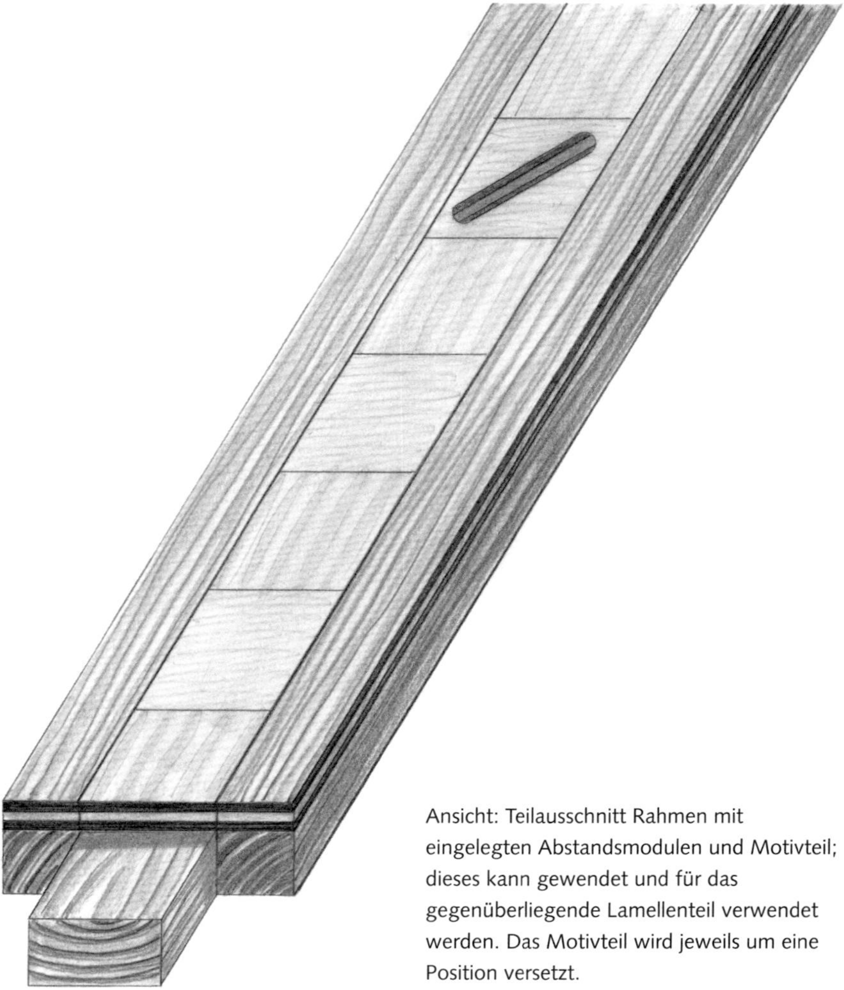

Ansicht: Teilausschnitt Rahmen mit eingelegten Abstandsmodulen und Motivteil; dieses kann gewendet und für das gegenüberliegende Lamellenteil verwendet werden. Das Motivteil wird jeweils um eine Position versetzt.

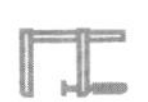

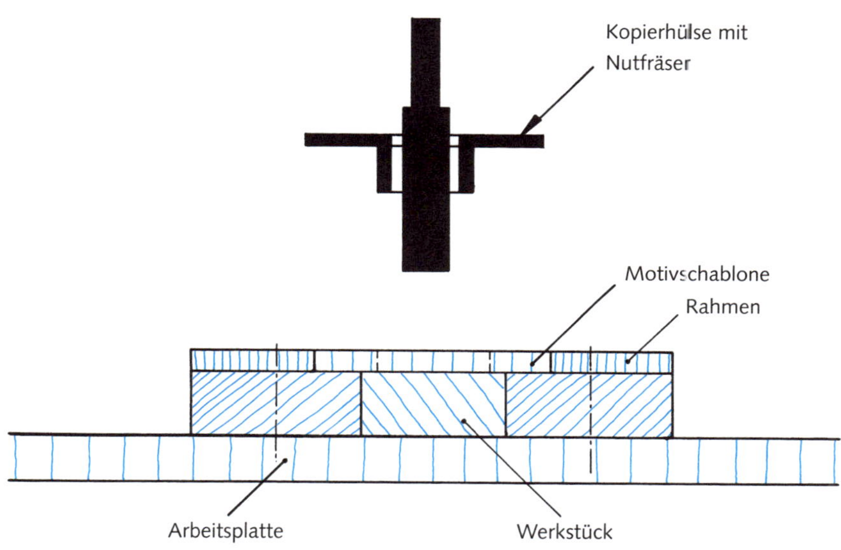

Vertikalschnitt: Werkstück mit Positionslatten sowie Rahmen mit Abstandsmodul

Die Vorrichtung besteht aus einem Rahmen aus Multiplex, in den Formteile und ein Schablonenteil spielfrei eingelegt werden. Unter dem Rahmen werden links und rechts des Werkstücks zwei Leisten befestigt. Zwischen diesen Leisten werden dann die Längsfriese der »Lamellentüren« hindurchgeschoben. Wichtig ist, dass das Werkstück spielfrei darin bewegt werden kann. Der Abstand der Fräsungen wird durch Distanzstücke geregelt; diese werden nach jedem Fräsvorgang herausgenommen und nach Verschieben der ganzen Einheit am anderen Ende des Rahmens wieder eingelegt. Zum Fräsen der gegenüberliegenden Seite wird das Motivteil einfach gewendet. Auf diese Weise können beide Teile mit einer Schablone gefräst werden. Müssen größere Serien gefräst werden, kann auf diese Weise eine Schablone mit vielen Schrägfräsungen hergestellt werden. Diese Schablone kann dann genauso wie die Segmentteile als Ganzes in den Rahmen eingelegt werden.

2.22 Lamellen-Fräsvorrichtung (2)

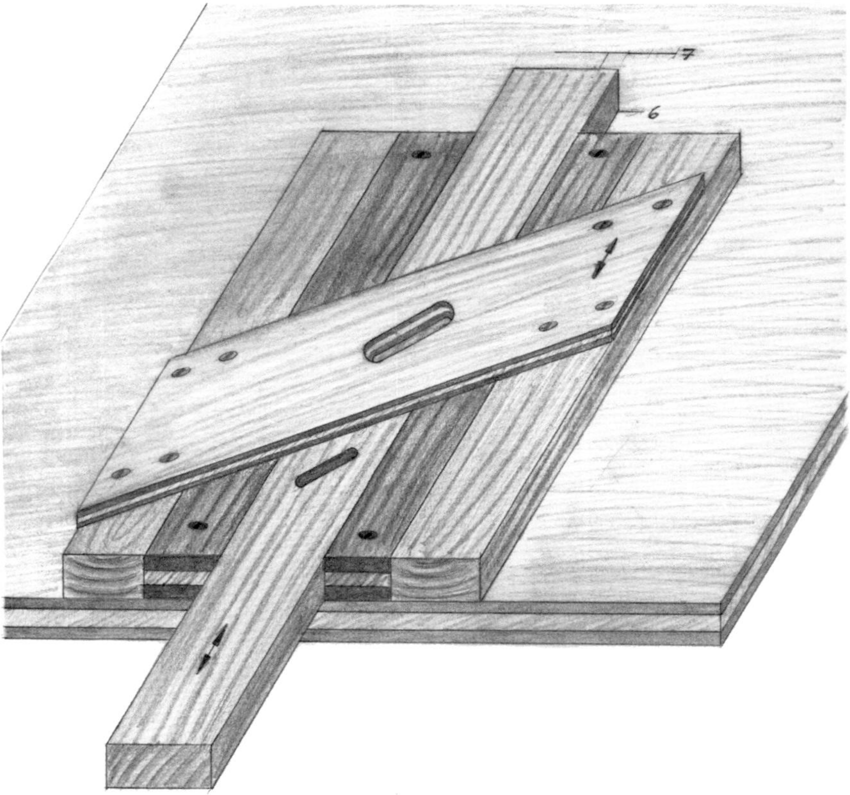

Ansicht: Werkstück mit Langlochfräsungen; Schrägschablone, montiert auf Schiebeschlitten, Seitenanschläge neben dem Werkstück und Arbeitsplatte mit Maßeinteilung zum genauen Verschieben des Werkstücks

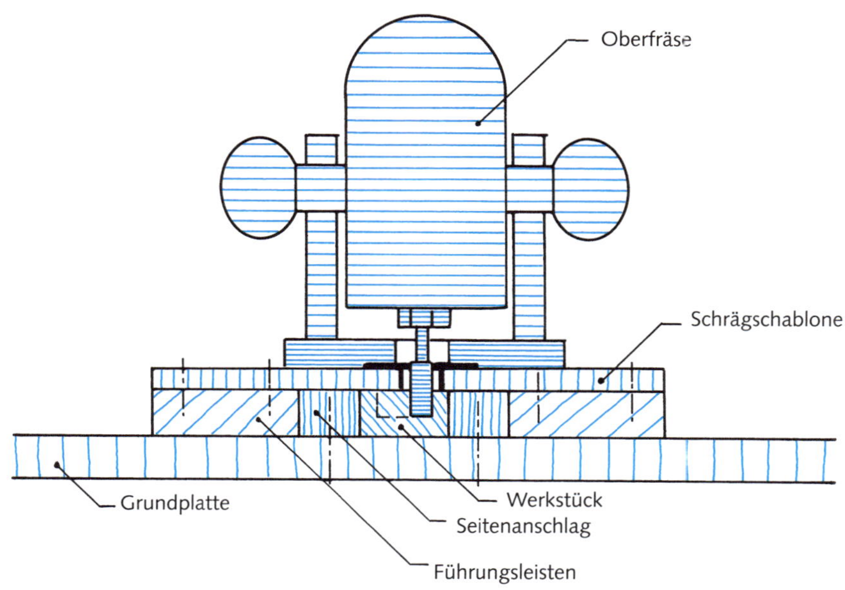

Vertikalschnitt: Oberfräse mit Kopierhülse und Schrägschablone, Schablone montiert auf zwei Führungsleisten. Zusätzliche Anschlagleisten links und rechts des Werkstücks. Das Werkstück liegt spielfrei, aber verschiebbar dazwischen.

Die Vorrichtung besteht aus einer Grundplatte, auf der eine Schrägfräsvorrichtung montiert ist. Die Schablone mit dem Langlochausschnitt für die Lamellen wird auf zwei Leisten oder Kanthölzer aufgeschraubt. Diese Seitenteile müssen die gleiche Stärke wie die Rahmenhölzer der Lamellentüren haben. Die Vorrichtung wird auf die Grundplatte aufgeschraubt; danach wird das Werkstück genau zur Schablone einjustiert. Dazu werden links und rechts des Werkstücks Distanzlatten auf der Grundplatte verschraubt. Wichtig ist, dass sich das Werkstück gut zwischen Schablone und diesen Distanzleisten hindurchschieben lässt. Eine sichere Möglichkeit, diese Passung zu erreichen, besteht darin, bei der Montage einen Streifen Papier zwischen das Werkstück und eine Distanzleiste zu legen. Die gleiche Methode bietet sich auch an, um eine kleine Distanz zwischen Werkstück und Schablone zu erreichen. Gefräst wird mit einem Nutfräser und montierter Kopierhülse.

2.23 Schablonen-Scheibendrehvorrichtung

Kreisförmiges Fräsen sich wiederholender Motive in große Werkstücke

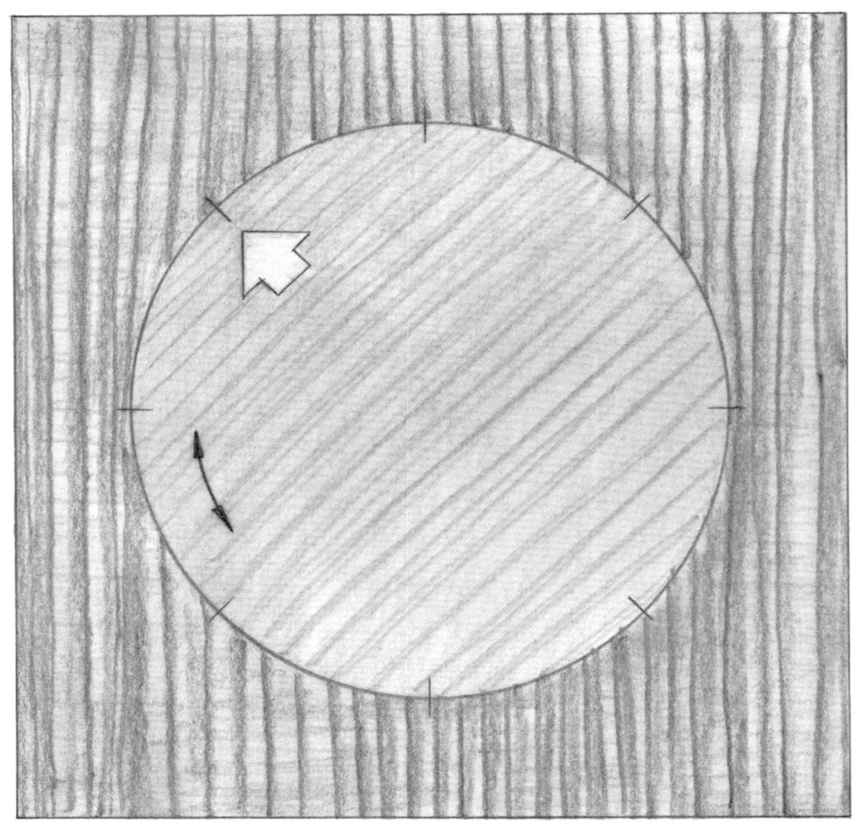

Draufsicht: Rahmen mit Drehscheibenschablone

Variante mit Ausschnitt für Wechselschablone

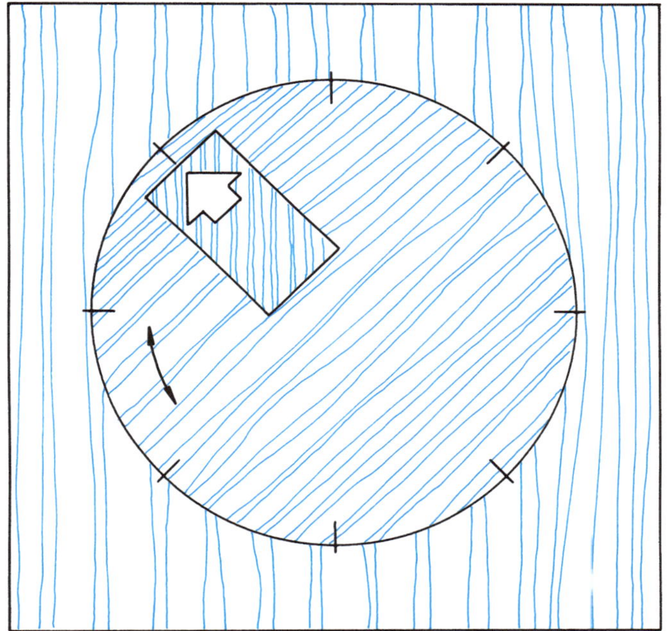

Draufsicht: Großrahmen, Drehscheibe mit eingelegter Wechselschablone

Die Vorrichtung besteht aus einer Grundplatte in Schablonenstärke, die so groß ist, dass ein Kreis herausgefräst werden kann. In diesen Ausschnitt wird eine Schablonenscheibe eingelegt, die genau den gleichen Durchmesser hat. Wichtig ist dabei, dass sich die Scheibe spielfrei im Ausschnitt drehen lässt. Auf der Grundplatte werden Positionsmarkierungen am Rand des Ausschnitts angebracht. Die Schablonenscheibe hat ebenfalls genaue Einteilungen, sodass sie genau passend in unterschiedlichste Positionen gedreht werden kann. Die Fixierung der Scheibe erfolgt mit Klebeband. Diese Vorrichtung eignet sich für große Werkstücke, wenn ein bestimmtes Motiv kreisförmig in Wiederholung gefräst werden muss. Die Herstellung des Ausschnitts und der Scheibenschablonen erfolgt mit einer Kreisfräsvorrichtung mit Führungszapfen.

2.24 Mehrfach drehbare Scheibenfräsvorrichtung

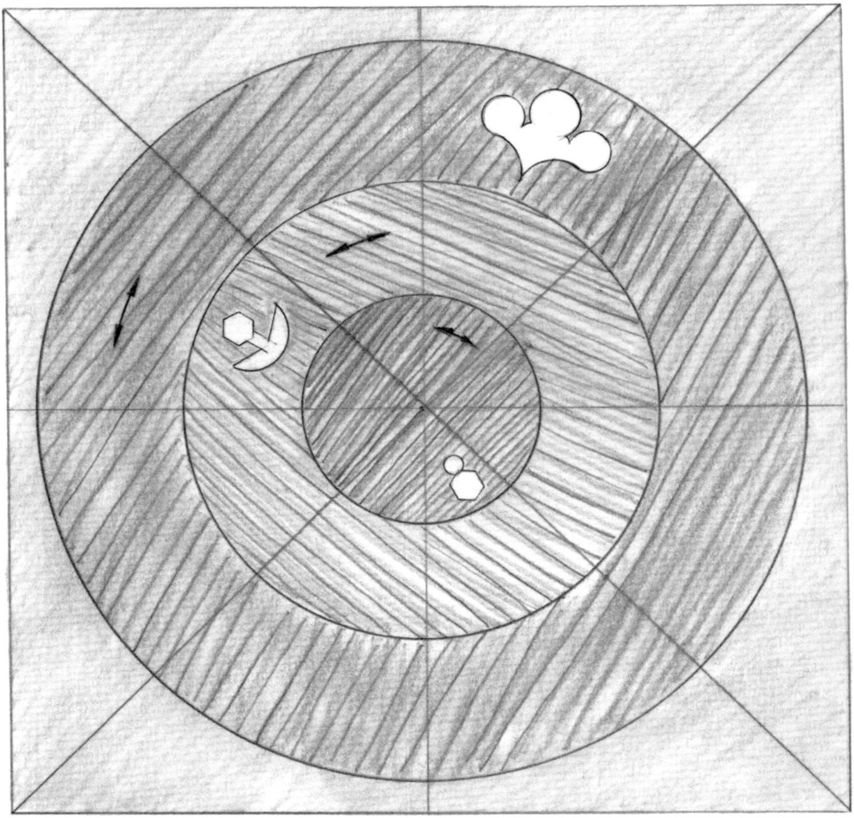

Draufsicht: Grundrahmen mit einem Mittelkreis und zwei Ringsegmenten. Die Segmente können beliebig gedreht und mit Klebeband fixiert werden. (Der Grundrahmen wird auf dem Werkstück fixiert.) Die Diagonalen dienen der Orientierung beim Drehen der Einzelsegmente.

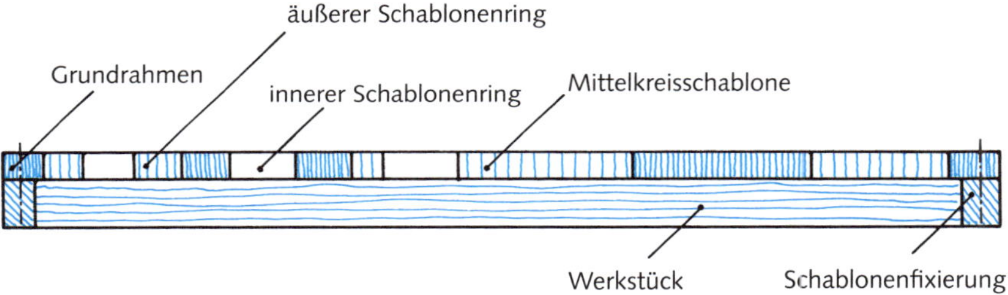

Vertikalschnitt: Werkstück mit Grundrahmen, zwei Segmentschablonenringen und einer Schablonenkreisscheibe

Die Vorrichtung besteht aus einer Grundplatte in Materialstärke der Schablonenringe beziehungsweise der Schablonenscheibe. Im Wesentlichen entspricht sie der Vorrichtung 2.23, ist aber wesentlich variabler. Sie besteht aus einer Mittelscheibe und zwei Schablonenringen. Alle drei Schablonenteile können spielfrei in der Grundplatte gedreht werden. Auf diese Weise können die sich wiederholenden Motive der einzelnen Schablonenteile nacheinander gefräst werden. Sowohl die genau Positionierung in Kreisform als auch die zügige Abwicklung der Fräsaufgaben sprechen für diese Vorrichtung, wenn große Werkstücke bearbeitet werden müssen. Fixiert werden die Schablonenteile mit Klebeband. Sinnvoll ist es auch, unter der Grundplatte der Oberfräse eine Passplatte aus dünnem Massivholz zu befestigen (Kleben mit Doppelklebeband), die an den Rändern gut nach oben abgerundet werden muss. Dies hat den Vorteil, dass die Oberfräse bei der Bearbeitung leichter über kleine Kanten gleiten kann.

2.25 Fortsetzungsschablonen-Fräsvorrichtung

Fräsen durchgängiger Muster oder Ornamente

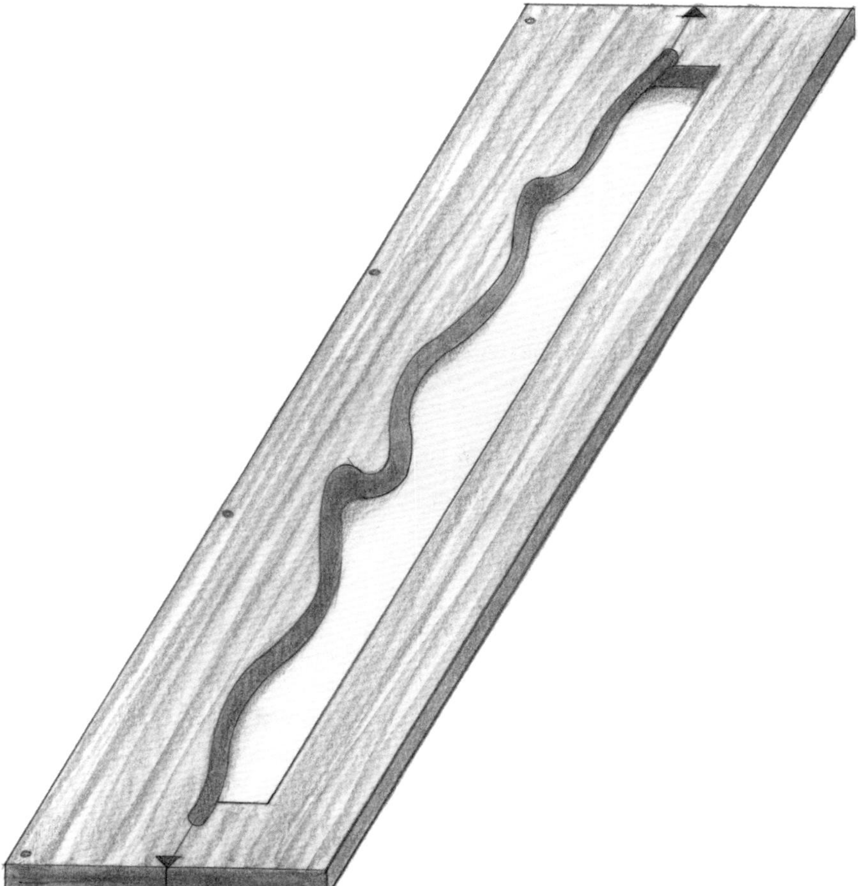

Ansicht: Formschablone mit Anschlagleiste

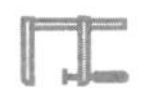

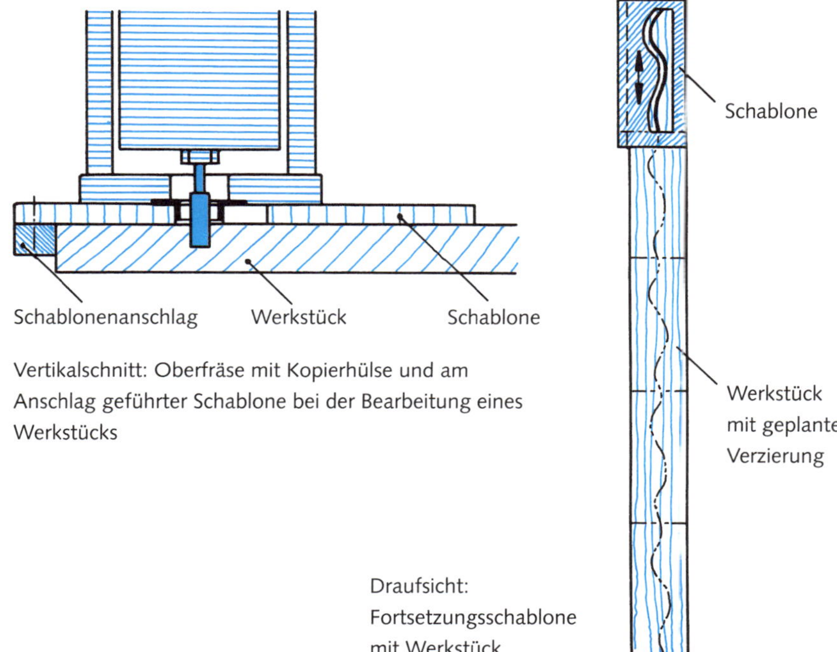

Vertikalschnitt: Oberfräse mit Kopierhülse und am Anschlag geführter Schablone bei der Bearbeitung eines Werkstücks

Draufsicht: Fortsetzungsschablone mit Werkstück

Die Vorrichtung besteht aus einer Motivschablone aus Multiplex und einem Seitenanschlag, der mittels Schrauben mit der Schablone verbunden ist. Diese Schablonenvorrichtung wird eingesetzt, wenn in längere Werkstücke ein fortlaufendes Muster hineingefräst werden muss. Wichtig ist bei der Herstellung der Schablone, dass das obere und untere Ende des Motivs genau auf einer Linie liegen und genau die gleiche Breite haben. Wenn genau gearbeitet wurde, kann die Schablonenvorrichtung am Anschlag entlang Stück für Stück weitergeschoben werden. So entsteht ein durchgängig gefrästes Motiv oder ein geometrisches Ornament über die gesamte Länge des Werkstücks.

2.26 Mehrfach verstellbare Schlittenfräsvorrichtung zum Fräsen unterschiedlicher Motive

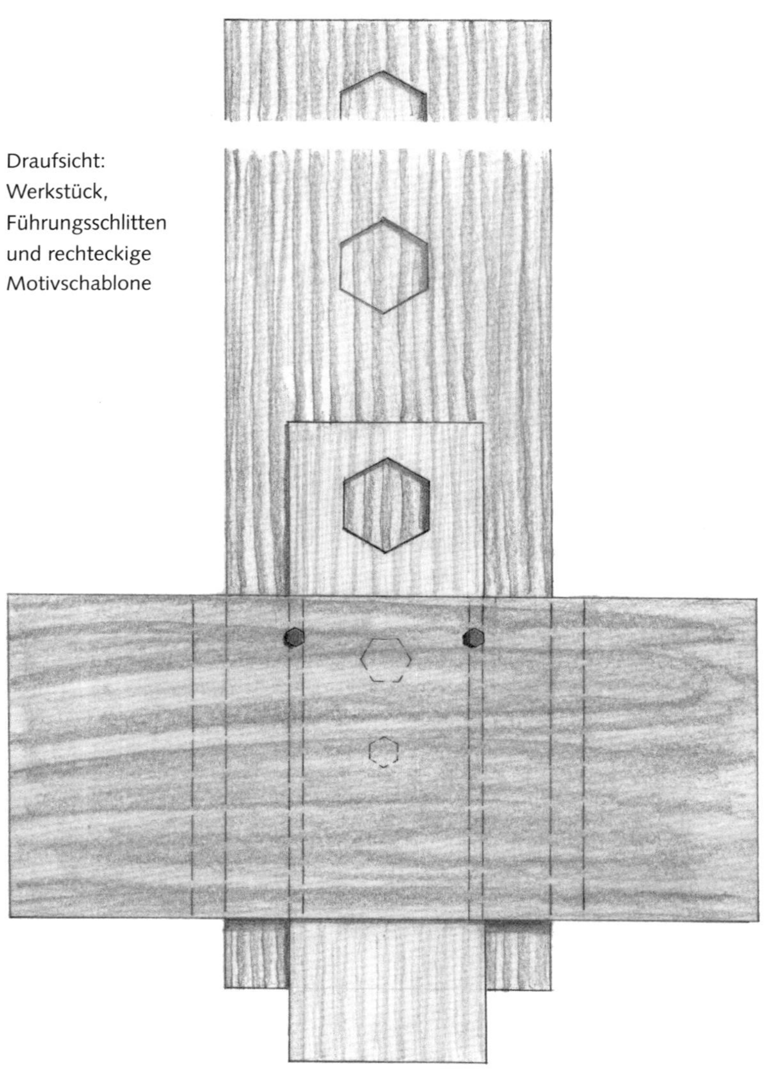

Draufsicht:
Werkstück,
Führungsschlitten
und rechteckige
Motivschablone

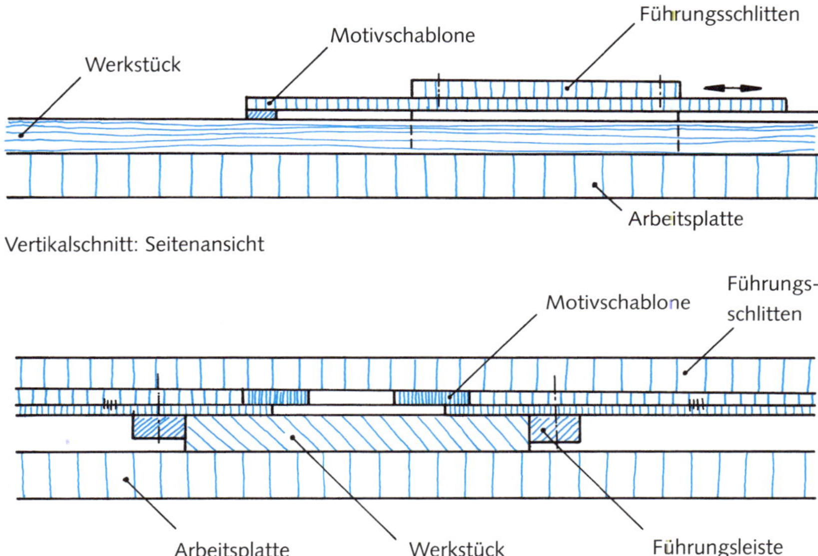

Die Vorrichtung besteht aus dem Schiebeschlitten aus einer rechteckigen Multiplexplatte mit zwei Führungsleisten, die seitlich am Werkstück entlanggeführt werden. Für die unterschiedlichen Motive wird eine rechteckige Schablone hergestellt; die Motive sind an der gleichen Mittellinie orientiert. So können unterschiedliche Motive nur durch Verschieben der Schablone und des Schlittens gefräst werden. Der Schlitten besteht aus drei Ebenen. Es gibt die untere Ebene, die aus einer sehr dünnen Furnierplatte besteht. Auf dieser Platte liegt die Motivschablone auf. Auf diese Furnierplatte werden zwei Furnierplattenstreifen in Schablonenstärke befestigt. Darüber liegt eine dickere Multiplexplatte, an der die Seitenführungsleisten befestigt werden. Die dünne Multiplexplatte ist etwas breiter als die Seitenführungen für die Schablone. Auf diese Weise wird der Schablonenstreifen sicher geführt und kann nicht herausfallen. Die Fixierung des Motivschablonenstreifens erfolgt durch Schrauben. Wichtig ist, dass sich der Schablonenstreifen leicht, aber spielfrei im Schlitten führen lässt.

2.27 Mehrfach verstellbare Schlitten-Schablonenfräsvorrichtung

Freie Positionierung unterschiedlicher Motive

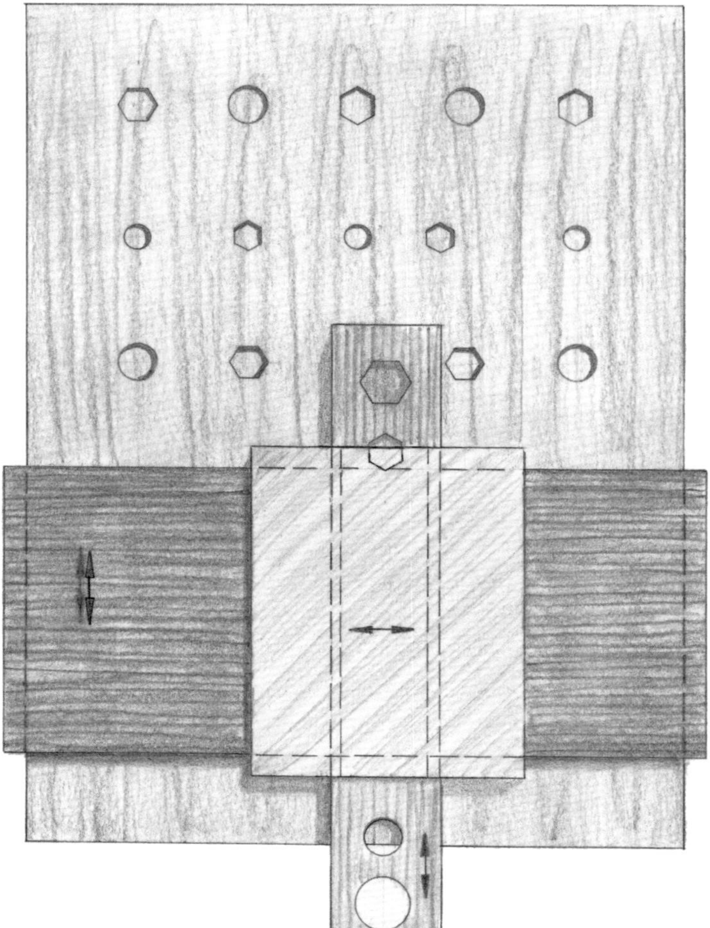

Draufsicht: Werkstück mit Fräsmotiven, Längs- und Querschiebeschlitten sowie verschiebbarer rechteckiger Motivschablone

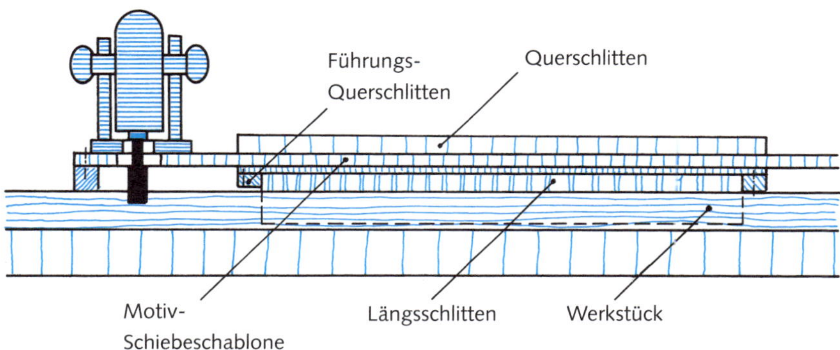

Vertikalschnitt: Längs- und Querschlitten und Motivschablone

Diese Vorrichtung wird im Prinzip wie Beispiel 2.26 hergestellt. Der Unterschied besteht darin, dass die Vorrichtung seitwärts und nicht in Längsrichtung auf einem zusätzlichen Längsschlitten geführt wird. Ein Nachteil dieser Vorrichtung könnte sein, dass durch die verschiedenen Ebenen zu viel Eintauchtiefe verlorengeht. Der Schablonenstreifen muss einen dickeren Höhenausgleich bekommen als die Vorrichtung 2.26, da der Abstand zum Werkstück durch den zusätzlichen Schlitten größer ist. Die Vorrichtung hat den Vorteil, dass unterschiedliche Motive frei auf der ganzen Fläche positioniert werden können. Sie ist durch die Verschiebemöglichkeit in Längs- und Querrichtung ausgesprochen variabel. So können Schablonenstreifen mit unterschiedlichsten Motiven darin problemlos eingeschoben und in Fräsposition gebracht und fixiert werden.

    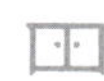     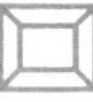

2.28 Mehrfach verstellbare Schlittenfräsvorrichtung für Wechselschablonenstreifen

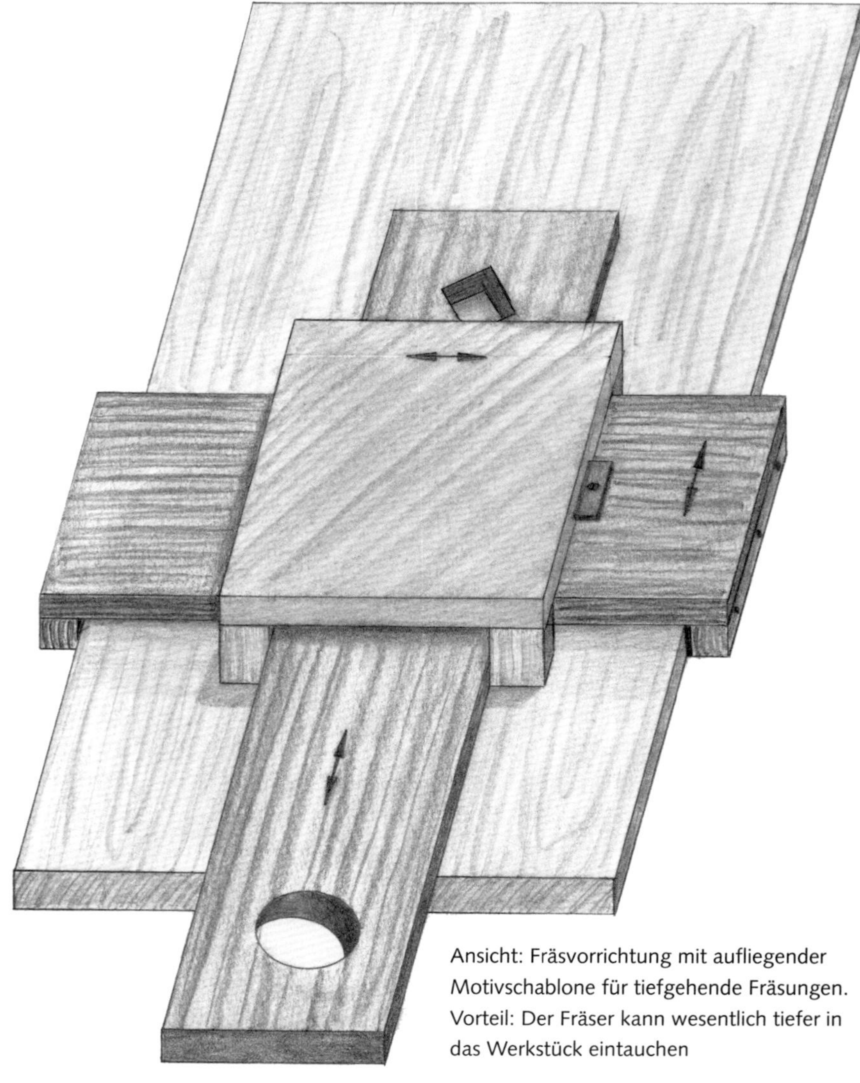

Ansicht: Fräsvorrichtung mit aufliegender Motivschablone für tiefgehende Fräsungen. Vorteil: Der Fräser kann wesentlich tiefer in das Werkstück eintauchen

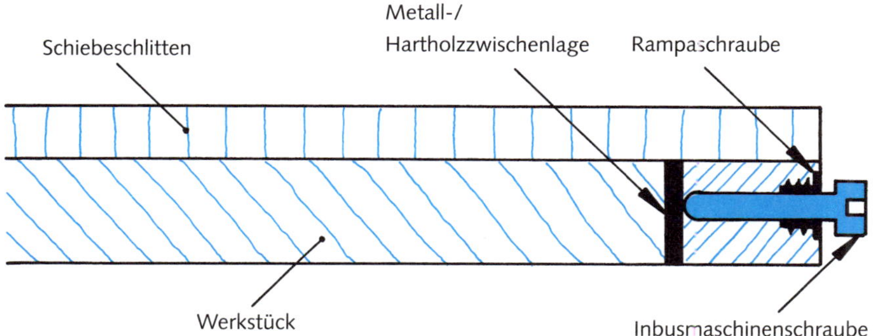

Vertikalschnitt: Befestigung des Schiebeschlittens mittels Rampa- und Maschinenschraube

Die Schlittenfräsvorrichtung entspricht in ihrer Funktion der Vorrichtung 2.27, hat aber den Vorteil, dass keine Höhenverluste durch die unterschiedlichen Ebenen entstehen. Die Vorrichtung besteht aus einem Grundschlitten mit zwei untergeschraubten Leisten zur Führung entlang des Werkstücks und einem aufgelegten Schlitten, der quer darüber geführt werden kann. Der obere Schlitten dient dabei nur der seitlichen Fixierung der Schablone. Die Schablone liegt direkt auf dem Werkstück auf und wird mit dem oberen Schlitten seitwärts geführt. Den unteren Schlitten muss man sich wie eine verschiebbare Brücke vorstellen, durch die die Schablone hindurchgeschoben werden kann. Der Durchlass unter der Brücke entspricht der Materialstärke der Schablone. In die Seitenführung des Brückenschlittens werden zwei Rampaschrauben eingedreht. Auf diese Weise kann der Schlitten sehr schnell am Werkstück fixiert werden. Wie aus der Schnittzeichnung ersichtlich, befindet sich eine Metallzulage direkt am Werkstück, um eine Verletzung der Kante bei der Fixierung mit den Schrauben zu verhindern.

2.29 Diagonal-Fräsvorrichtung

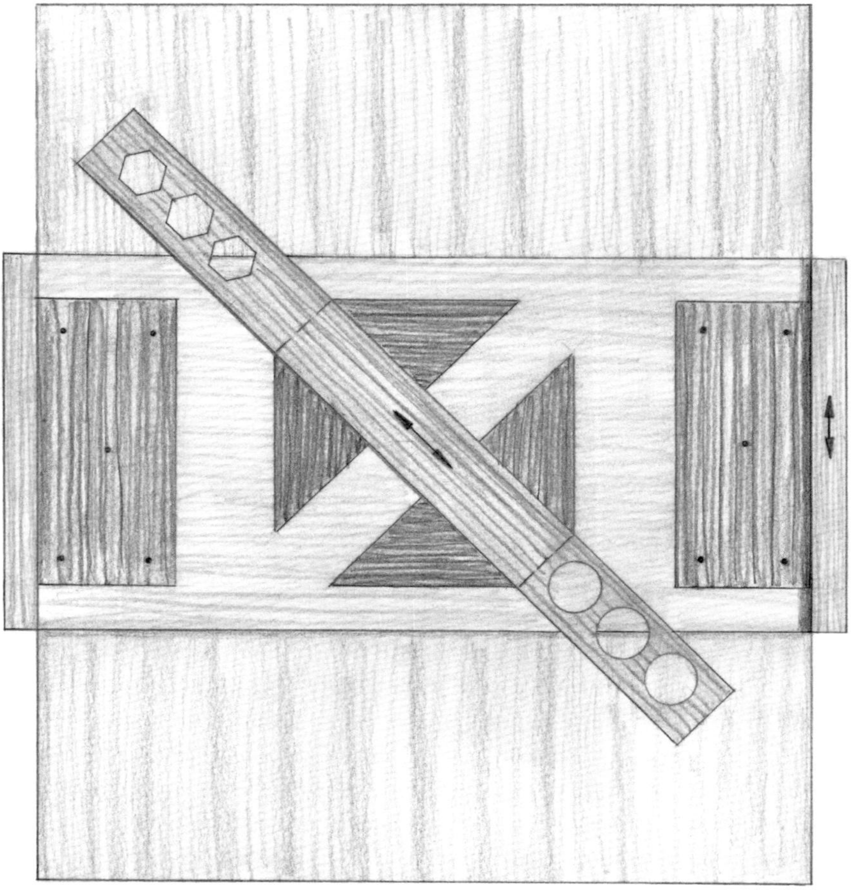

Draufsicht: Unterseite der Fräsvorrichtung (Schiebeschlitten auf das Werkstück aufgelegt)

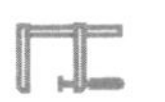

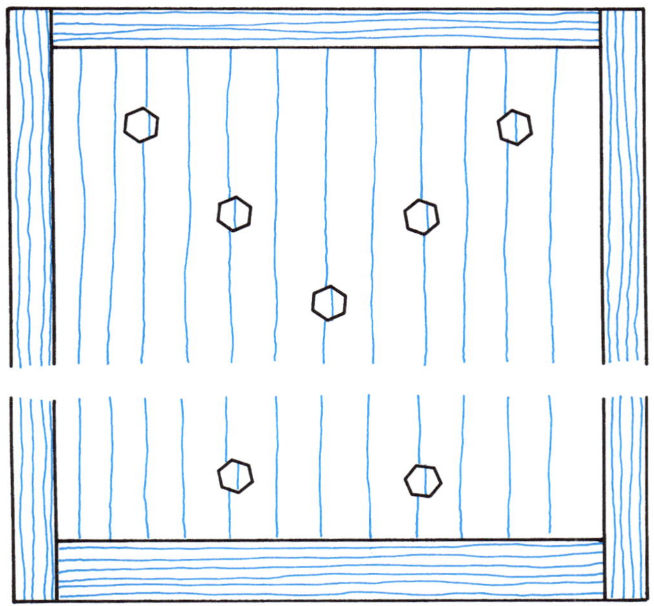

Ansicht: Tür mit diagonal angeordneten Motivfräsungen

Die Vorrichtung besteht aus einer Grundplatte aus Multiplex mit zwei angeschraubten Führungsleisten. Auf die Grundplatte werden Dreiecke in Schablonenstärke so aufgeschraubt oder -geleimt, dass eine Streifenschablone problemlos, aber spielfrei hindurchgeführt werden kann. Wird die Schablone nur eingelegt, wie in der Zeichnung, muss sie mit Schrauben auf der Grundplatte verschraubt oder mit Klebeband fixiert werden.

Variante: Über die Dreiecke, zwischen denen der Streifen hindurchgeführt wird, werden Leisten aufgeschraubt. So kann der Schablonenstreifen an diesen Leisten fixiert werden. Ob dies mit Schnellbauschrauben oder mit Rampaschrauben und eingedrehten Maschinenschrauben erfolgt, hängt von der Nutzung ab. Wird die Vorrichtung häufig wiederverwendet, ist es sinnvoll, eine aufwendigere Befestigungsart (Rampaschraube) zu wählen.

2.30 Einfache Kreisfräsvorrichtung für Parallelzierkehlen u. Ä.

Fräsen von parallelen Kreiszierkehlen bei Oberflächen, die nicht verletzt werden dürfen

Draufsicht: Frässchablone mit drei konzentrischen Kreisen und Fixierrahmen; wird der Rahmen gedreht, lassen sich die Kreise vollständig fräsen.

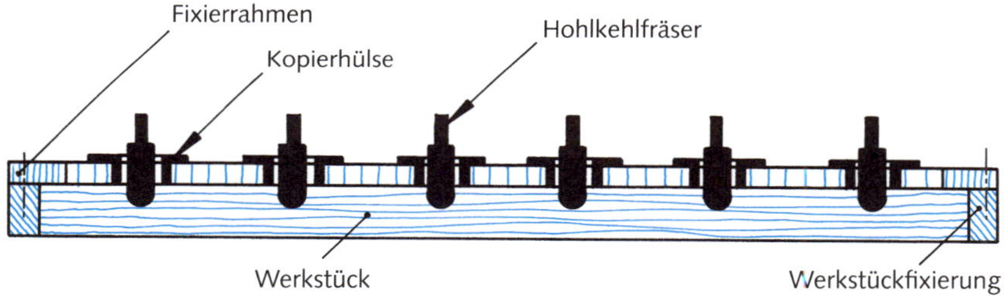

Vertikalschnitt: Rahmen, Werkstück und Kreisfrässchablone

Die Vorrichtung besteht aus einem quadratischen Rahmen aus Multiplex und einer eingelegten Formschablone. Diese Kreisfräsvorrichtung bietet sich an, wenn die Oberfläche eines Werkstücks nicht verletzt werden darf und Kreiszierkehlen in gleichem Abstand gefräst werden sollen, ohne die Kreisfräsvorrichtung permanent verstellen zu müssen. Da bei einer Schablone die Kreise nicht ganz herumgeführt werden können (sonst würden die Ringe herausfallen), werden die Kreisfräsungen für die Kopierhülse nur ein Stück über die Mitte hinausgeführt. Wenn die Schablone genau hergestellt wurde, kann die Schablone anschließend um 180° gedreht werden. So können die Kreise problemlos fertiggestellt werden. Schon für Kleinserien lohnt der Aufwand zur Herstellung dieser Vorrichtung.

2.31 Variable Kreisfrässchablone für Stufenfräsungen u. Ä.

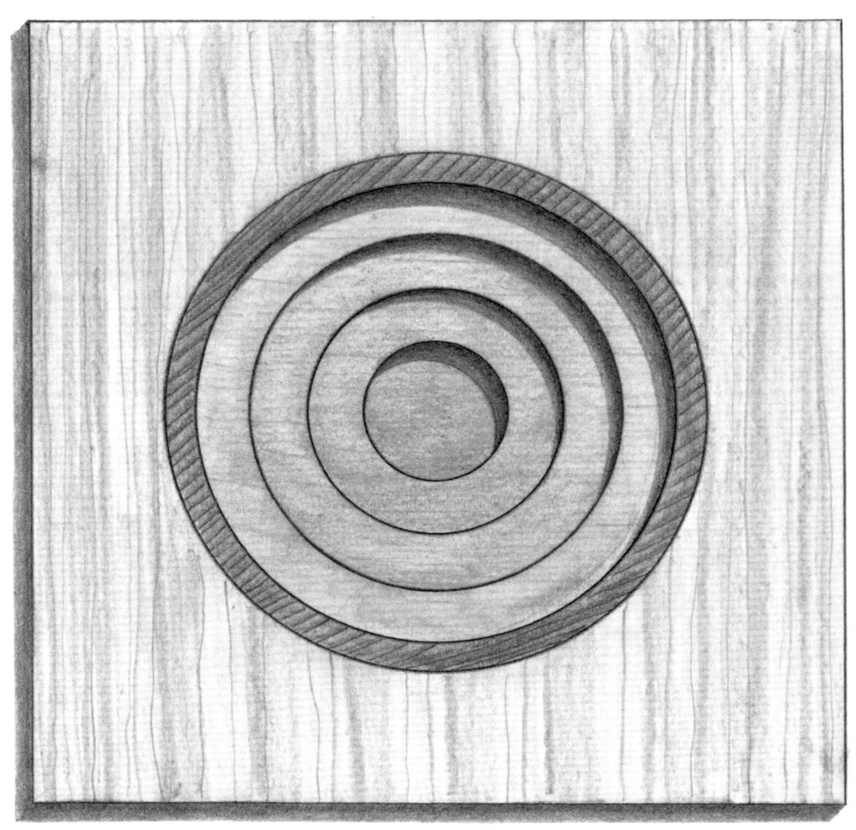

Draufsicht: Quadratische Grundvorrichtung mit eingelegtem Schablonenring sowie Kreisfräsungen in Treppenform in ein Werkstück

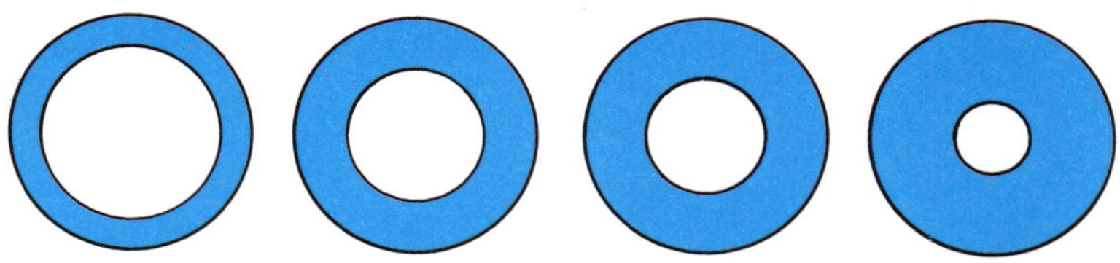

Draufsicht: Schablonenringe (hergestellt mit Kreisfräsvorrichtung)

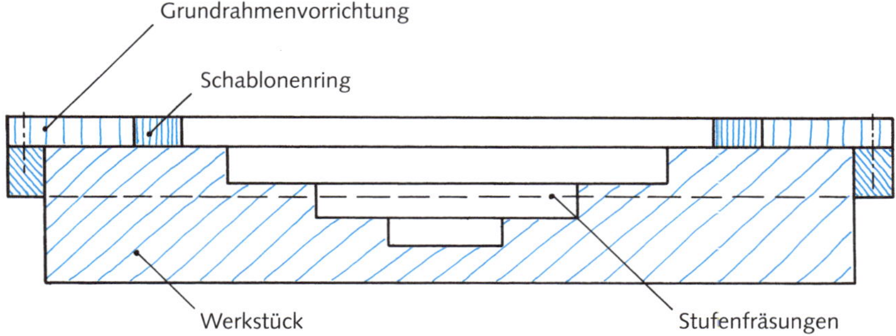

Vertikalschnitt: Treppenförmige Fräsungen in ein Werkstück

Die Schablonenvorrichtung besteht aus einer quadratischen Grundvorrichtung und mehreren Schablonenringen. Diese Schablonenvorrichtung ist relativ schnell und problemlos mit einer Kreisfräsvorrichtung herzustellen: Aus einer quadratischen Furnierplatte wird ein Ausschnitt herausgefräst. In diesen Ausschnitt werden nach Bedarf unterschiedliche Schablonenringe eingelegt. Es bietet sich an, zuerst passende Scheiben mit einer Einstellung der Kreisfräsvorrichtung herauszufräsen und danach den Ring fertig zu fräsen. Auf diese Weise können problemlos mit Einsatz einer Kopierhülse Stufenvertiefungen in ein Werkstück gefräst werden. Die Fixierung der Vorrichtung auf dem Werkstück kann durch angeschraubte Leisten (Serienfertigungen), aber auch durch Fixieren mit doppelseitigem Klebeband oder Schraubzwingen erfolgen.

2.32 Einfache verstellbare Scheibenfräsvorrichtung für festgelegte Positionen

Draufsicht: Frässchablonenscheibe mit Aussparungen und Aufnahmerahmen mit Passbohrungen und Fixierscheiben

Draufsicht: Aufnahmerahmen mit Wechselschablonenaussparungen und Fixierscheiben

Die Fräsvorrichtung besteht aus einer kreisrunden Schablonenscheibe sowie einem Aufnahmerahmen aus Multiplex mit passendem kreisförmigem Ausschnitt. In den Rand des Kreisausschnitts sind zwei gegenüberliegende Halbkreisbohrungen eingelassen, die entweder nur bis zu zwei Dritteln oder ganz durch die Platte reichen. Die Schablonenscheibe hat an ihrem äußeren Rand ebenfalls Halbkreisbohrungen. Die Scheibe kann nun so gedreht werden, dass zwei Halbkreise der Scheibe mit zwei Halbkreisen der Rahmenausschnitte ganze Kreise ergeben, durch die eine Holzscheibe gesteckt werden kann. Durch die Holzscheiben wird die Schablone problemlos in Position gehalten. Veränderungen der Schablonenposition werden durch Verdrehen und Umstecken der Scheiben vorgenommen.

2.33 Wiederholungsschablonen-Umsteckvorrichtung mit Rahmen

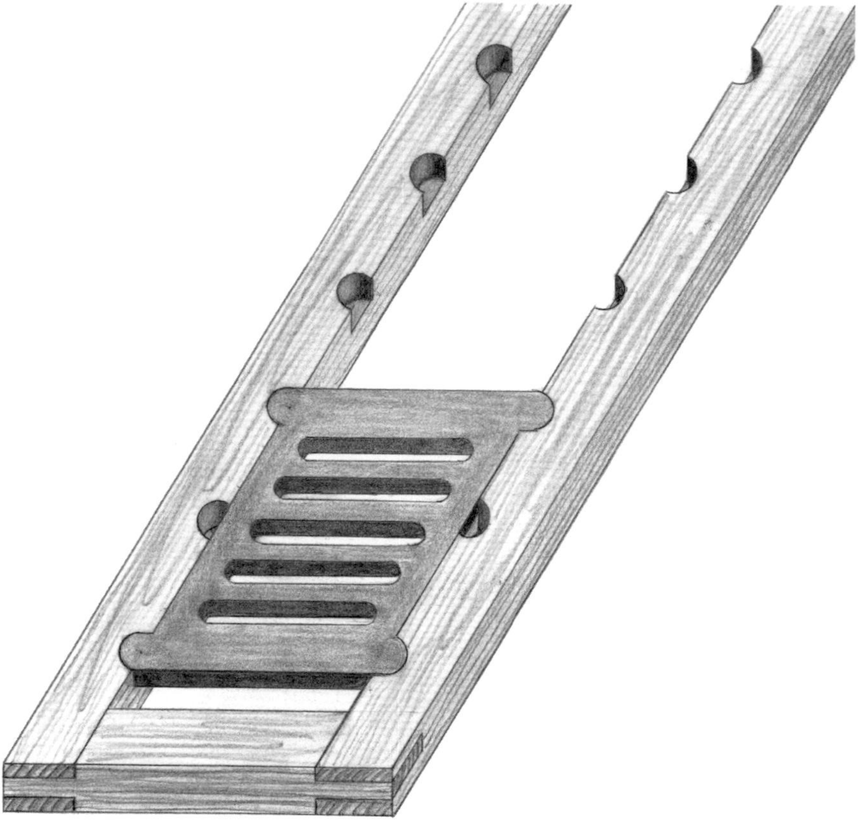

Teilansicht: Grundrahmen mit Aufnahmebohrungen für Wechselschablonen; Wechselschablone mit Quernuten

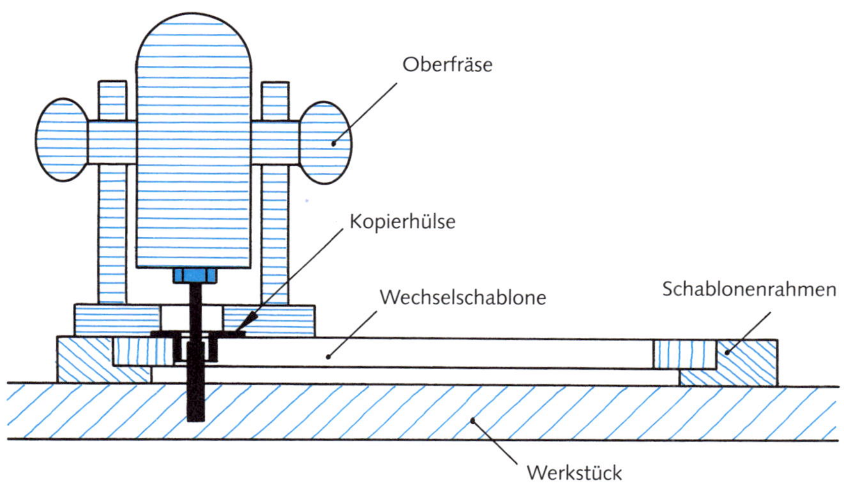

Vertikalschnitt: Oberfräse mit Kopierhülse; Schablonenrahmen mit Wechselschablone und Werkstück

Die Vorrichtung besteht aus einem rechteckigen Rahmen und einem Schablonenteil zum Umstecken. Zuerst werden zwei Rahmenhölzer mit Bohrungen versehen, und zwar durch eine Positionsbohrung in jeweils gleichem Abstand bei aneinander gelegten Rahmenhölzern. Der Mittelpunkt der Bohrung befindet sich genau zwischen den Kanten der Rahmenhölzer. Auf diese Weise entstehen genau gegenüberliegende Halbkreisbohrungen (Aufnahmebohrungen). Diese Halbkreisbohrungen sind dafür gedacht, die Ausformungen der Schablone aufzunehmen. Die Schablone wird aus einer Furnierplatte hergestellt, und zwar so, dass sich die wiederholenden Langlöcher beim Versetzen im Rahmen genau überdecken. Es geht also darum, dass sich die Fräsungen genau im selben Abstand wiederholen, damit durchgängig gleiche Abstände gefräst werden können.

2.34 Schablonenvorrichtung zum Fräsen paralleler Nuten oder Gitter o. Ä.

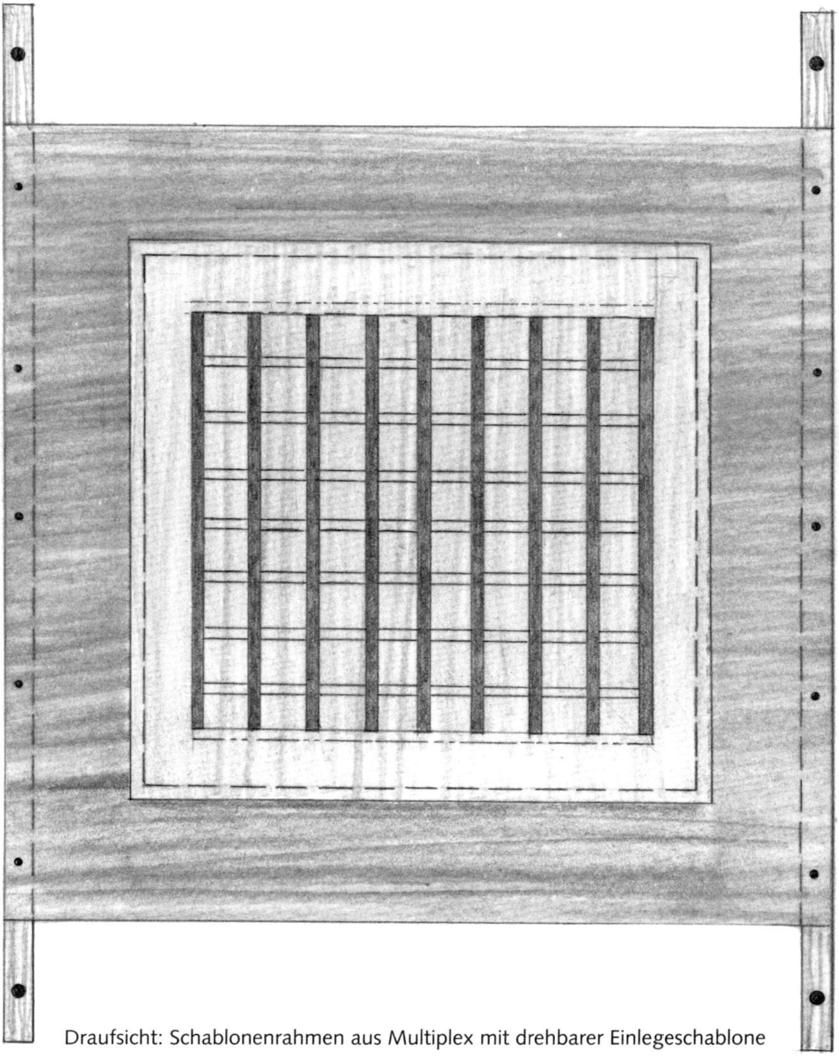

Draufsicht: Schablonenrahmen aus Multiplex mit drehbarer Einlegeschablone

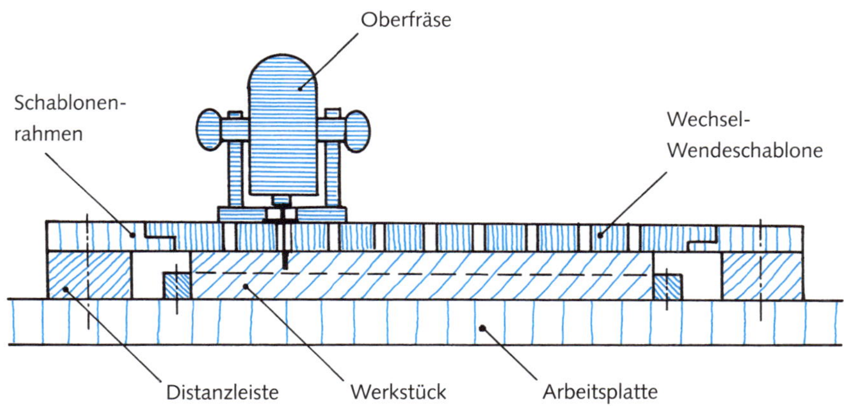

Vertikalschnitt: Fräsvorrichtung mit Fräsrahmen mit Distanzleisten sowie Wendeschablone mit Ausfräsungen für Kopierhülse

Die Vorrichtung besteht aus einem Rahmen aus Multiplex und einem quadratischen Ausschnitt, in den eine Formschablone eingelegt wird. Unter dem Rahmen sind zwei Führungen befestigt, um die Vorrichtung am Werkstück positionieren zu können. In die Schablone sind parallele Streifen als Führung für die Kopierhülse der Oberfräse gefräst. Wird die Schablone um 180° gedreht, können problemlos Gittermuster in ein Werkstück gefräst werden. Ob die Wechselschablone mit oder ohne Falz eingelegt wird, ist für die Funktion nicht relevant, sondern bedeutet lediglich mehr oder weniger Aufwand bei der Herstellung.

2.35 Wechselschablonenvorrichtung in Kreuzform

Fräsen unterschiedlicher Motive in kreuzförmiger Anordnung

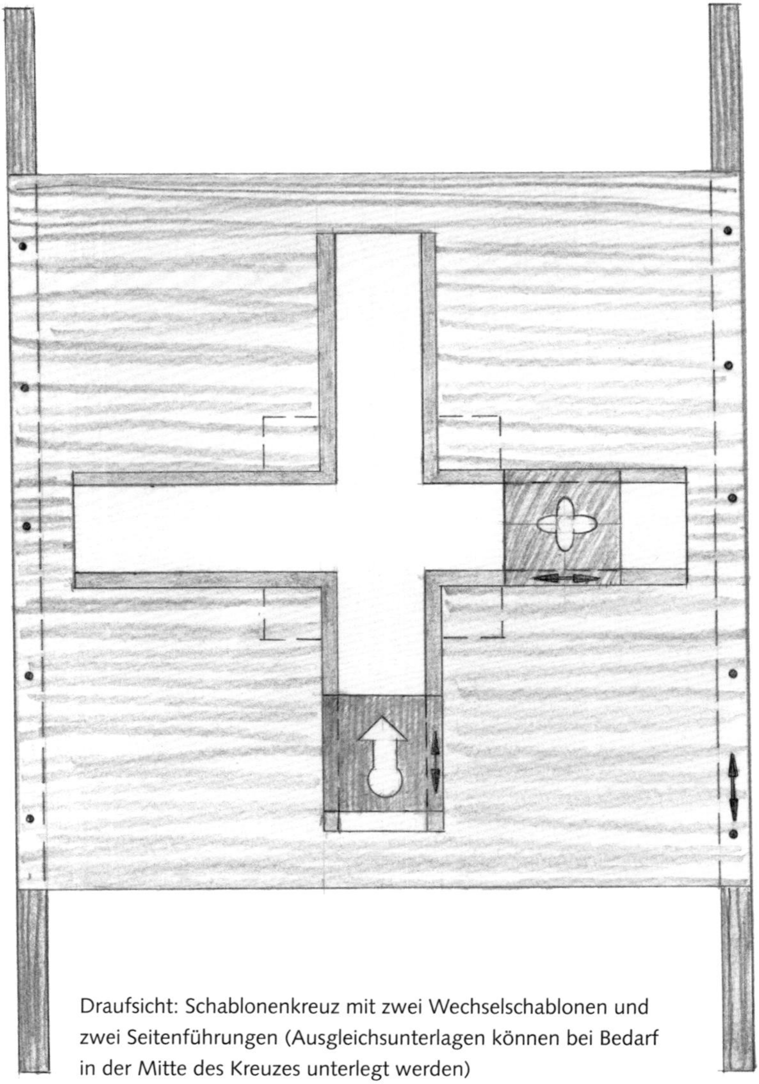

Draufsicht: Schablonenkreuz mit zwei Wechselschablonen und zwei Seitenführungen (Ausgleichsunterlagen können bei Bedarf in der Mitte des Kreuzes unterlegt werden)

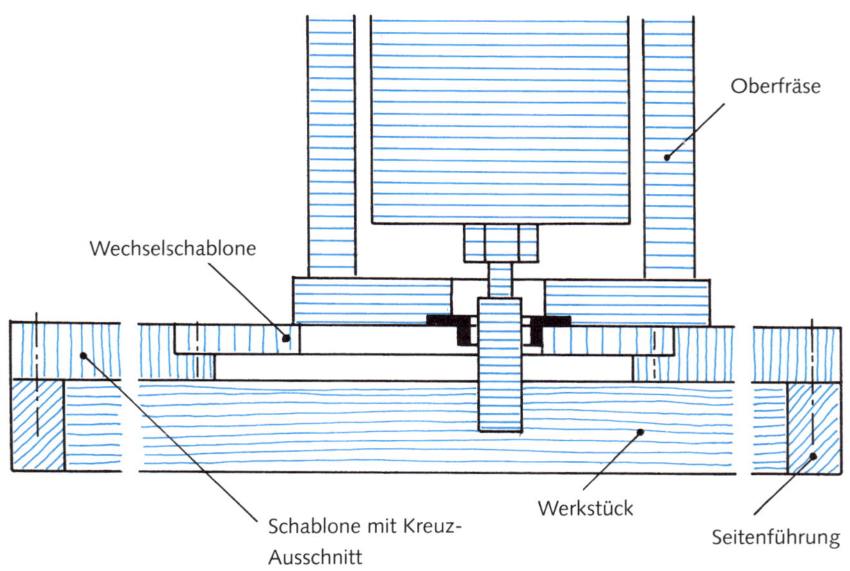

Vertikalschnitt: Oberfräse mit Schablonenkreuz, Wechselschablone und Werkstück

Die Vorrichtung besteht aus einer Multiplexplatte mit kreuzförmigem Ausschnitt, an deren Kanten zusätzlich Falze angearbeitet sind. Zur Führung der Schablone am Werkstück werden zwei Führungsleisten so unter die Platte geschraubt, dass sie spielfrei am Werkstück entlang geschoben werden kann. Die Wechselschablonen können mittels Drahtstiften oder Klebebändern genau innerhalb des Kreuzes positioniert werden. Die Wechselschablonen können quadratisch oder rechteckig sein, je nach Bedarf; sind sie quadratisch, können sie zusätzlich gedreht werden. Durch die Positioniermöglichkeit in senkrechter und waagrechter Richtung in Verbindung mit der Verschiebbarkeit der gesamten Vorrichtung kann jede Position des Werkstücks mit Schablonen erreicht werden.

2.36 Mehrfach verschiebbare Fräsrahmenvorrichtung

Serielle Fräsungen in freier, senkrechter oder waagerechter Position

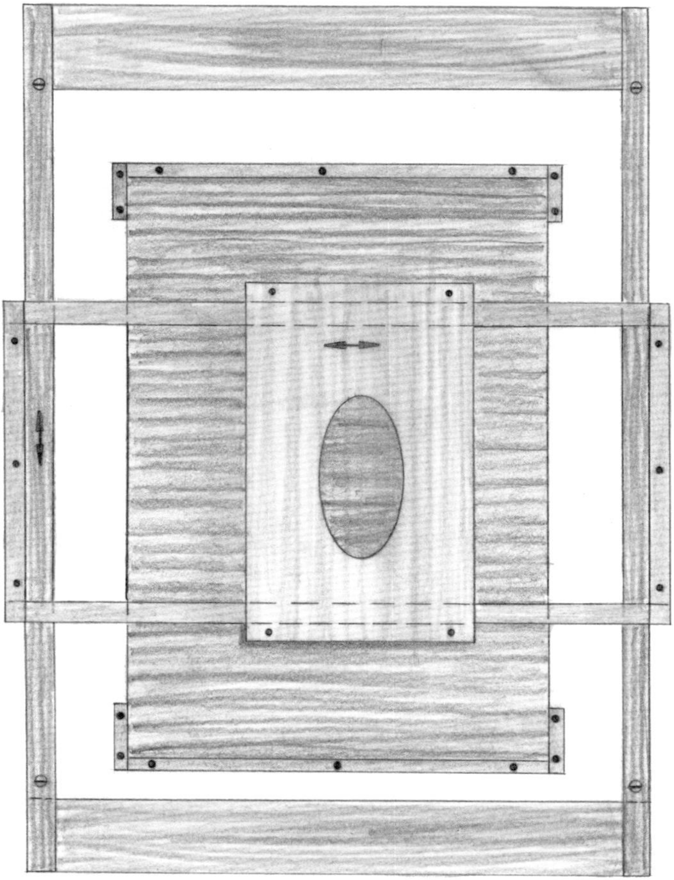

Ansicht: Grundrahmen und fixiertes Werkstück sowie Längs- und Querrahmen

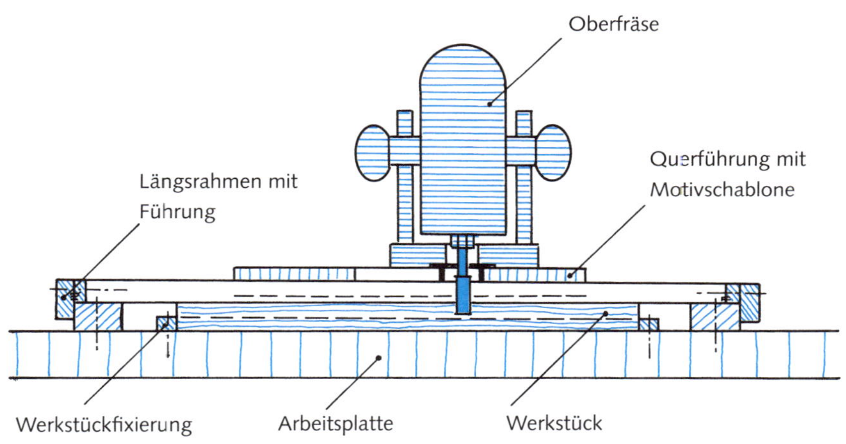

Vertikalschnitt: Oberfräse, Rahmen mit Führung, Querführung mit Motivschablone, Arbeitsplatte und Werkstück

Die Vorrichtung besteht aus drei Teilen: dem großen Grundrahmen, einem Querrahmen und der verschiebbaren Schablone. Wie in der Draufsicht gut erkennbar, wird das Werkstück auf einer Grundfläche fixiert. Um das Werkstück wird ein großer Rahmen ebenfalls auf der Grundfläche befestigt. Auf diesem Grundrahmen befindet sich dann ein zusätzlicher Rahmen mit Seitenführungen aus Leisten. Dieser Rahmen kann in einer Richtung auf dem Grundrahmen geführt und positioniert werden. Schließlich wird auf diesem Zusatzrahmen die Schablone mit zwei Seitenführungen aufgelegt und in Fräsposition gebracht und fixiert. Auf diese Weise kann die Schablone flexibel auf dem Werkstück positioniert werden. Zusätzlich zu freien Positionen können Serienfräsungen in senkrechter oder waagrechter Position mühelos angefertigt werden.

2.37 Kombinationsvorrichtung mit Großschablone

Arbeiten mit der Großschablone in Kombination mit Bohrungen, Motivfräsungen o. Ä.

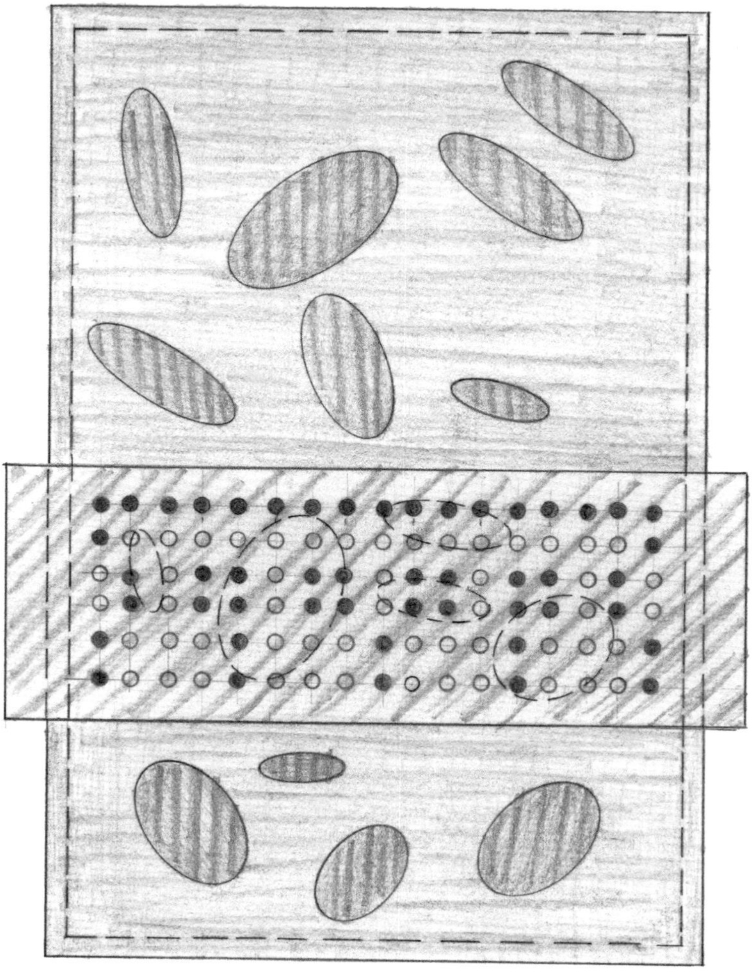

Draufsicht: Großschablone mit verschiedenen Ovalmotiven und verschiebbarer Lochschablone (nicht benötigte Bohrungen werden abgeklebt)

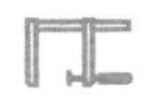

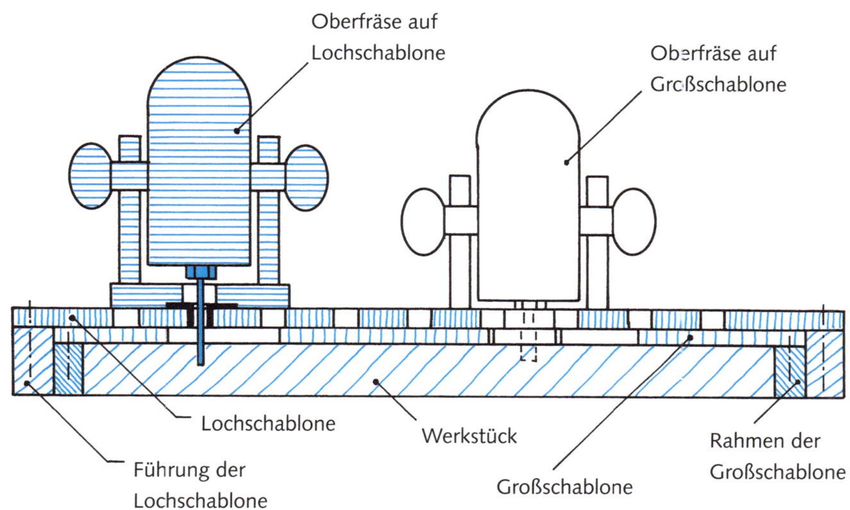

Vertikalschnitt: Lochschablone und Großschablone

Die Vorrichtung besteht aus einer Großschablone mit Zusatzrahmen zur Fixierung am Werkstück. Über die Schablone wird eine Bohrschablone gelegt, die durch zwei seitliche Leisten an der Großschablone entlanggeführt wird. Diese Art der Vorrichtung ist sinnvoll, wenn zusätzlich zu den Fräsungen der Großschablone noch andere Arbeiten an den bereits gefrästen Werkstücken ausgeführt werden müssen. Das können Bohrungen oder Motivfräsungen sein. Dadurch, dass die zusätzliche Schablone an der Großschablone befestigt wird, kann die Schablonenkombination problemlos abgenommen und auf ein anderes Werkstück aufgesetzt werden. So können auch Kleinserien relativ problemlos hergestellt werden.

2.38 Schablonen-Haltevorrichtung für verbaute Werkstücke

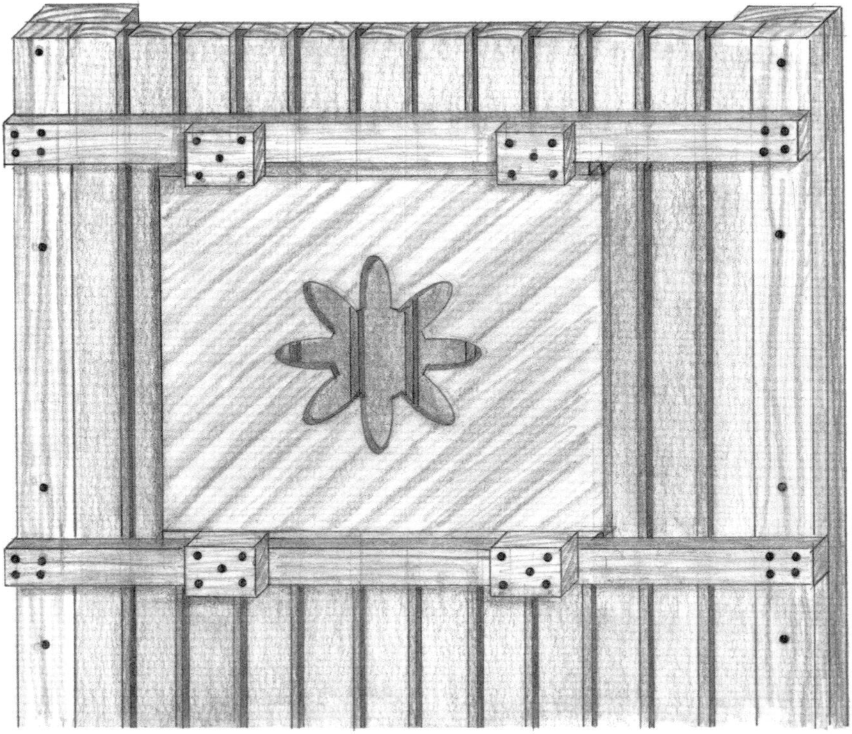

Ansicht: Garagentor mit Rahmen und Querverstrebungen mit Befestigungsklötzen für Schablonen

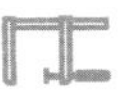

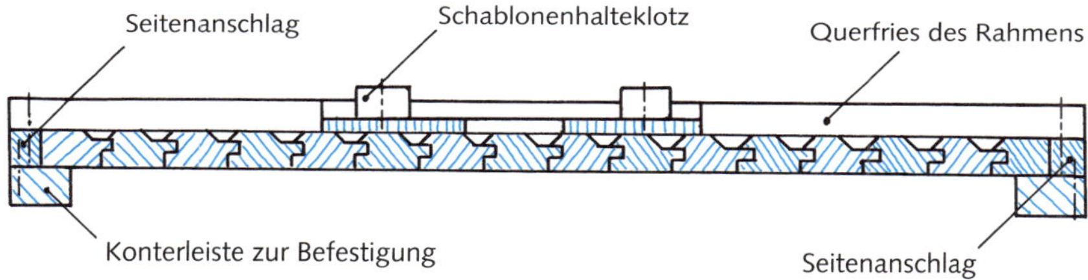

Vertikalschnitt: Garagentor mit Befestigungen

Soll beispielsweise ein Motiv in ein Garagentor (oder andere verbaute Werkstücke) gefräst werden, wird links und rechts des Tores ein Kantholz in der Stärke des Tores befestigt. Dazu werden oben und unten Querbretter verschraubt. Die senkrechten Kanthölzer werden von der Rückseite gekontert, sodass der ganze Rahmen plan auf dem Tor befestigt ist. Danach werden dann Querbretter so auf den Kanthölzern befestigt, dass sie eine aufgelegte Motivschablone von oben und unten in waagrechter Position begrenzen. Anschließend werden Halteklötze auf die Querbretter aufgeschraubt, um die Schablone in ihrer Fräsposition zu begrenzen und zu fixieren.

3 Kreisfräsvorrichtungen

3.1 Einfache Kreisfräsvorrichtung

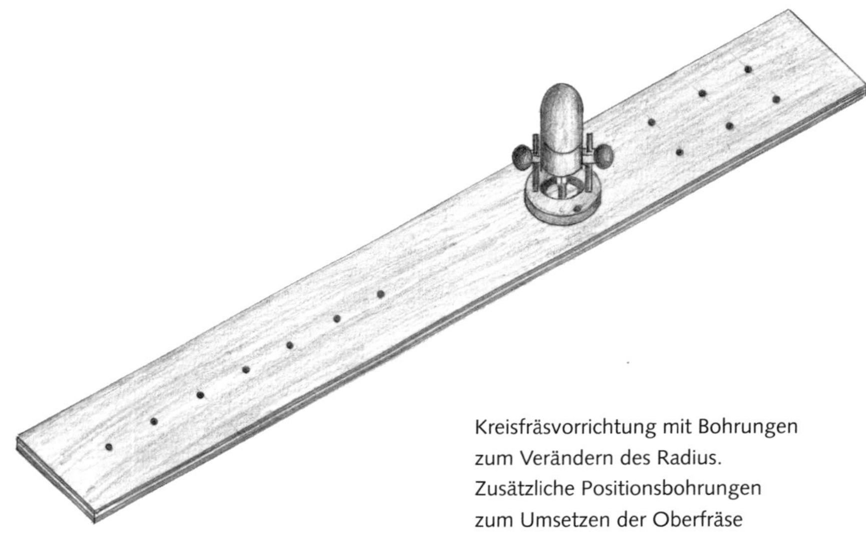

Kreisfräsvorrichtung mit Bohrungen zum Verändern des Radius. Zusätzliche Positionsbohrungen zum Umsetzen der Oberfräse

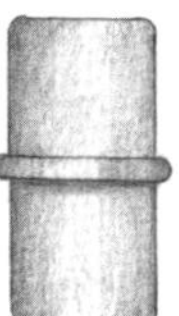

Regalbodenträger aus Metall

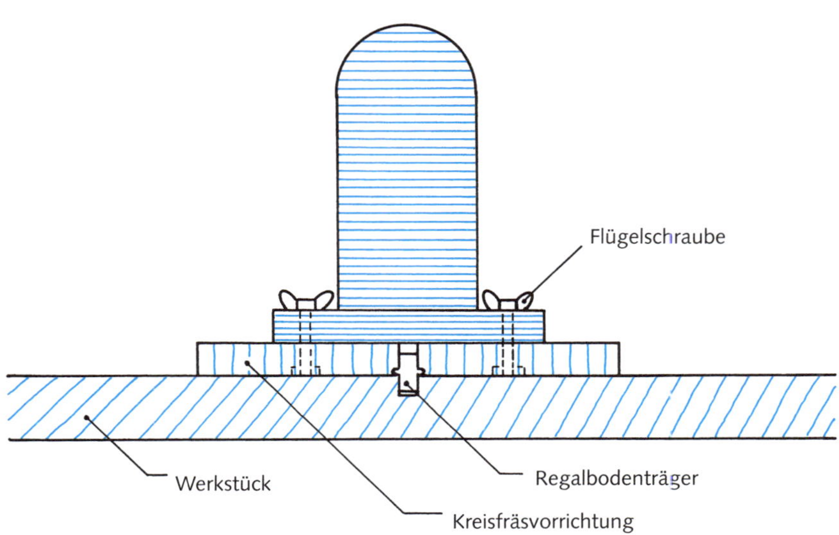

Vertikalschnitt: Oberfräse, Flügelschraubenbefestigung sowie Fräsvorrichtung und Führungsbolzen (Regalbodenträger)

Hierbei handelt es sich um eine einfache Kreisfräsvorrichtung aus einem Streifen aus Multiplex. Am einen Ende werden mittig Positionsbohrungen für den Drehbolzen und auf der anderen Seite Paarbohrungen zur Befestigung der Oberfräse angebracht. Durch Versetzen der Oberfräse und des Drehbolzens können unterschiedliche Kreisdurchmesser gefräst werden. Als Drehbolzen wird ein Regalbodenträger verwendet. Er wird von unten in die passende Positionsbohrung gesteckt. Im Werkstück wird, sofern dies möglich ist, eine passende Bohrung angebracht, in die die Vorrichtung mit Bolzen gesteckt wird. Die Oberfräse wird mit versenkten Schrauben, die von unten durch den Multiplexstreifen und die Bodenplatte der Oberfräse gesteckt werden, von oben mit Flügelmuttern fixiert.

3.2 Kreisfräsvorrichtung für empfindliche Oberflächen

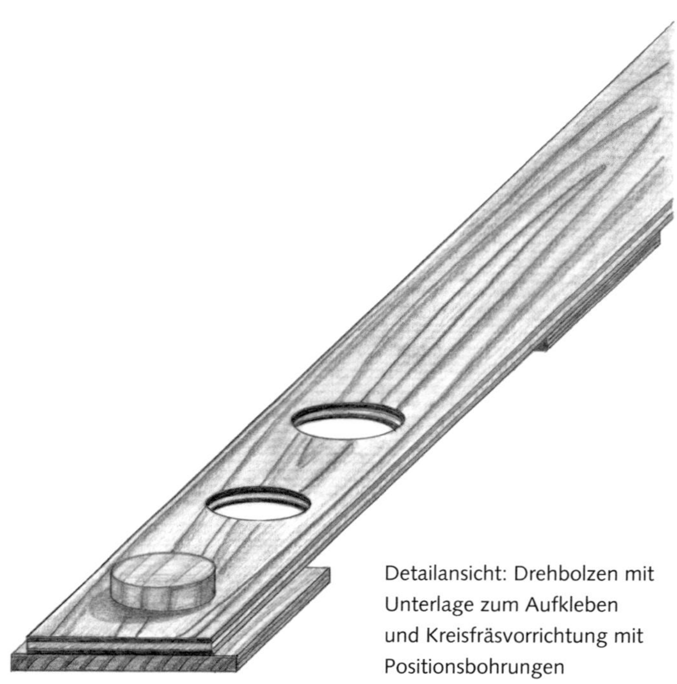

Detailansicht: Drehbolzen mit Unterlage zum Aufkleben und Kreisfräsvorrichtung mit Positionsbohrungen

Diese Vorrichtung entspricht im Prinzip der Vorrichtung 3.1; sie wird ebenfalls aus einem Multiplexstreifen hergestellt. Die Oberfräse wird mit zwei Schrauben oder auf andere Weise, wie bei den folgenden Vorrichtungen beschrieben, darauf befestigt. Die Besonderheit dieser Vorrichtung liegt in den großen Führungsbohrungen und dem Drehbolzenteil mit Auflage begründet. Der Drehbolzen wird mit einem Scheibenfräser aus Hartholz herausgebohrt und mittig auf eine quadratische Multiplexplatte geleimt. Diese Platte mit Drehbolzen wird dann genau auf dem Werkstück positioniert und mit Doppelklebeband aufgeklebt. Der Dreharm wird mit einer Bohrung auf diesen Bolzen aufgesetzt. Als Höhenausgleich zur Bolzenplatte wird am Dreharm von unten eine kleine Platte

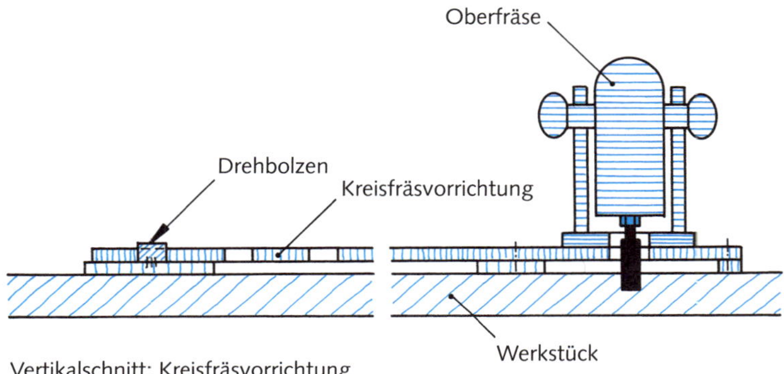

Vertikalschnitt: Kreisfräsvorrichtung

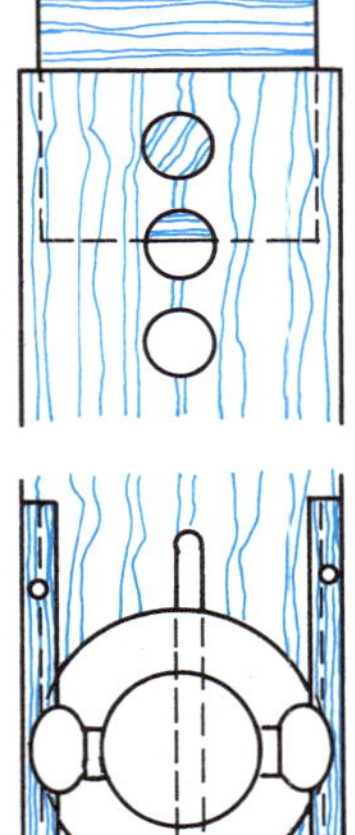

Draufsicht: Kreisfräsvorrichtung mit Drehbolzen und Auflage, Oberfräse und Befestigungsleisten zur Feinjustierung

mit der gleichen Materialstärke festgeschraubt. Durch den großen Drehbolzen ist es möglich, auch größere Serien zu fräsen, ohne dass die Führungsbohrungen sich zu schnell ausschleifen und das Fräsergebnis ungenau wird. (Bolzen und Bohrungen sollten mit Kernseife eingerieben werden, um Leichtgängigkeit herzustellen).

Variante: Wird in den Bolzen mittig eine Bohrung durch Bolzen und Platte angebracht, kann die Vorrichtung an einer Reißnadel zum angerissenen Mittelpunkt auf dem Werkstück hinunterrutschen (Siehe Vorrichtung Nr. 1.7).

3.3 Wechselschablonen-Kreisführung

Fräsen von Motiven in kreisförmiger Anordnung

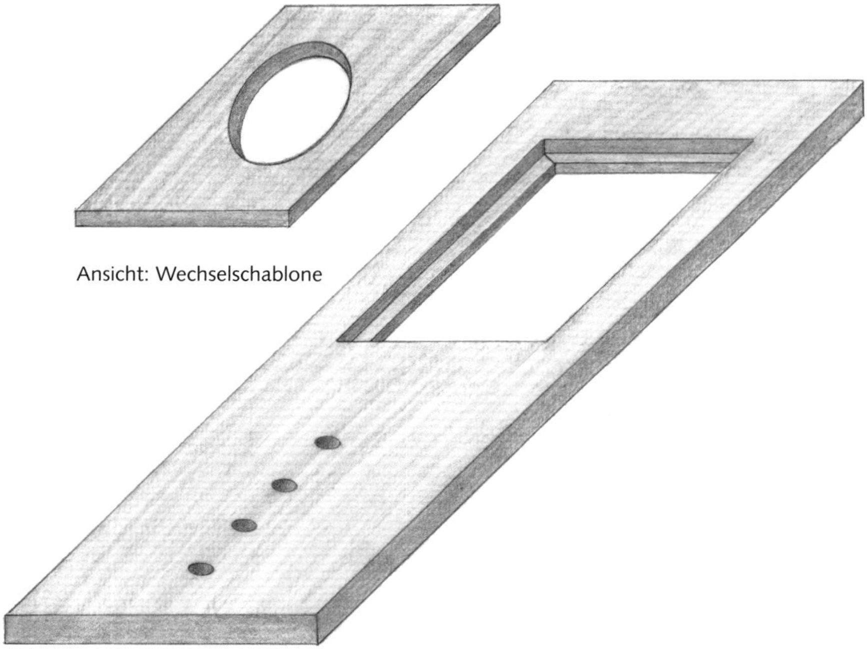

Ansicht: Wechselschablone

Ansicht: Kreisführung für unterschiedliche Radien mit gefalzter Aussparung für Wechselschablonen

Mit dieser Vorrichtung kann zusätzlich zu Kreisen (wie bei 3.1) durch Versetzen des Drehbolzens eine Formation von Motiven in das Werkstück gefräst werden. Die Vorrichtung besteht aus einem Streifen aus Multiplex, in dessen Mittelachse Positionsbohrungen eingefräst sind. Am anderen Ende befindet sich ein rechteckiger oder quadratischer Ausschnitt mit zusätzlichem Falz, in den Wechsel-

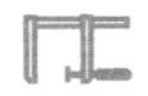

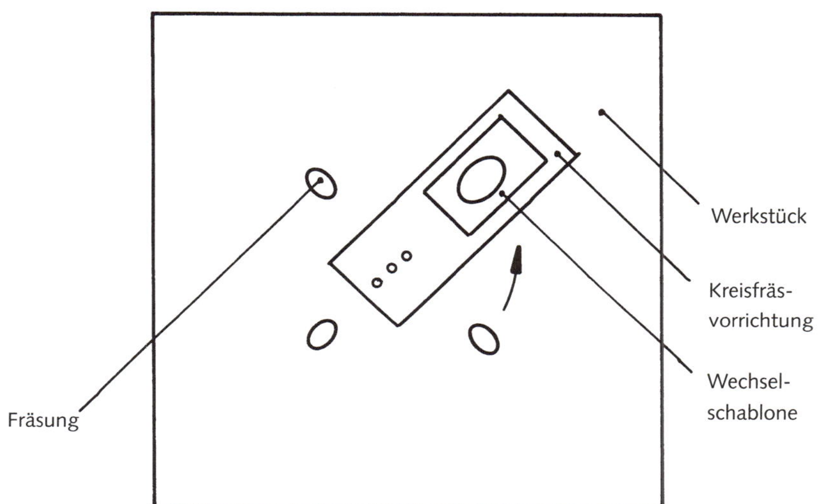

Draufsicht: Werkstück mit Kreisfräsvorrichtung und Schablone

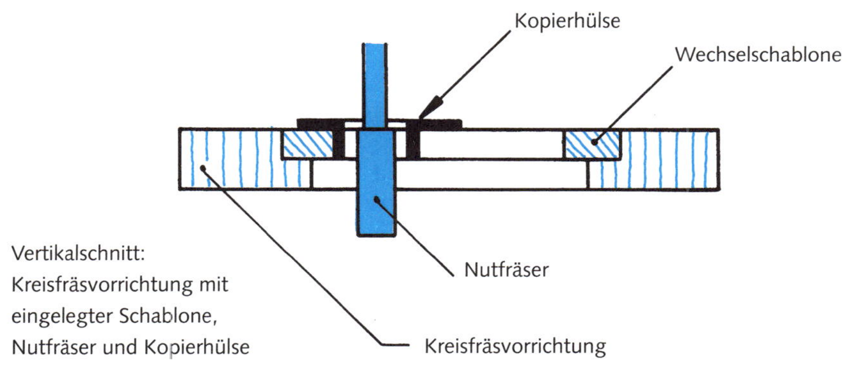

Vertikalschnitt:
Kreisfräsvorrichtung mit eingelegter Schablone, Nutfräser und Kopierhülse

schablonen eingelegt werden können. Wird ein quadratischer Ausschnitt gewählt, hat dies den Vorteil, dass die Schablonen sowohl mehrfach gedreht als auch gewendet werden können. Gefräst werden die Motive mit entsprechenden Fräsern und Kopierhülse.

3.4 Verstellbare Kreisfräsvorrichtung für kleine Durchmesser

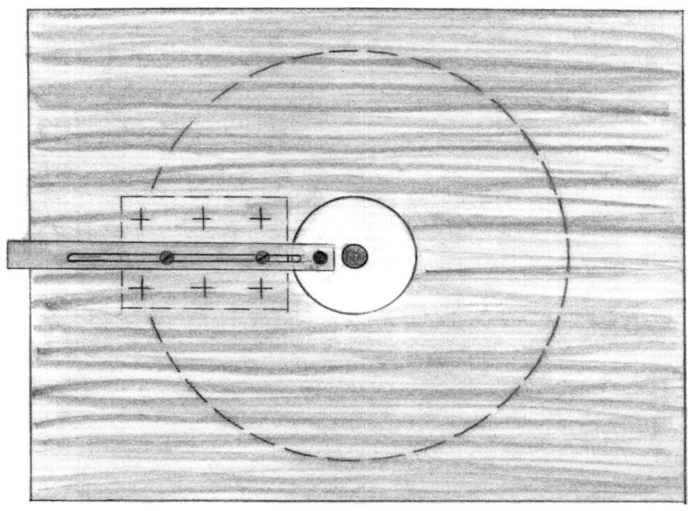

Draufsicht: Unterseite der Grundplatte mit verstellbarem Drehbolzen und Gegenplatte mit Gewinde (gestrichelt gezeichnet)

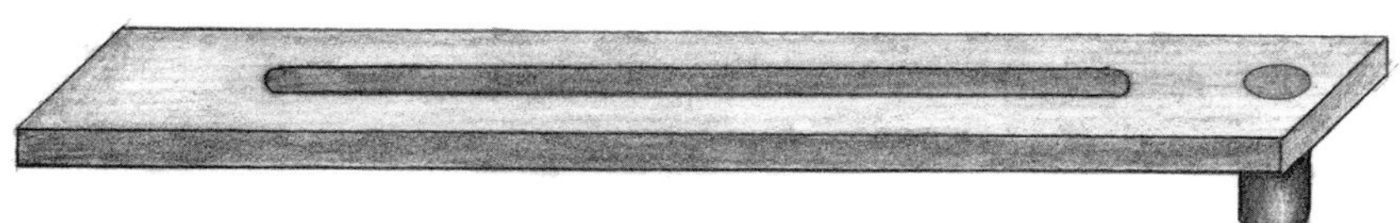

Ansicht: Flacheisenstreifen mit Langloch und Drehbolzen

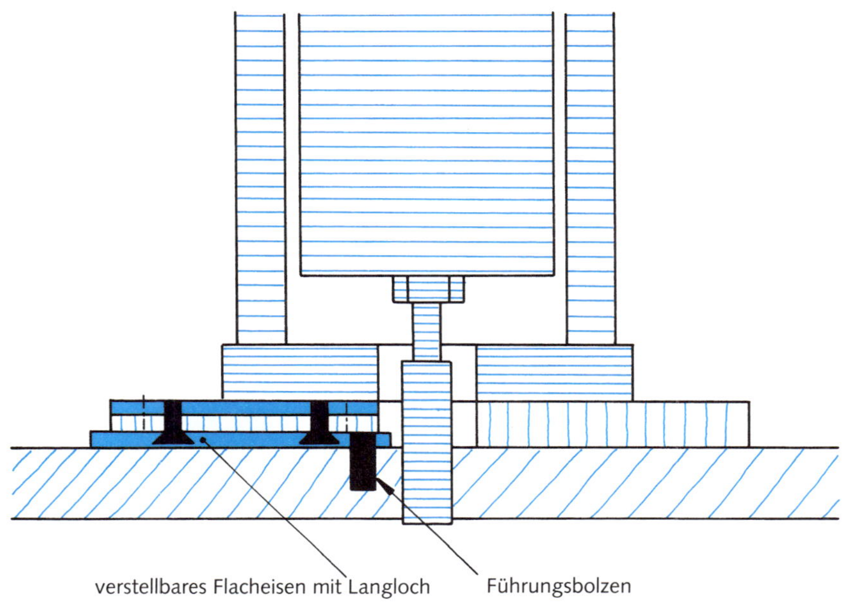

Vertikalschnitt: Oberfräse mit Zusatzgrundplatte und verstellbarem Kreisfräsbolzen und Gegenplatte mit Gewindebohrungen

Diese Vorrichtung besteht aus einer Grundplatte aus Multiplex, die etwas größer als die Bodenplatte der Oberfräse sein sollte. In der Mitte dieser Grundplatte wird eine Bohrung angebracht, die der Öffnung in der Oberfräsenbodenplatte entspricht. Zusätzlich wird auf der oberen Fläche der Multiplexplatte eine Metallplatte eingelassen und verschraubt. In der Achse zum Mittelpunkt der Öffnung werden in dieser Platte zwei Gewindebohrungen angebracht. Bevor diese Platte auf der Multiplexplatte verschraubt wird, wird vom Rand zum Mittelpunkt ein Streifen herausgesägt. Erst danach wird die Platte mit den Gewindebohrungen von oben in der Platte verschraubt. In den schmalen Ausschnitt wird anschließend der Flacheisenstreifen mit Drehbolzen eingeschoben und mit zwei Schrauben in der oberen Platte festgeschraubt. Im Flacheisen befindet sich ein Langloch, das es ermöglicht, den Drehbolzen dicht an den Fräser heranzuschieben. Auf diese Weise können sehr kleine Kreisdurchmesser gefräst werden.

3.5 Variable Ecken-Kreisfräsvorrichtung

Zierfräsungen in Ecken

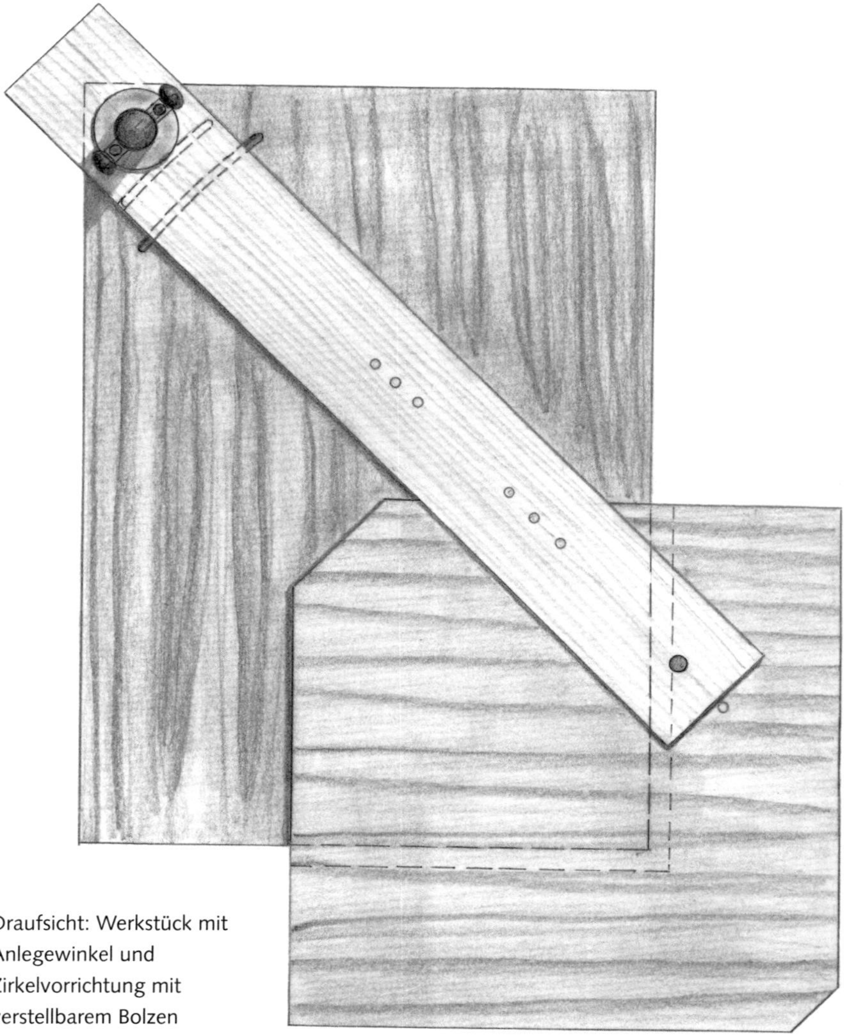

Draufsicht: Werkstück mit Anlegewinkel und Zirkelvorrichtung mit verstellbarem Bolzen

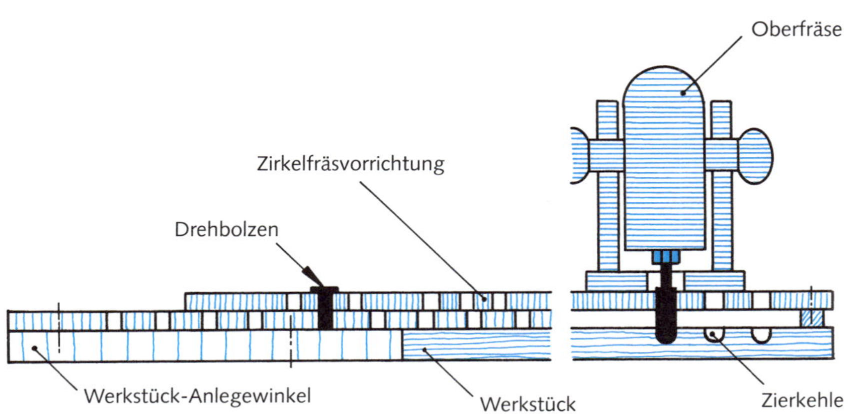

Vertikalschnitt: Werkstück und Anlegewinkel, Auflagebrett mit Positionsbohrungen, Zirkel-Fräsvorrichtung mit Drehbolzen und Oberfräse

Die Vorrichtung dient dazu, einfache oder mehrere parallele Zierfräsungen in die Ecken von Werkstücken zu fräsen. So können Kreisbogenstücke mit der Rundung nach außen gefräst werden. Dafür wird die Drehvorrichtung, in der sich der Drehbolzen befindet, gegenüber der zu fräsenden Ecke positioniert. Die Vorrichtung besteht aus einer Platte aus Multiplex mit einem von unten angeschraubten Leistenwinkel, um die Platte genau an allen Ecken positionieren und befestigen zu können. In der Platte befinden sich mehrere Positionsbohrungen zur Aufnahme des Drehbolzens. Der Dreharm (Multiplexstreifen) hat ebenfalls Positionsbohrungen zur Aufnahme des Drehbolzens und am anderen Ende Doppelbohrungen zur Befestigung der Oberfräse. Zur Begrenzung des Fräsweges können auf der Grundplatte Begrenzungsleisten aufgeschraubt werden.

3.6 Variable Eckfräsvorrichtung

Fräsen von Teilkreisbögen in Ecken

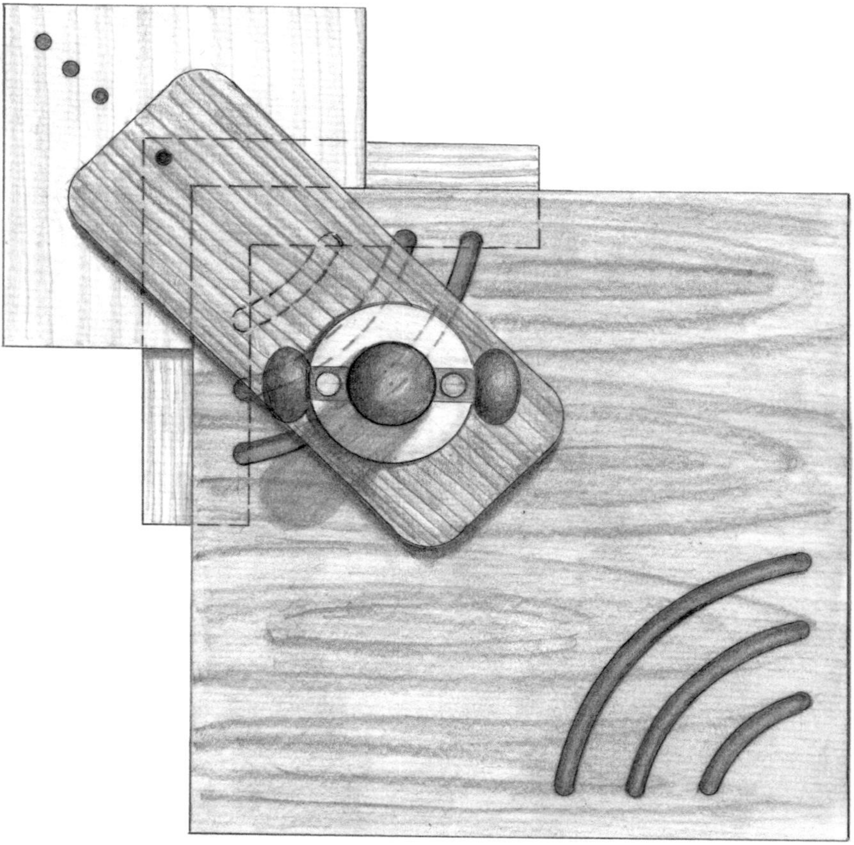

Draufsicht: Werkstück mit Zierfräsungen und schwenkbarer Fräsvorrichtung, Anlegewinkel und Lochplatte zur Aufnahme des Drehbolzens

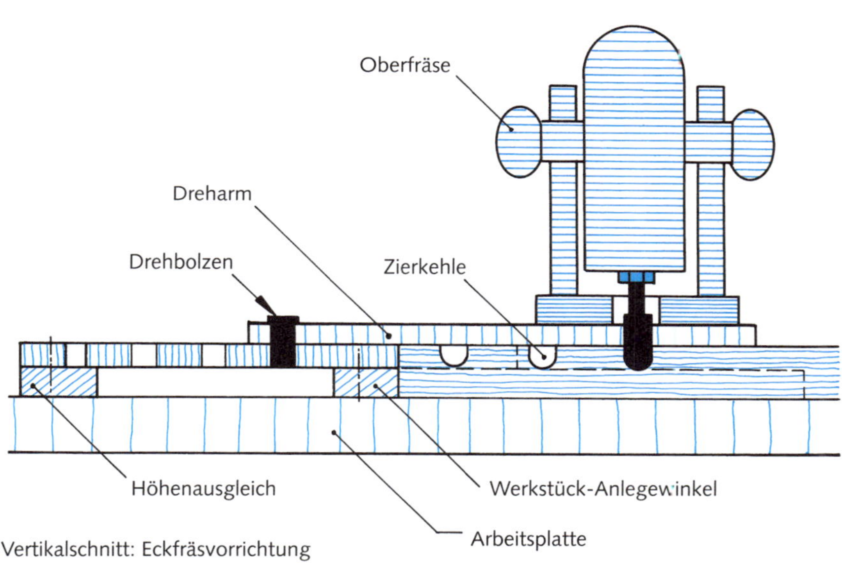

Vertikalschnitt: Eckfräsvorrichtung

Die Kreisform zeigt hier in das Innere des Werkstücks. Die Vorrichtung besteht aus zwei Teilen: der Grundplatte in Winkelform mit einem zusätzlich von unten angeschraubten Anlegewinkel aus Hobelleisten und dem Kreisfräsarm. Der Winkel der Grundplatte hat genau in der Diagonalen mehrere Positionsbohrungen zur Aufnahme des Drehbolzens. Die Befestigung der Oberfräse kann sowohl mit Schrauben als auch auf andere Weise vorgenommen werden (siehe Beispiele 3.1 ff.).

Variante: Wird der Dreharm als breiterer Multiplexstreifen hergestellt, so kann er auch als Vorrichtung wie bei Beispiel 3.3 Verwendung finden. Auf diese Weise können Motive in die Ecken von Werkstücken gefräst werden. Auch ist es dann möglich, gleiche Motive in Kreisbogenform zu positionieren. Wird der Ausschnitt im Multiplexstreifen quadratisch hergestellt, kann die Wechselschablone sowohl gedreht als auch gewendet werden.

3.7 Verstellbare Stichbogenfräsvorrichtung (1)

Fräsen paralleler Stichbögen in Türen oder o. Ä.

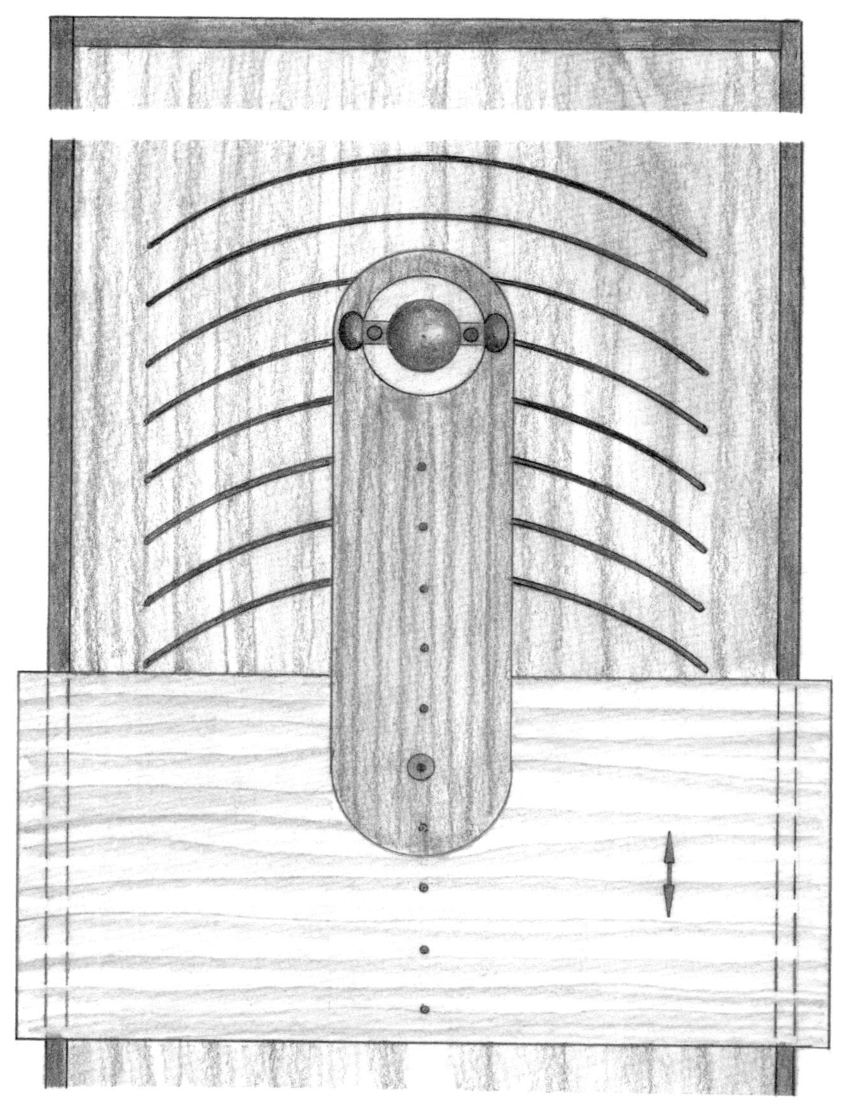

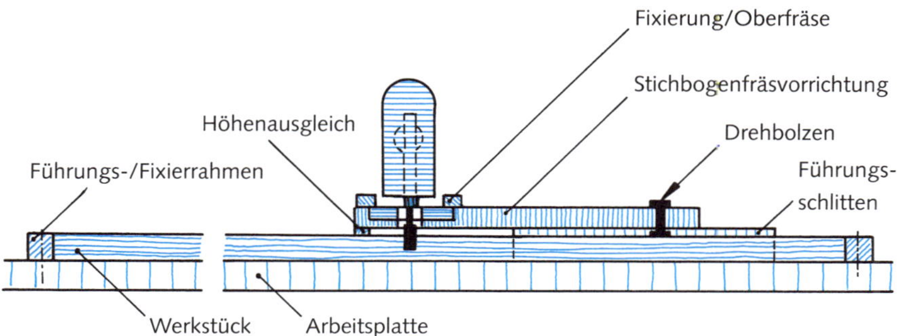

Vertikalschnitt: Werkstück mit Rahmen und Führungsschlitten mit Stichbogenfräsvorrichtung

Links:
Draufsicht: Werkstück mit Rahmen zur Werkstückfixierung und Führung des Schlittens; Führungsschlitten mit Bohrungen zur Aufnahme der Stichbogenfräsvorrichtung

Die Vorrichtung besteht aus einer Platte mit seitlichen Führungsleisten und dem Dreharm aus einem Streifen aus Multiplex. In der Platte befinden sich Positionsbohrungen in gleichmäßigen Abständen, sodass der Fräsarm jeweils um eine Bohrung versetzt werden kann. Auf dem Arm sind ebenfalls Positionsbohrungen angebracht, um den Kreisradius verändern zu können. Die Oberfräse kann mit Schrauben fixiert oder auf andere Weise befestigt werden.

3.8 Verstellbare Stichbogenfräsvorrichtung (2)

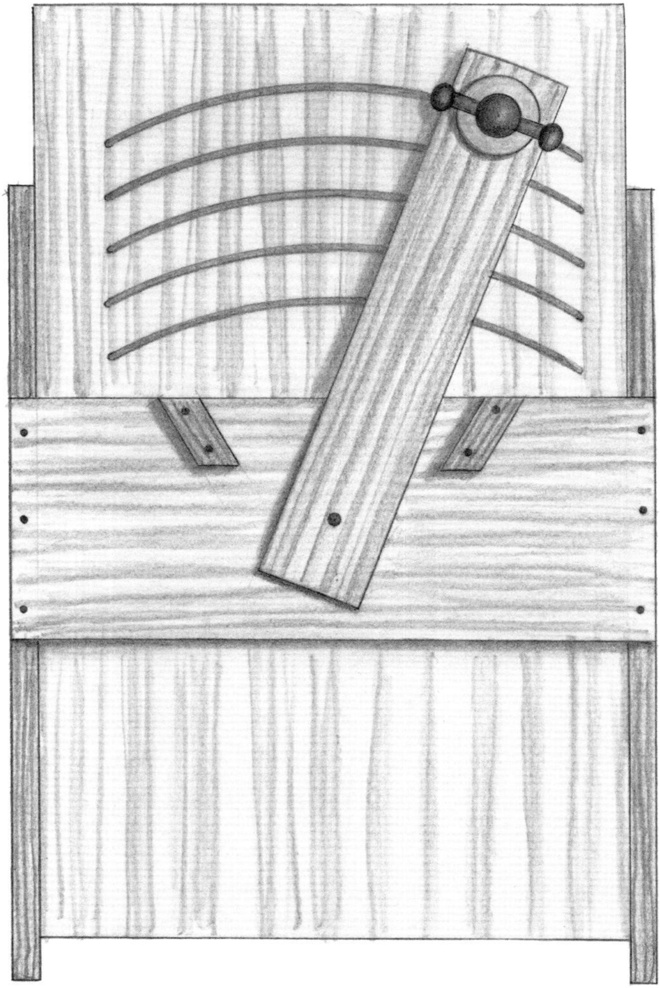

Draufsicht: Tür mit eingefrästen Stichbögen, Schiebevorrichtung und Kreisfräsvorrichtung mit montierter Oberfräse

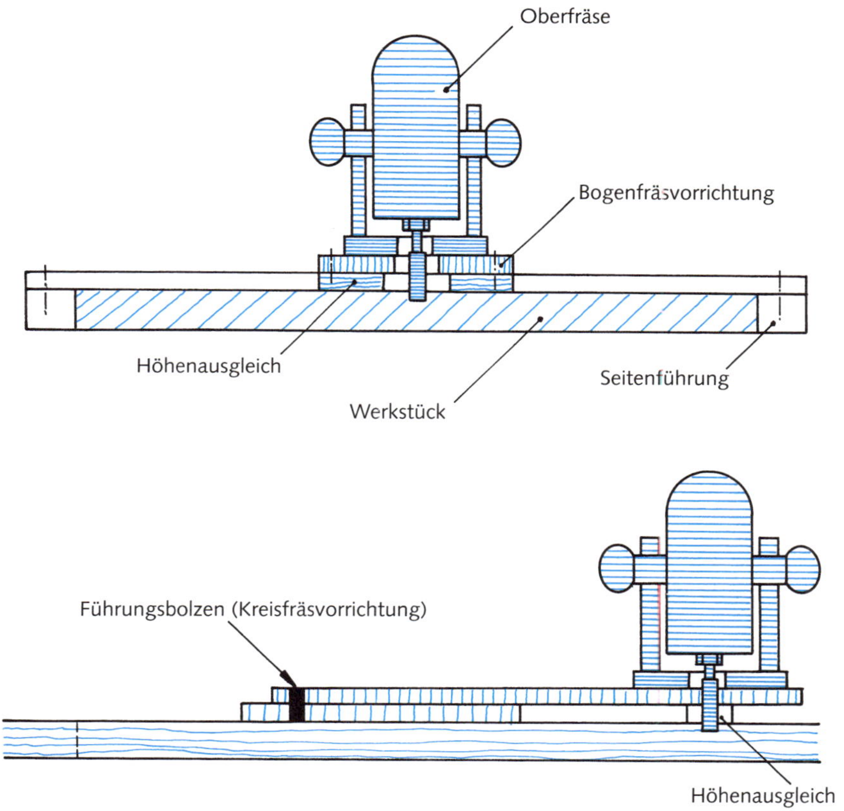

Oberfräse

Bogenfräsvorrichtung

Höhenausgleich

Seitenführung

Werkstück

Führungsbolzen (Kreisfräsvorrichtung)

Höhenausgleich

Vertikalschnitte (Längs- und Querrichtung); Führungsplatte mit Kreisfräsvorrichtung und Höhenausgleichsklötzen

Diese Vorrichtung ist dem Beispiel 3.7 relativ ähnlich, unterscheidet sich aber durch die auf der Grundplatte aufgebrachten Fräsbegrenzungen und die langen Seitenführungen unter der Grundplatte. Diese langen Seitenführungen ermöglichen es, die Stichbögen über die Gesamtlänge des Werkstücks zu führen.

3.9 Rundbogenfräsvorrichtung

Fräsen von Rundbögen für Türen, Anfräsen von Falzen u. Ä.

Draufsicht: Rundbogenfräsvorrichtung mit provisorisch montierter Rundbogentür (Rundbogen ist verleimt und wird mit den Längsfriesen provisorisch verbunden)

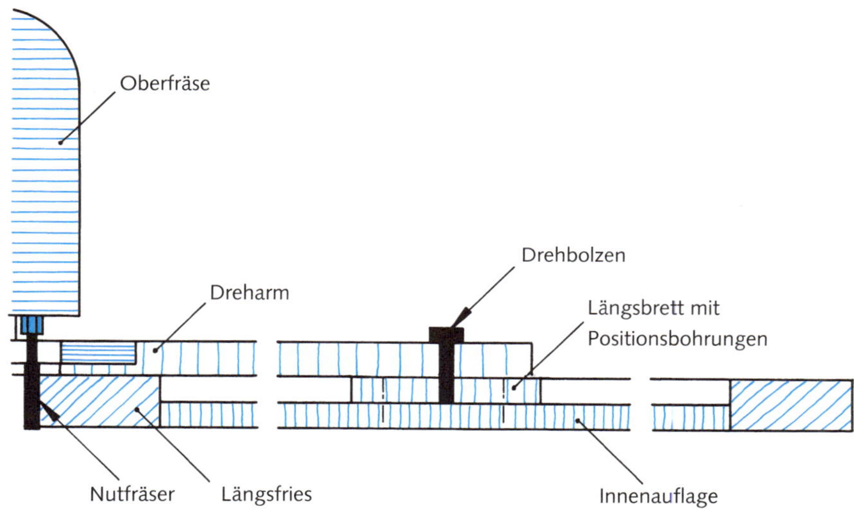

Vertikalschnitt: Rahmentür mit Innenauflage, Längsbrett und Dreharm jeweils mit Positionsbohrungen und montierter Oberfräse

In der Draufsicht ist gut zu erkennen, dass in den Türrahmen eine Grundplatte eingelegt ist; auf dieser ist mittig ein Brett befestigt, dessen obere Kante mit dem Rahmen bündig ist. Auf diesem Brett befinden sich Positionsbohrungen zum Einstellen des Radius, ebenso wie auf dem beweglichen Arm der Vorrichtung. Die Oberfräse sollte so auf dem beweglichen Multiplexstreifen befestigt werden, dass sie feinjustierbar ist. Dadurch ist es möglich, die Rundbogenform so zu fräsen, dass der Bogen exakt in die geraden Rahmenteile übergeht. Der Falz kann mit einem Falzfräser mit Kugellageranlaufring gefräst werden oder mit der Vorrichtung, nachdem der Rahmen gedreht worden ist.

3.10 Mehrfach verstellbare Kreisfräs-Schablonenvorrichtung

Ansicht: Kreisfräsvorrichtung mit verstellbarer Bolzenaufnahme; quadratischer Ausschnitt für Wechselschablonen. Daneben: zusätzlich verwendbare kreisförmige Schablone, die sich in Position drehen lässt

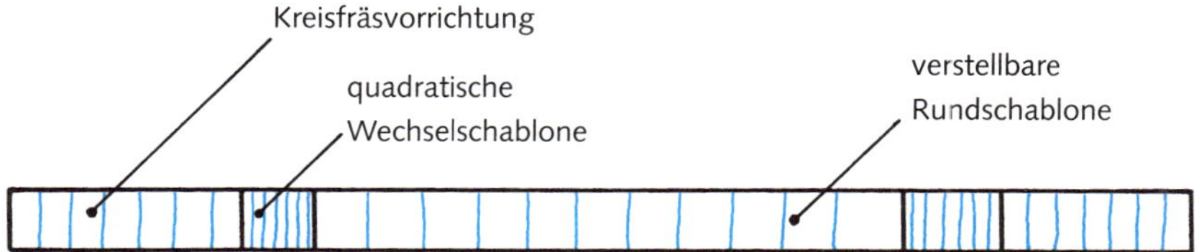

Vertikalschnitt durch die Kreisfräsvorrichtung und die quadratische Wechselschablone mit eingelegter Kreisschablone

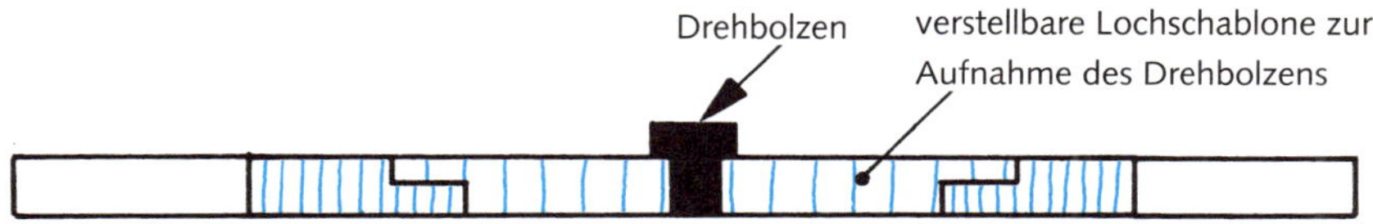

Vertikalschnitt durch die verstellbare Bolzenlochleiste und die Kreisfräsvorrichtung

Die Vorrichtung besteht aus einer trapezförmigen Platte aus Multiplex. Am schmaleren Ende ist eine Positionsbohrung für den Drehbolzen angebracht. Zusätzlich ist auf der Mittelachse ein rechteckiger schmaler, überfalzter Ausschnitt, in dem eine bewegliche, ebenfalls überfalzte Platte befestigt werden kann. Diese kleine Platte hat mehrere Positionsbohrungen, sodass auch regelmäßige Parallelversetzungen des Drehbolzens möglich sind. Am breiteren Ende der Trapezform befindet sich ein quadratischer Ausschnitt, in den Wechselschablonen eingesetzt werden können. Wird in eine quadratische Wechselschablone ein Kreisausschnitt gefräst, kann noch eine etwas kleinere auswechselbare Scheibenschablone eingesetzt werden. Die Rundform hat den großen Vorteil, dass die Schablone in jede beliebige Position gedreht werden kann.

3.11 Kombinierte mehrfach verstellbare Scheiben-Kreisfräsvorrichtung

Fräsen verschiedener Motive in mehreren Arbeitsgängen

Draufsicht: Schablonenrahmen mit großer drehbarer Kreisschablone und zusätzlichem verstell- und drehbarem Zusatzrahmen

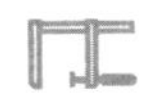

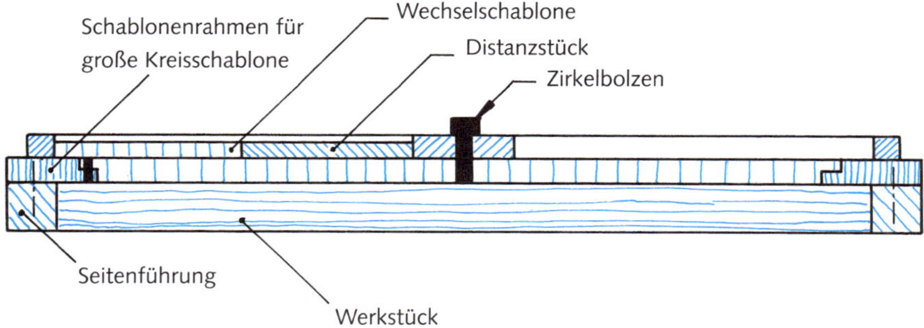

Vertikalschnitt: Werkstück, Wechselschablone und Schablonenrahmen

Die Vorrichtung kann dazu benutzt werden, mehrere Motive mittels Scheibenschablone in ein Werkstück zu fräsen und mittels drehbarem Zusatzrahmen mit Wechselschablonen in zusätzlichen Arbeitsgängen weitere Motive in das bereits gefräste Werkstück zu fräsen. Die Kombinationsvorrichtung besteht aus einer großen Grundplatte aus Multiplex mit einem großen Kreisausschnitt. In diesen Kreisausschnitt wird eine runde Multiplexscheibe in der gleichen Materialstärke gelegt. Diese Scheibe hat in der Mitte eine Bohrung, in die ein drehbarer Rahmen beziehungsweise eine Kreisfräsvorrichtung mittels Drehbolzen eingesetzt werden kann. Die Scheibe dient als drehbare Schablone, in die unterschiedliche Motive eingearbeitet werden können. Der drehbare Rahmen hat in der Mitte einen Quersteg, in dem sich eine Bohrung für den Drehbolzen befindet. Der Rahmen hat in der Länge angearbeitete Falze, auf denen die Wechselschablonen fixiert werden können. Nachdem mit der Scheibenschablone die entsprechenden Motive gefräst wurden, wird der drehbare Rahmen mit aufgelegter Wechselschablone über das gefräste Motiv gedreht und die Wechselschablone in die genaue Fräsposition geschoben. Muss noch ein zusätzliches Hauptmotiv in das Werkstück eingearbeitet werden, kann dies durch eine zusätzlich fixierte Wechselschablone am anderen Ende des Rahmens erfolgen. So können dann auch die Dreifach-Motive durch Drehen der Scheibe als auch des drehbaren Rahmens beliebig oft wiederholt werden.

3.12 Kombinierte Kreisfräs-Schablonenvorrichtung

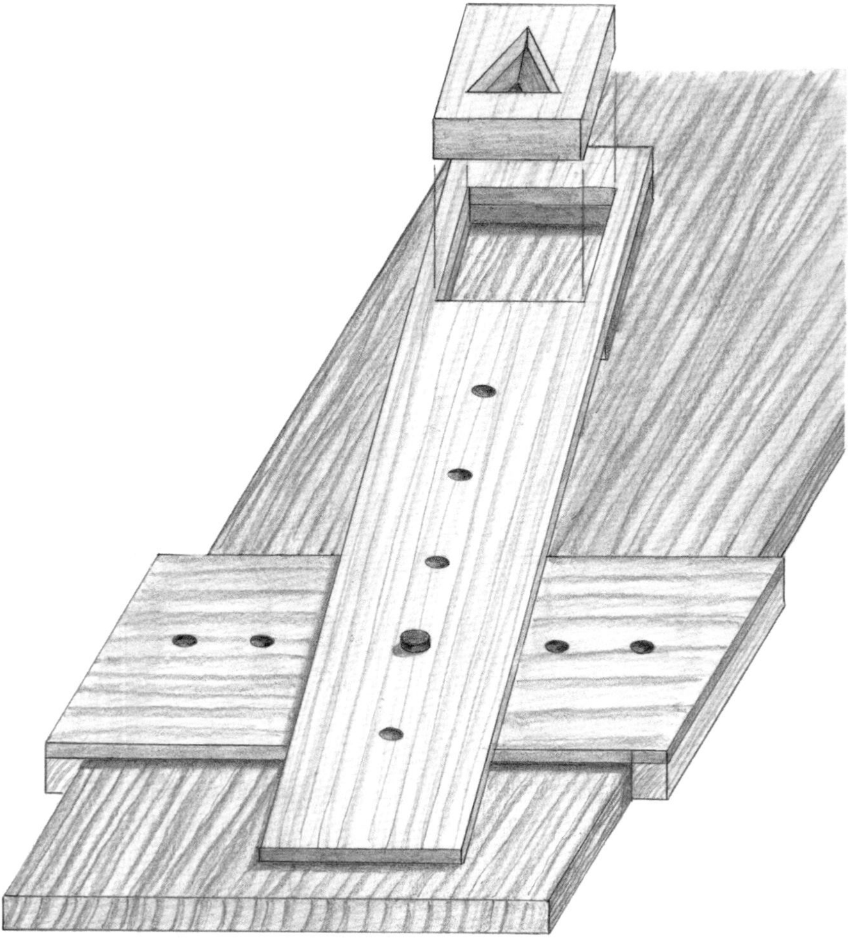

Ansicht: Werkstück, Führungsschlitten, Drehbolzen, Kreisfräsvorrichtung und Wechselschablone

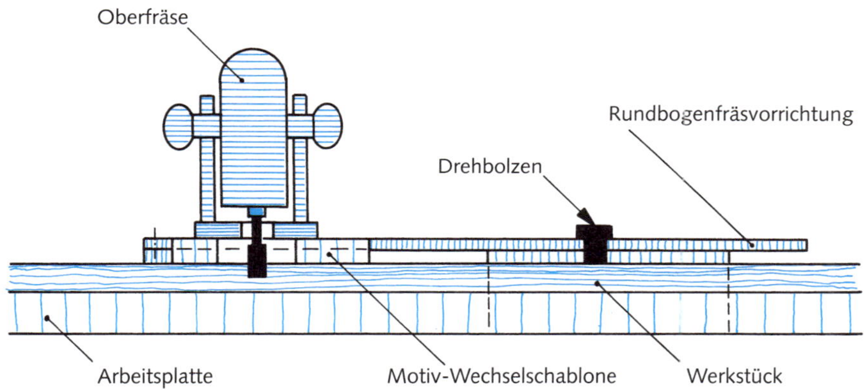

Vertikalschnitt: Oberfräse, Rundbogenfräsvorrichtung, Wechselschablone, Werkstück, Arbeitsplatte

Die Vorrichtung besteht aus drei Teilen: einer Grundplatte mit zwei Seitenführungen und quer verlaufenden Positionsbohrungen für den Drehbolzen sowie den Dreharm mit Höhendifferenzausgleich und einem quadratischen Ausschnitt für Wechselschablonen. Der Dreharm hat in der Mittelachse mehrere Positionsbohrungen zur Aufnahme des Drehbolzens, um Veränderungen der Radiusgrößen vornehmen zu können. Die Grundplatte kann am Werkstück entlanggeschoben und auf einer Arbeitsplatte fixiert werden. Anschließend kann der drehbare Arm in Position gebracht und fixiert werden. Die quadratischen Wechselschablonen können eingelegt und mehrfach gedreht und gewendet werden.

4 Nachträgliche Bearbeitung von Werkstücken

4.1 Fräsvorrichtung zur Oberflächenbearbeitung von runden Werkstücken

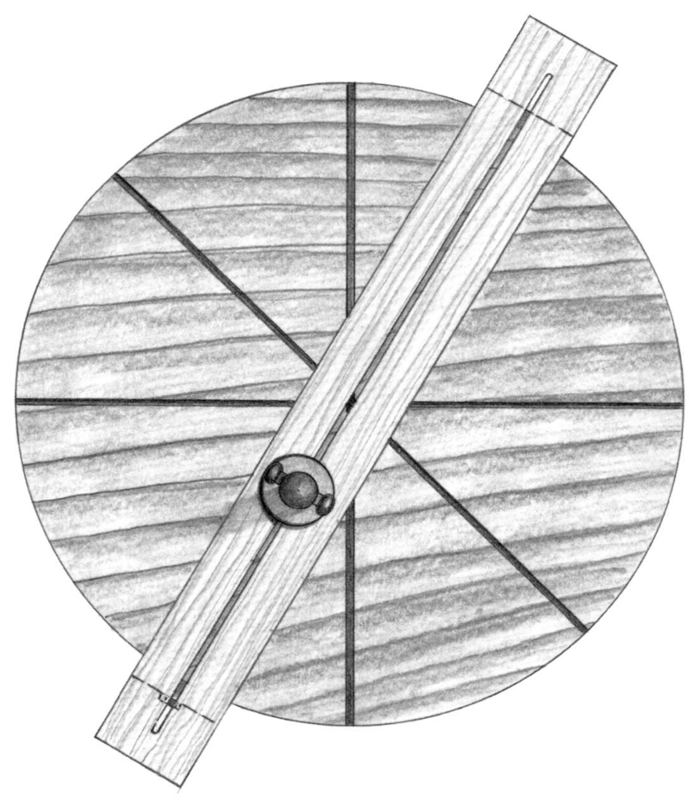

Draufsicht: Werkstück mit Fräsvorrichtung und Oberfräse (geführt mit Kopierhülse)

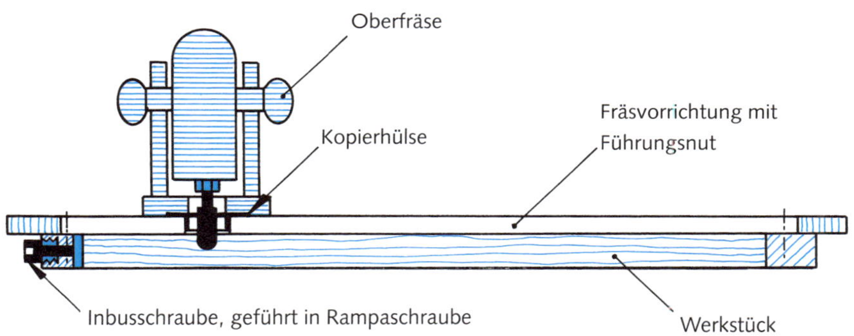

Vertikalschnitt: Oberfräse mit Fräsvorrichtung und Werkstück (Vorrichtung wird mittels Inbusschraube am Werkstück befestigt)

Die Vorrichtung besteht aus einem Multiplexstreifen, der über das Werkstück hinausragt. Im Streifen befindet sich ein Langloch, durch das die Oberfräse mit Kopierhülse geführt wird. Unter dem Streifen werden Querhölzer befestigt, wobei eine Seite als Anlage und die andere zum Fixieren am Werkstück benötigt wird. An der Befestigungsseite wird ein Flacheisenstück mit Gewindebohrung befestigt. Durch dieses Gewinde wird eine Maschinenschraube gedreht, die eine Kombinationszulage aus Metall und Holz gegen das Werkstück presst. Durch die Verschraubung kann die Vorrichtung problemlos wieder am Werkstück befestigt werden.

4.2 Fräsvorrichtung zur Oberflächenbearbeitung von Rundformen

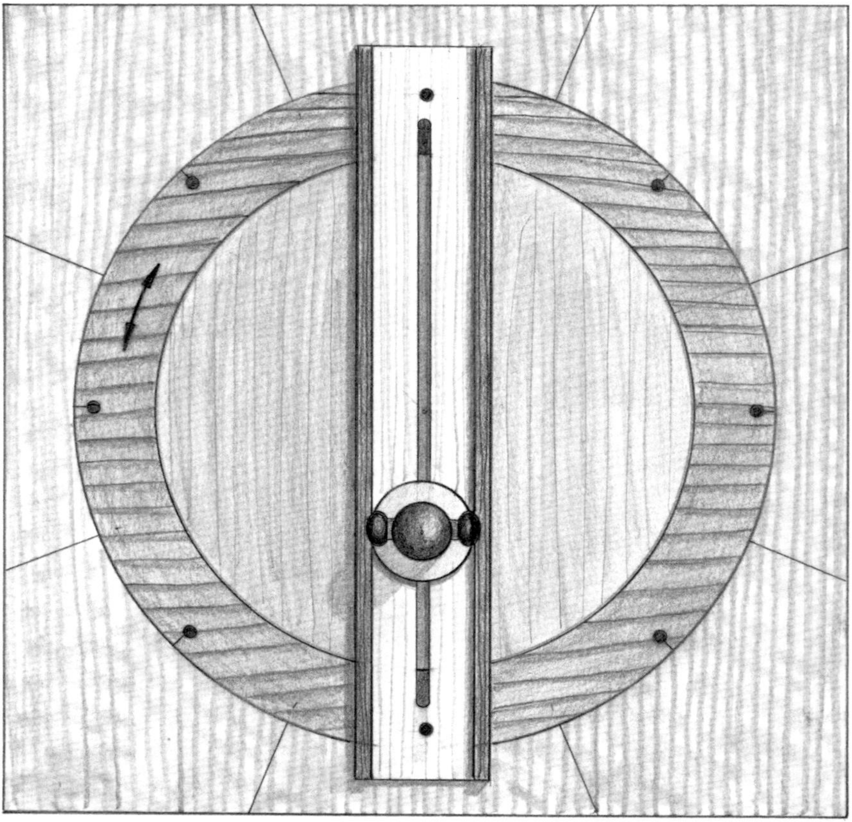

Draufsicht: Positionsplatte (Grundplatte) mit verstellbarem Segmentring und Fräsvorrichtung. (Das Fräslineal wird mit Bolzen und Bohrungen fixiert. Die Oberfräse wird zwischen zwei Führungsleisten geführt. So können problemlos unterschiedliche Profilfräser verwendet werden.)

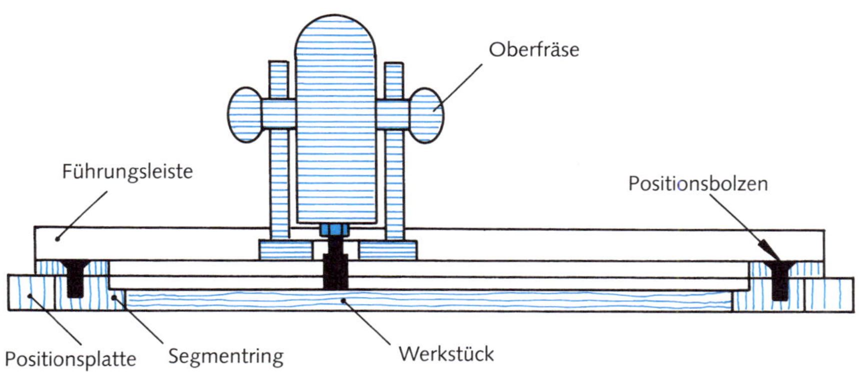

Vertikalschnitt: Oberfräse mit Positionsplatte (Grundplatte), Führungsleiste, Segmentring und Werkstück

Die Vorrichtung besteht aus drei Teilen: einer quadratischen Positionsplatte mit einem Kreisausschnitt, einem Ring aus Multiplex mit im Kreis angeordneten Positionsbohrungen und einem Streifen aus Multiplex mit Seitenführung für die Oberfräse und eingefrästem Langloch. Um das Werkstück wird der Ring aus Multiplex gelegt; der Ring wiederum wird in den quadratischen Rahmen mit Kreisausschnitt gelegt. Ring und Werkstück müssen spielfrei ineinander passen und trotzdem noch beweglich sein. Der Streifen aus Multiplex hat an beiden Enden in der Mittelachse jeweils eine Bohrung, in die ein Zapfen gesteckt werden kann. Der Abstand zwischen beiden Bohrungen muss genau dem Abstand entsprechen, den zwei gegenüberliegende Bohrungen im Ring haben. Dadurch ist es möglich, die Fräsvorrichtung mit der Oberfräse jeweils um eine Position umzustecken. Werden außer den durch die Bohrungen festgelegten Fräspositionen noch zusätzliche Einstellungen benötigt, wird der Ring einfach weitergedreht und fixiert. Werden in der quadratischen Positionsplatte (Rahmen) und auf dem Ring Positionsstriche angebracht, müssen die Striche nur entsprechend in Übereinstimmung gebracht werden, um die Arbeit problemlos fortführen zu können.

4.3 Kantenbearbeitungs-Fräsvorrichtung/ Rundzargenbearbeitung

Fräsen von Zierkehlen u. Ä. in den Rand von Rundplatten (z. B. Tischplatten)

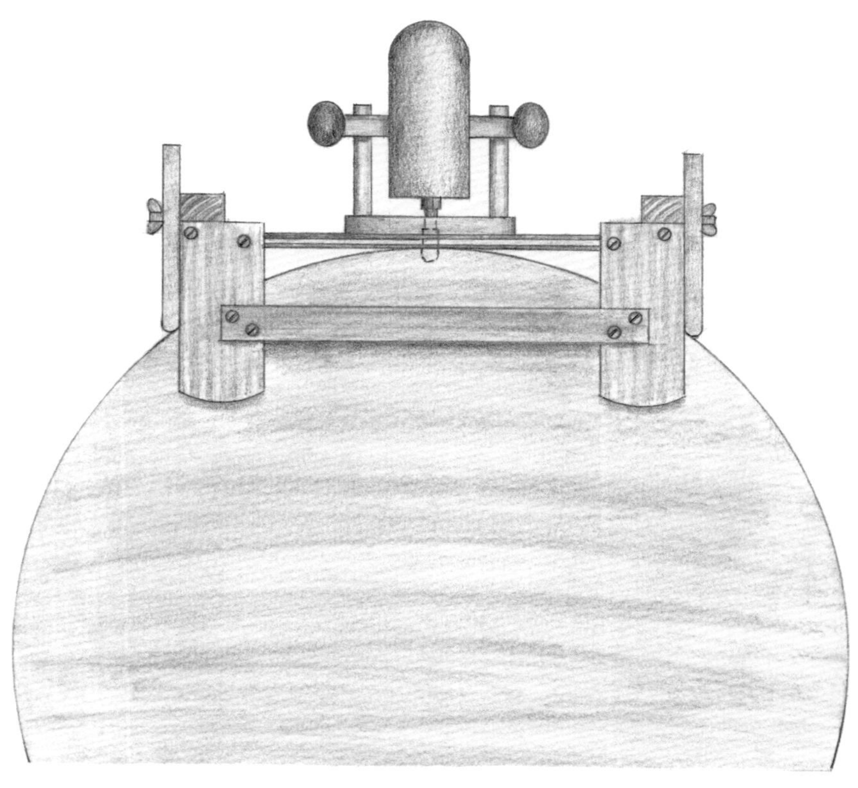

Ansicht: Fräsvorrichtung mit Auflage, Oberfräse und verstellbaren Anschlägen zum Einstellen des Durchmessers, je nach Werkstück

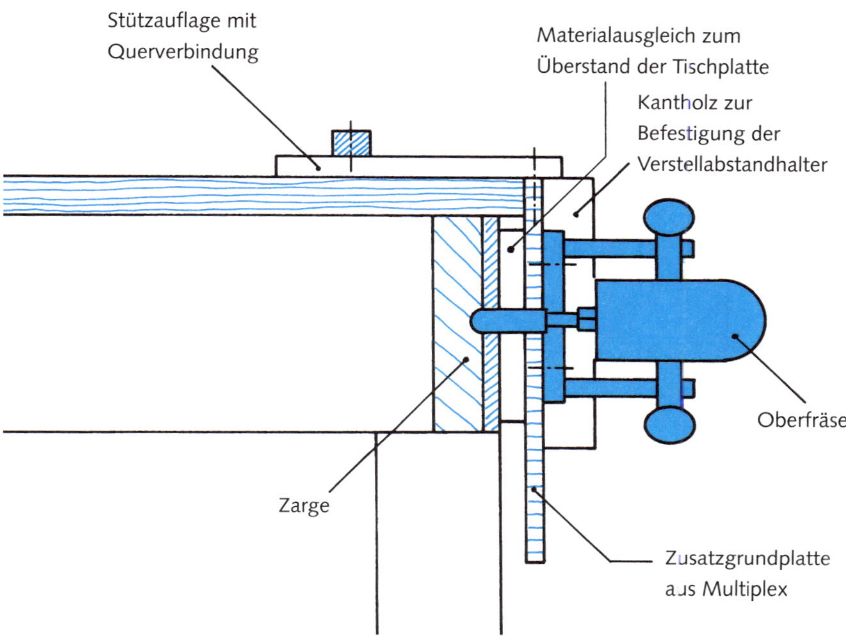

Vertikalschnitt: Oberfräse, Befestigungen, Grundplatte und Werkstück (Tischplatte)

Die Vorrichtung entspricht im Grundprinzip einem Winkel: Eine Winkelfläche liegt auf der Werkstückfläche auf, und der andere Teil des Winkels dient der Auflage der Oberfräse. Die Werkstückauflage besteht aus zwei rechteckigen Brettchen und einem aufgeschraubten Abstandsbrett. An den beiden Auflagebrettchen wird das Winkelbrett angeschraubt, auf dem die Oberfräse befestigt wird. Die Art der Befestigung kann auf unterschiedliche Weise vorgenommen werden (siehe Befestigungsvorschläge 4.1 ff.). Zusätzlich werden an dem Winkelbrett der Oberfräsenbefestigung zwei verstellbare Abstandhalter befestigt, um die Vorrichtung in Fräsposition zu halten. Dazu werden zwei Klötze auf beiden Seiten aufgeschraubt, in die Rampaschrauben eingedreht werden. Die Abstandhalter haben Langlöcher, durch die auf beiden Seiten Maschinenschrauben in die Rampaschrauben gedreht werden können. Auf diese Weise können die Abstandhalter immer den Durchmessern der unterschiedlichen Werkstücke angepasst werden. Die Auflagebrettchen halten die Fräsvorrichtung in senkrechter und die verstellbaren Abstandhalter in waagrechter Fräsposition.

4.4 Türblattbearbeitungs-Fräsvorrichtung

Nachträgliche Bearbeitung von Türblättern mit beweglichen Motivschablonen

Ansicht: Rahmen mit eingelegtem Türblatt und Formschablone

Ansicht: Schmalseite des Türblatts mit Einlegerahmen und aufgeschraubter Formschablone

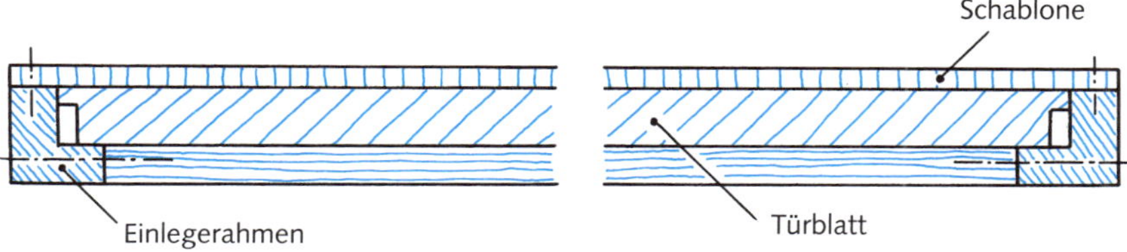

Horizontalschnitt durch das Türblatt, den Einlegerahmen und die Schablone

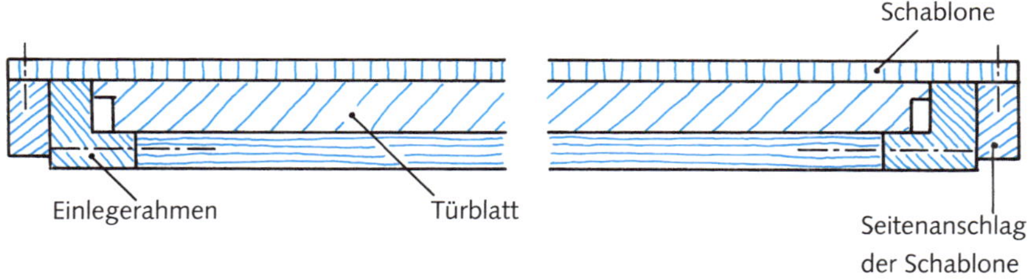

Horizontalschnitt: Variante mit Seitenanschlag an der Schablone

Die Vorrichtung besteht aus einer Platte mit umlaufendem Leistenrahmen, in den das Türblatt eingelegt wird. Durch Drehen des Werkstücks kann die zweite Seite anschließend ebenfalls bearbeitet werden. Liegt das Türblatt in seinem Rahmen, kann eine Formschablone auf dem Leistenrahmen in der richtigen Fräsposition festgeschraubt werden.

Variante: Die Schablone wird als Frässchlitten gearbeitet mit zwei Seitenführungen, mit denen sie an dem Auflagerahmen entlanggeführt werden können.

4.5 Zargenverzierungs-Fräsvorrichtung

Nachträgliches Verzieren von verbauten Vollholzzargen

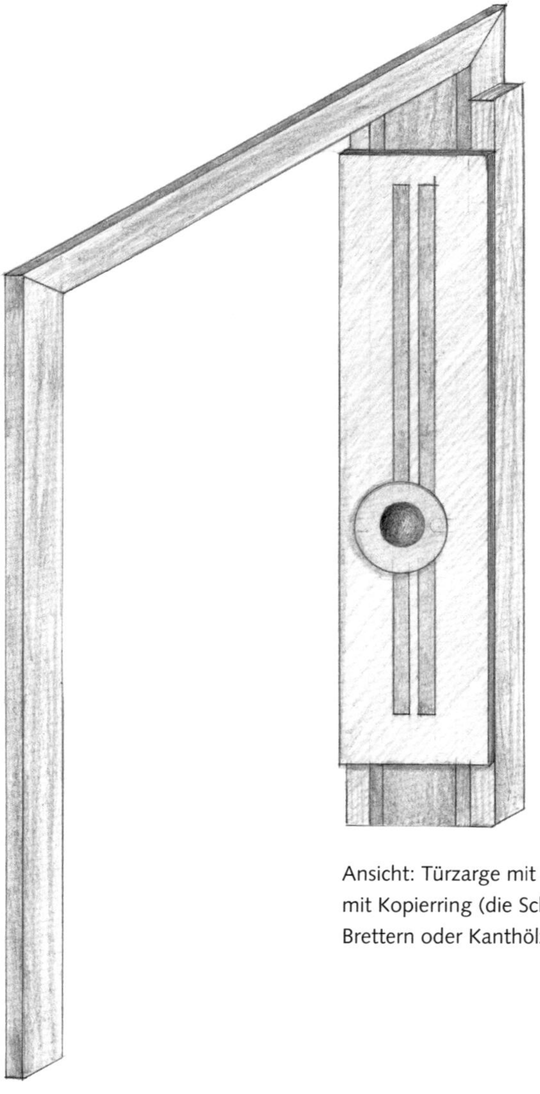

Ansicht: Türzarge mit Schablone und Oberfräse mit Kopierring (die Schablone ist mittels zwei Brettern oder Kanthölzern aufgeschraubt)

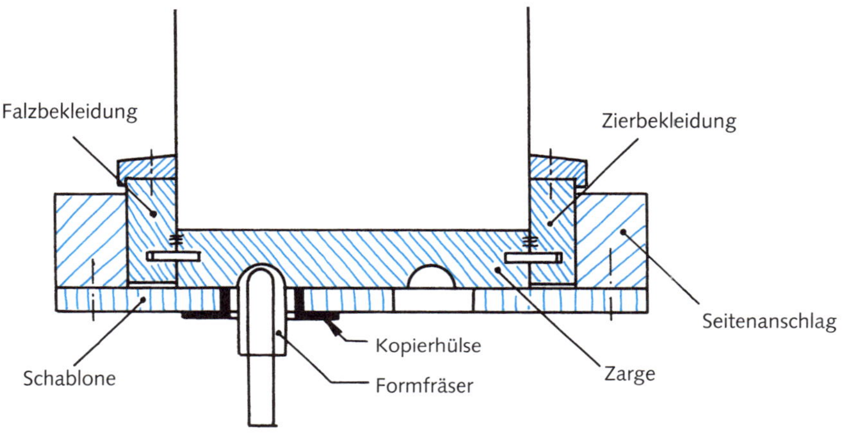

Horizontalschnitt: Türzarge mit Fräsvorrichtung

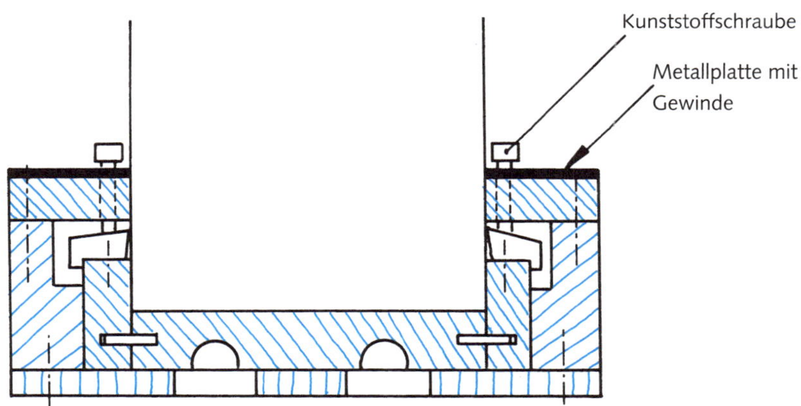

Horizontalschnitt: Variante mit Spannvorrichtung aus Kunststoffschrauben

Die Motivschablone in der Zeichnung zeigt zwei rechteckige Ausschnitte zum Fräsen von zwei parallelen Zierkehlen. Die Schablone wird auf zwei Kanthölzer geschraubt, sodass sie genau um die gesamte Zarge passt. Durch die Kanthölzer, es können auch Bretter sein, ist es dann möglich, die Schablonenvorrichtung mit Schraubzwingen fest mit der Zarge zu verbinden.

4.6 Einfache Vorrichtung zum Fräsen von Zierkehlen u. Ä. parallel zum Rand

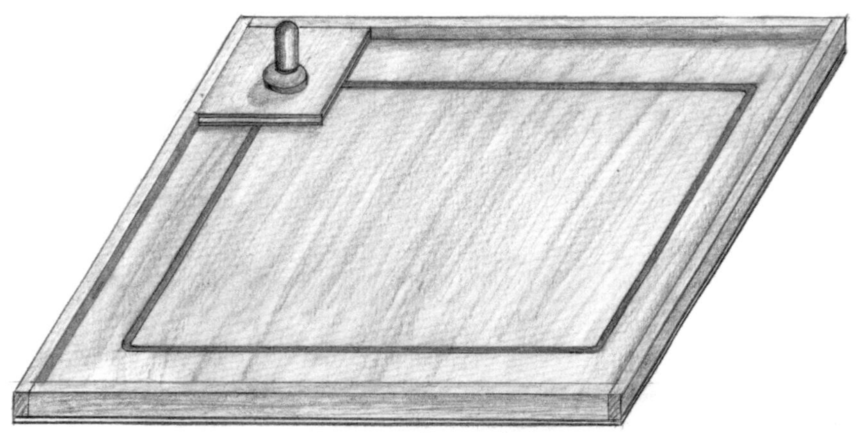

Draufsicht: Fräsvorrichtung mit Rahmen und Platte aus Multiplex sowie Oberfräse auf quadratischer Zusatzgrundplatte (diese wird am überstehenden Rand des Rahmens entlanggeführt; so können umlaufende Zierkehlen in die Oberfläche des Werkstücks gefräst werden)

Vertikalschnitt: Vorrichtung mit eingelegtem Werkstück

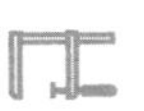

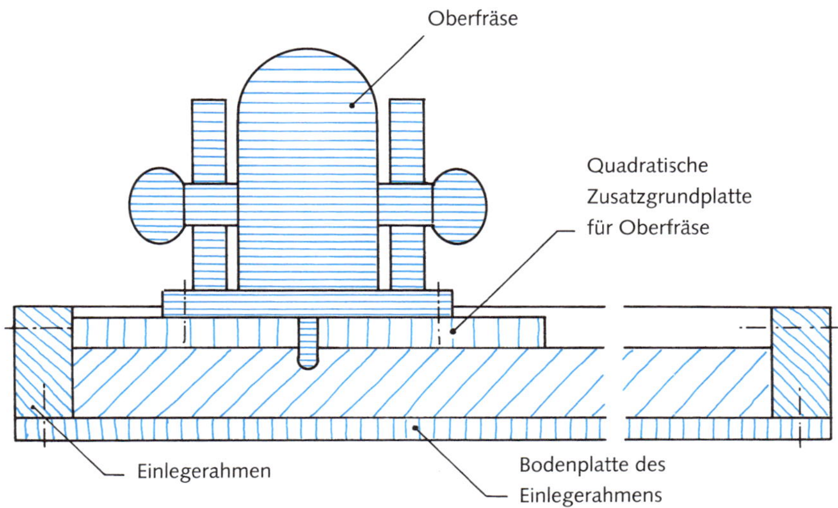

Vertikalschnitt mit Oberfräse, quadratischer Zusatzgrundplatte (Größe richtet sich nach Fräsabstand vom Rand), Einlegerahmen und Werkstück

Hierbei handelt es sich um eine einfache Vorrichtung aus Rahmen und Zusatzgrundplatte. Sie erfordert einen Rahmen aus Leisten, der um das Werkstück gelegt und verschraubt wird. Der Rahmen muss gut einen Zentimeter höher sein als das Werkstück. Die Oberfräse wird genau mittig auf einer quadratischen Multiplexplatte montiert. Danach wird mit der Platte und darauf montierter Oberfräse der Rand abgefahren. Auf diese Weise können problemlos Zierkehlen oder andere Verzierungen in das Werkstück gefräst werden. Will man mehrere parallele Zierkehlen fräsen, müssen nur unterschiedlich große quadratische Auflagen gefertigt werden.

Variante (1): Es können um den Grundrahmen unterschiedliche Rahmen aus Leisten gelegt werden, sodass sehr schnell ohne große Umbauarbeiten Parallelfräsungen hergestellt werden können.

Variante (2): Sollen die Fräsungen unterschiedliche Maße – bezogen auf die Entfernung zum Rand – haben, kann auch eine entsprechende Rechteck- statt einer quadratischen Platte gewählt werden.

4.7 Fräsvorrichtung für parallele Zierkehlen u. Ä. in Oval- und Rundformen

Draufsicht: Rundes Werkstück mit umlaufendem erhöhtem Rand und zwei ungleich große Abstandscheiben aus Multiplex mit montierter Oberfräse

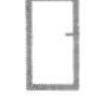

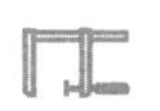

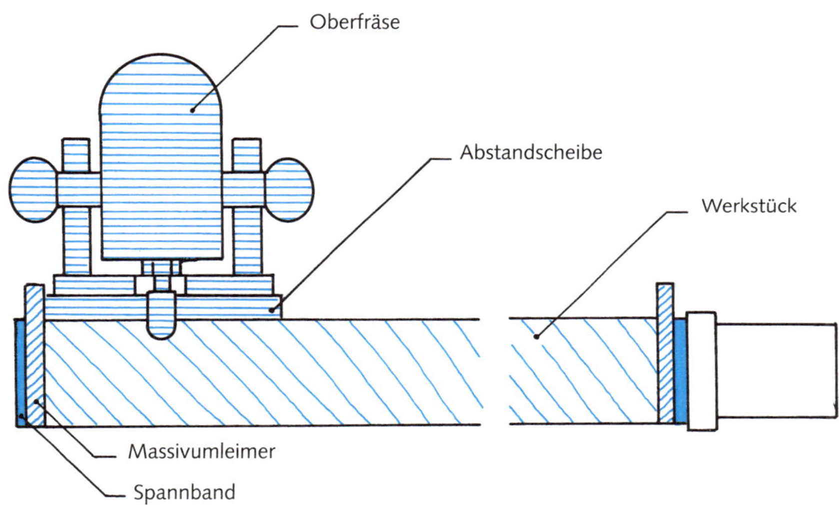

Vertikalschnitt: Oberfräse mit Abstandscheibe (Grundplatte) sowie Werkstück mit überstehendem Umleimer (nicht verleimt, dient als Abstandscheibe) und Spannband

Diese Vorrichtung ist vom Prinzip her gleich wie die Vorrichtung 4.6, außer dass die Oberfräse mittelpunktgenau auf einer runden Platte befestigt wird. Mit dieser Grundplatte wird der überstehende Rand der Einfassung umfahren und gleichzeitig gefräst. Durch unterschiedlich große Scheiben können Fräsungen in Rund- und Ovalformen gefräst werden. Der überstehende Rand besteht aus einem 5 mm dicken Buchenholzstreifen (Umleimer), der mit Hilfe eines Spannbandes am runden Werkstück befestigt wird. Befestigungsmöglichkeiten für die Oberfräse sind unter 4.1 beschrieben.

4.8 Parallelfräsvorrichtung für geschwungene und für Rundformen

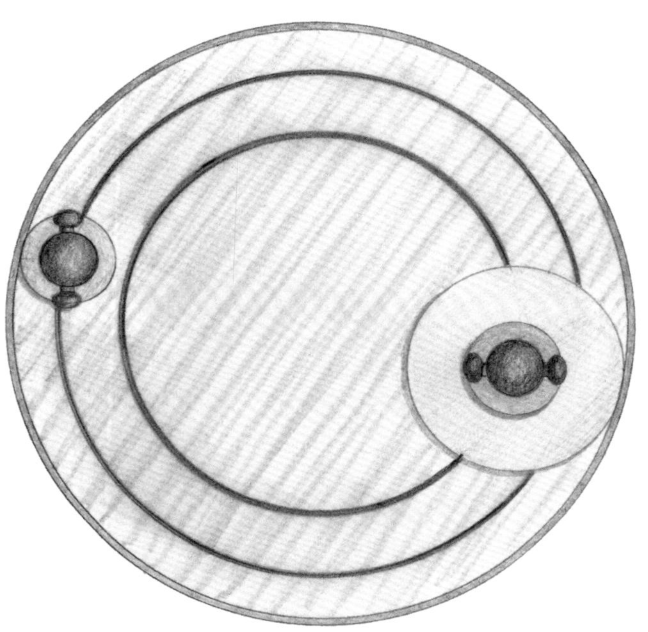

Draufsicht: Werkstück mit erhöhtem Anlegerand sowie Oberfräse mit Bodenplatte und Zusatzplatte

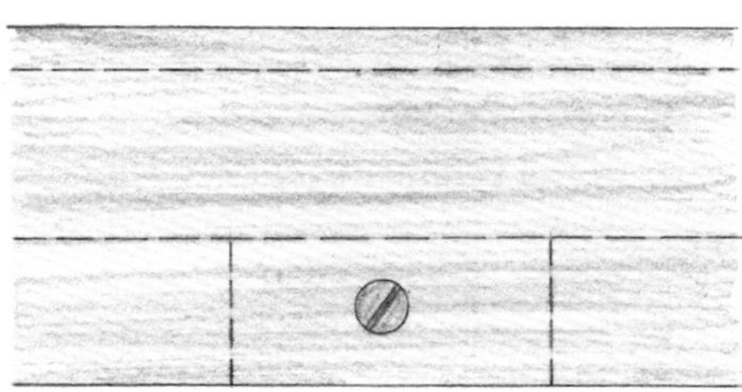

Ansicht: Anlegerand mit Werkstück und Befestigungsklotz

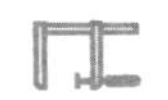

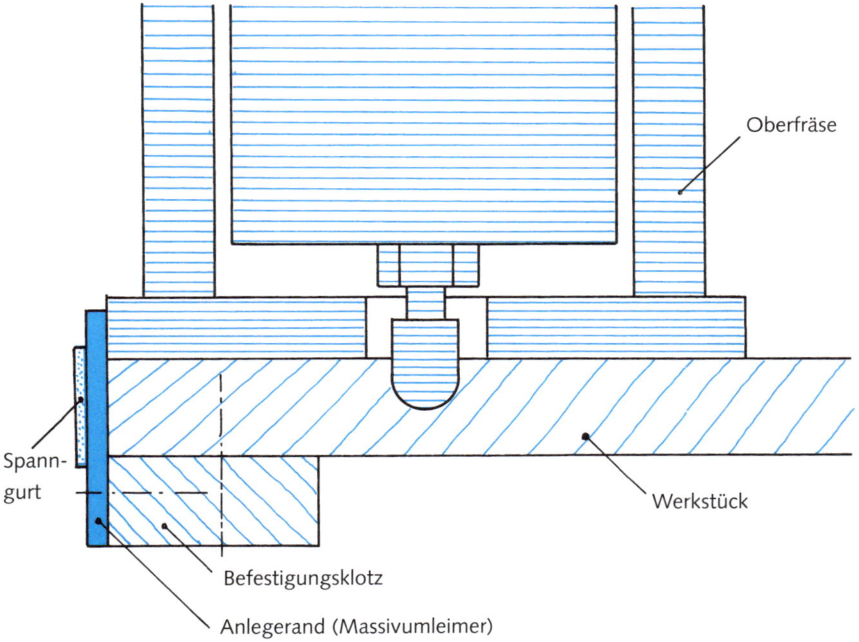

Oberfräse
Spann-
gurt
Werkstück
Befestigungsklotz
Anlegerand (Massivumleimer)

Vertikalschnitt: Werkstück mit Anlegerand, Oberfräse und Befestigungsklotz

Diese Vorrichtung unterscheidet sich von der Vorrichtung 4.7 dadurch, dass unter dem Werkstück randnah Befestigungsklötze befestigt werden. Der überstehende Führungsstreifen aus Buche wird an diesen Klötzen festgeschraubt. Dadurch ist es möglich, auch ungewöhnliche Rundformen parallel zum Rand bearbeiten zu können. Bei Oval- und Rundformen wird ein Spannband zur Befestigung benutzt. Darf die Unterseite des Werkstücks nicht verletzt werden, muss eine Zusatzplatte in der Größe des Werkstücks aus Plattenmaterial gefertigt werden. Der Führungsstreifen kann dann direkt an dieser Platte befestigt werden. Hergestellt wird diese Zusatzplatte mit einem Bündigfräser.

         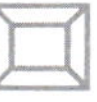

4.9 Vorrichtung für randnahe Parallelfräsungen an Rundformen

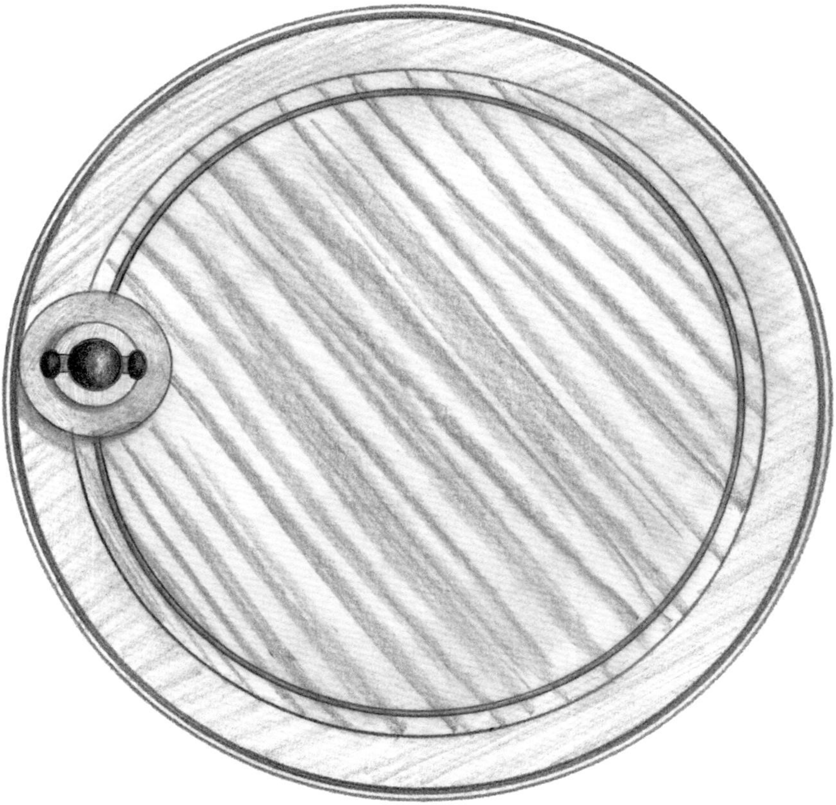

Draufsicht: Zusatzplatte oder Ring zur Befestigung eines überstehenden Randes

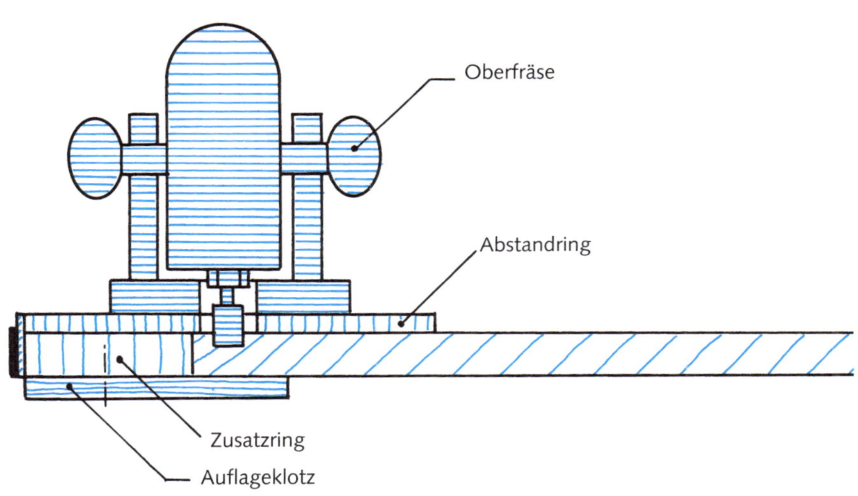

Vertikalschnitt: Oberfräse, Abstandring, Zusatzring und Werkstück
(sonstiger Aufbau wie in 4.8)

Die Fräsvorrichtung stellt eine Erweiterung der Vorrichtung 4.8 dar. Sie unterscheidet sich durch einen Ring, der passgenau um das Werkstück gelegt wird. Hergestellt wird er mit einer Rundfräsvorrichtung. Außen an diesem Ring wird ein 5 mm starker Furnierstreifen befestigt, an dem die Distanzscheiben mit der montierten Oberfräse entlanggeführt werden können. Durch den zusätzlichen Rand können Fräsungen sehr dicht am Rand entlanggeführt werden.

4.10 Fräsbrückenkonstruktion zur nachträglichen Bearbeitung von Möbeln

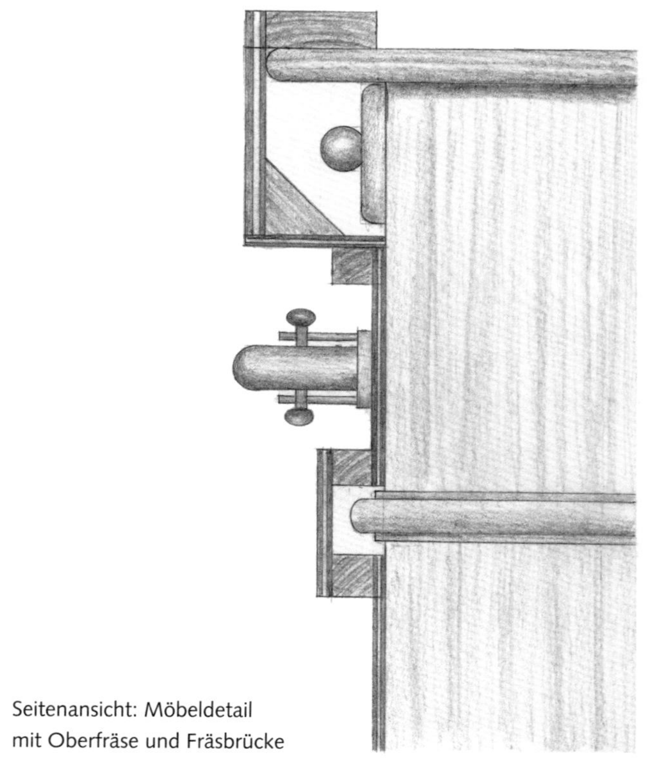

Seitenansicht: Möbeldetail
mit Oberfräse und Fräsbrücke

Ansicht: Rosette mit Dübel
(rechtwinklige Bohrung kann
bei Serien ebenfalls mit Brücke
hergestellt werden)

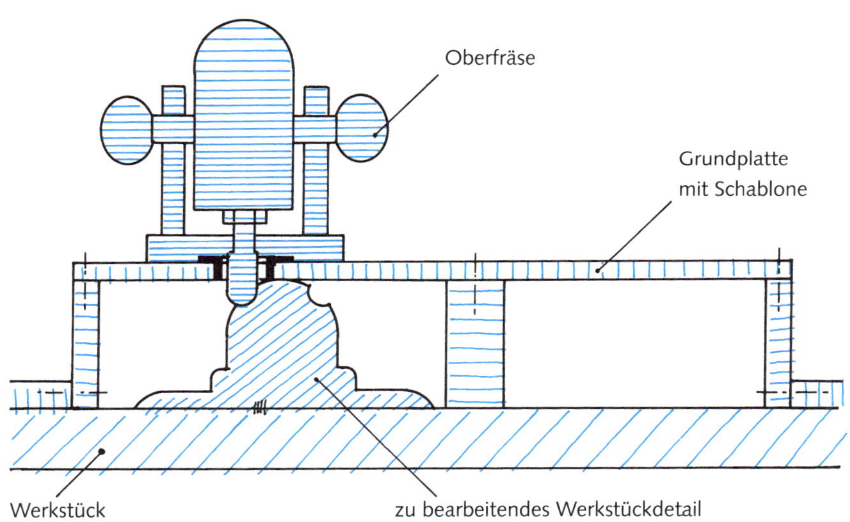

Vertikalschnitt: Nachträgliche Bearbeitung einer Zierrosette

Die Vorrichtung muss den jeweils zu bearbeitenden Möbelstücken angepasst werden. Wenn beispielsweise ein Zierelement nachträglich in ein Werkstück gefräst werden soll, das überstehende Zierprofile aufweist, und eine Schablone nicht auf einfache Art und Weise am Werkstück zu befestigen ist, ist es sinnvoll, eine Brückenkonstruktion anzufertigen. Vor allem, wenn es sich um Serien gleicher Möbelstücke handelt. Zuerst wird das Schablonenteil hergestellt und am Werkstück so positioniert, dass die Schablonenplatte genau an den Profilen anliegt. Anschließend werden Kanthölzer oben und unten an der Schablone verschraubt. An diesen Kanthölzern werden Plattenteile aus Multiplex verschraubt. An diesen werden wiederum Kanthölzer verschraubt und auf diesen dann ein Plattenteil als Brücke. Auf diese Weise kann dann, wie in der Bleistiftzeichnung zu erkennen ist, das ganze Möbelstück sozusagen umbaut werden. Die Konstruktion wird mit Zwingen am Möbelstück befestigt.

4.11 Pyramiden- und Kegelfräsvorrichtung

Fräsen von Zierkehlen, Nuten u. Ä. in bestehende pyramidenförmige Werkstücke

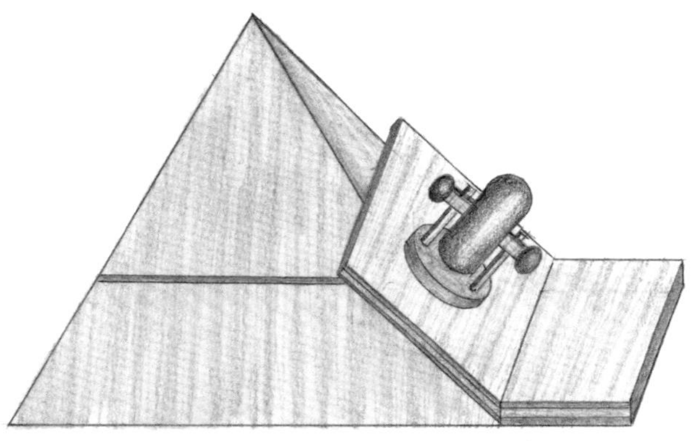

Ansicht: Pyramidenfräsvorrichtung, Winkelvorrichtung zum Umfahren des pyramidenförmigen Werkstücks

Ansicht: Kegelfräsvorrichtung; befestigt auf drehbarem Holzring zum Fräsen umlaufender Zierkehlen u. Ä.

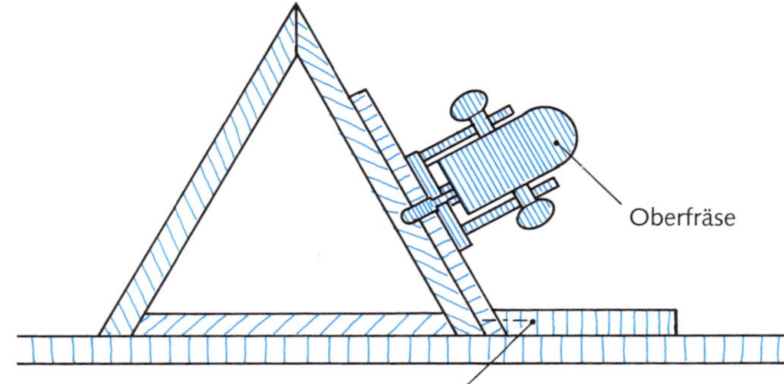

Vertikalschnitt: Pyramide und Fräsvorrichtung

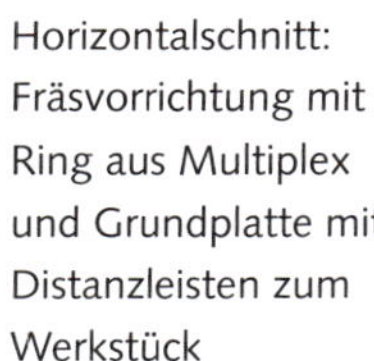

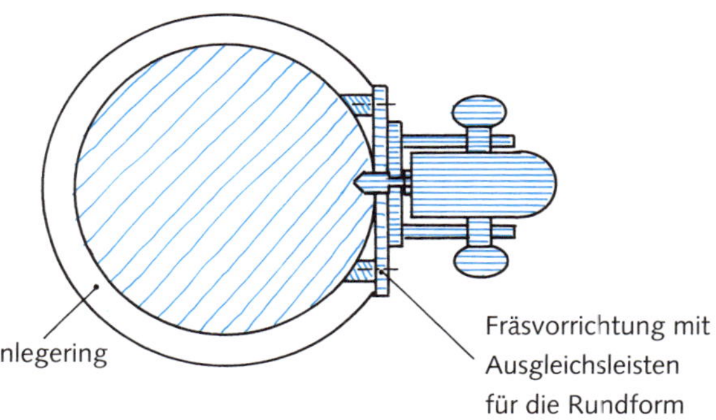

Horizontalschnitt: Fräsvorrichtung mit Ring aus Multiplex und Grundplatte mit Distanzleisten zum Werkstück

Zur Bearbeitung eines pyramidenförmigen Werkstücks wird ein ebener Untergrund benötigt, auf dem die Vorrichtung entlanggeführt werden kann. Die Vorrichtung besteht aus einem Winkel aus Multiplex, an dessen parallel zur Pyramidenseite anliegendem Teil die Oberfräse befestigt wird. Das Winkelstück hat den gleichen Winkel wie die Pyramide, sodass es genau an der Pyramide anliegt. Beim Fräsen wird der Winkel um die Pyramide herumgeführt. Um mehrere Parallelfräsungen durchführen zu können, wird die Oberfräse entsprechend verschoben und auf der Grundplatte verschraubt.

Die Kegelfräsvorrichtung besteht aus einer Grundplatte, die an die Oberfräse geschraubt wird. Die Platte wird so angeschrägt, dass sie vom Winkel her genau auf der Grundplatte aufliegt. Um ein Kippen der Grundplatte zu verhindern, müssen oben und unten jeweils eine Latte mit dem Kreisausschnitt des Kegels befestigt werden. Es muss also eine Negativform gefertigt werden, die passgenau auf dem Kegel aufliegt.

4.12 Einfache Schablonenbefestigungsvorrichtung für Zylinder

Fräsen von Motiven in verbaute Rundsäulen

Ansicht: Biegeschablone, mit Spanngurten an Rundsäule befestigt (Fräsung mit Kopierhülse)

Horizontalschnitt: Biegevorrichtung mit angefeuchteter Hartfaserschablone

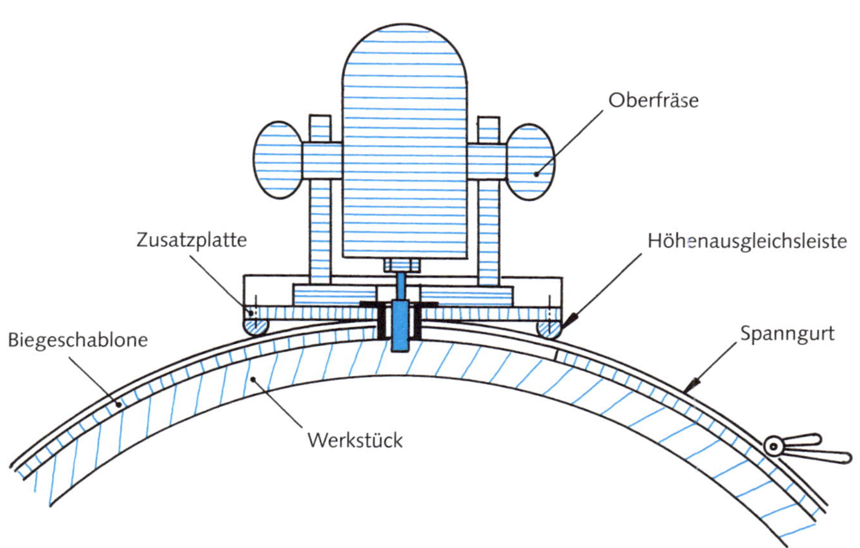

Horizontalschnitt: Teilansicht mit Rundsäule, Biegeschablone und Spanngurten; Oberfräse mit Zusatzplatte und Höhenausgleichsleisten

Die Schablone selbst wird aus einer Hartfaserplatte gefertigt, die in angefeuchtetem Zustand auf dem Werkstück festgespannt wird (in der Regel mit Spanngurten). Nach dem Trocken hat die Schablone die Form des Werkstücks angenommen und kann mit jeweils einem Spanngurt oben und unten am Werkstück befestigt werden. Zur genauen Höhenjustierung werden ein oder mehrere Bretter als Distanzmaß so hingestellt, dass die Schablone daran aufgestellt und befestigt werden kann. Zum Fräsen muss allerdings noch eine Zusatzplatte unter der Oberfräse befestigt werden. Zusätzlich benötigt diese Zusatzplatte noch zwei Leisten, die so stark sein müssen, dass die Oberfräse nicht kippen kann (siehe Schnittzeichnung).

4.13 Einfache Vorrichtung zum Fräsen von Zierkehlen in Zylinderformen

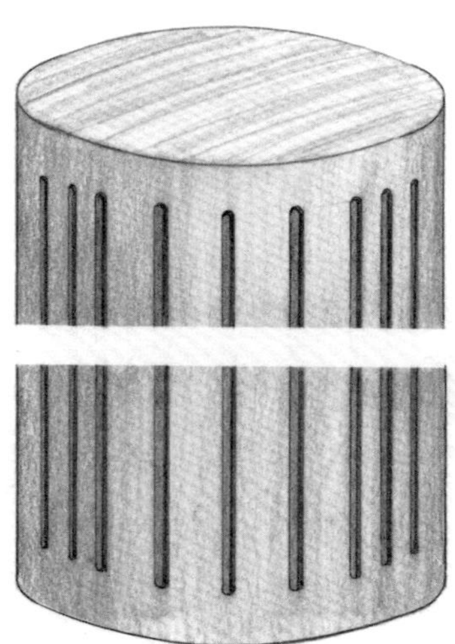

Ansicht: Zylinder mit Zierkehlen

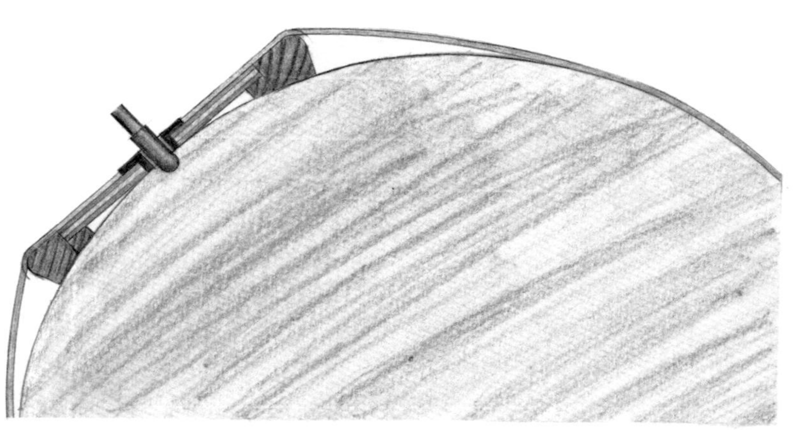

Draufsicht: Zylinder und Fräsvorrichtung; Schablone mit Spanngurtbefestigung

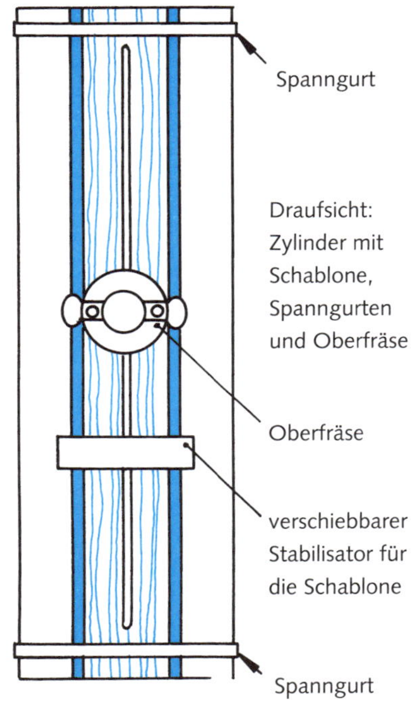

Draufsicht: Zylinder mit Schablone, Spanngurten und Oberfräse

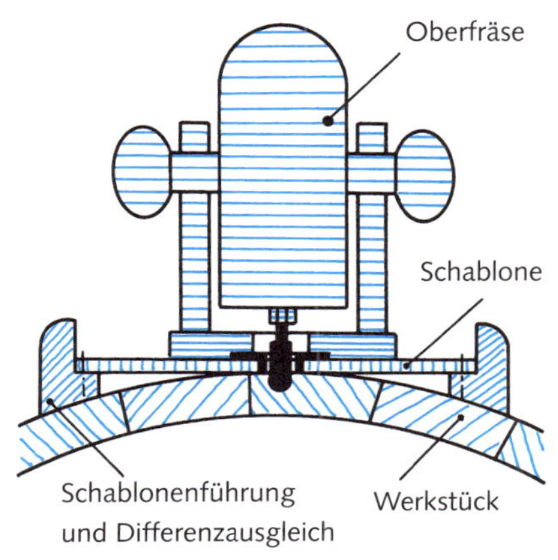

Vertikalschnitt: Oberfräse, Schablone mit seitlichem Differenzausgleich und Werkstück

Vertikalschnitt: Stabilisator

Die Fräsvorrichtung besteht aus einem Multiplexstreifen, der auf zwei Profilleisten aufgeschraubt ist. In den Multiplexstreifen ist ein Langloch gefräst, in dem eine Kopierhülse genau geführt werden kann. Die Profilleisten sind oben gefalzt, sodass der Multiplexstreifen bündig darin eingelegt und festgeschraubt werden kann. Die Unterseiten der Leisten sind so geformt, dass sie genau am zu bearbeitenden Zylinder aufliegen. Die Vorrichtung wird mit Spannbändern am Werkstück befestigt. Zusätzlich kann, wie in der Draufsicht zu sehen ist, ein Stabilisierungsholz befestigt werden, das wie eine verschiebbare Brücke mit der Oberfräse weitergeschoben wird. Der Vorteil ist, dass sich die Vorrichtung bei großen Längen nicht verwinden kann. Diese Vorrichtung muss immer wieder genau ausgerichtet werden. Mit Positionsstrichen, die mit einem Lot oben und unten ermittelt werden, kann so eine Aufteilung des Umfangs vorgenommen werden.

4.14 Stabilisierungsvorrichtung

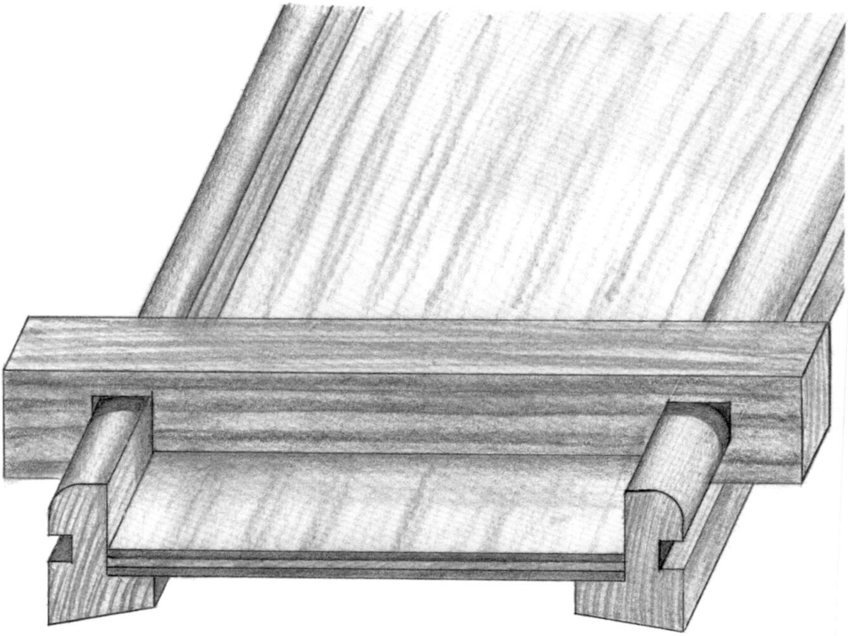

Ansicht: Schablone mit verschiebbarem Stabilisierungsholz

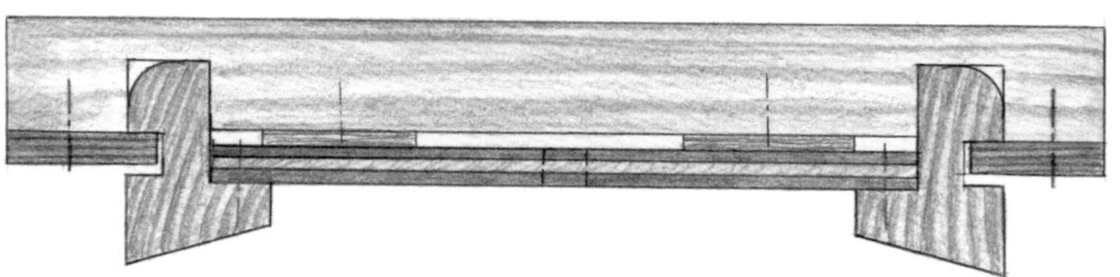

Vertikalschnitt: Schablone mit Ausgleichsprofilen und Stabilisierungsholz, mit der Zusatzgrundplatte der Oberfräse verbunden

         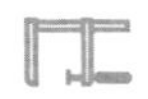

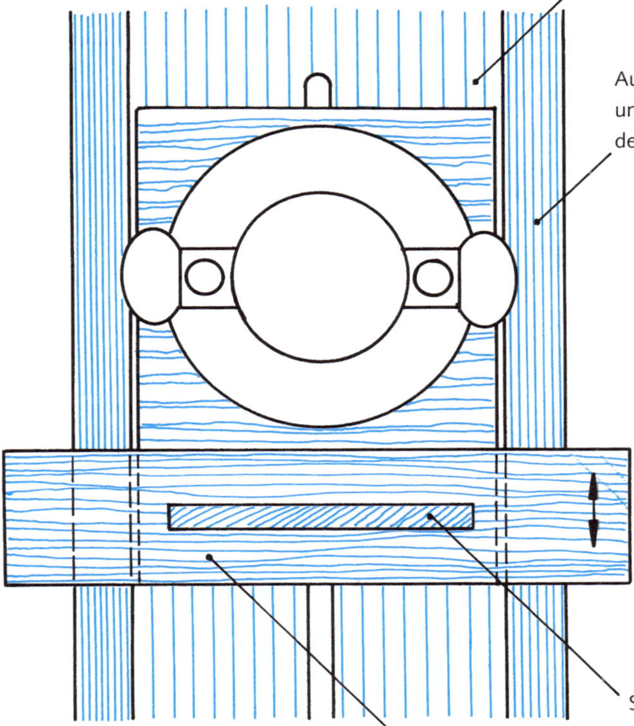

Schablone

Ausgleichsprofile und Befestigung der Schablone

Schiebegriff

verschiebbares Stabilisierungsbrett, an Zusatzgrundplatte befestigt

Draufsicht: Schablone mit Ausgleichsbefestigungsprofilen sowie Zusatzgrundplatte mit Stabilisierungsbrett. Oberfräse und Brett werden zusammen vorwärtsbewegt.

Die Stabilisierungsvorrichtung kann für die Vorrichtung 4.13 verwendet werden. Die Profilstäbe sind allerdings so umgestaltet, dass die Stabilisierungsbrücke in den beiden seitlichen Nuten geführt werden kann. Wenn zum Beispiel die Oberfräse beim Arbeitsvorgang von oben nach unten geführt wird, kann die Stabilisierung oberhalb der Fräse eingeführt werden. Sie geht dann mit der Oberfräse mit und verhindert, dass sich die Vorrichtung verziehen kann. Die Stabilisierung kann aber auch mit einem Schiebegriff gefertigt werden, um gleichzeitig mit der Oberfräse geführt zu werden.

4.15 Einfache Vorrichtung zum Fräsen umlaufender Zierkehlen an Zylindern

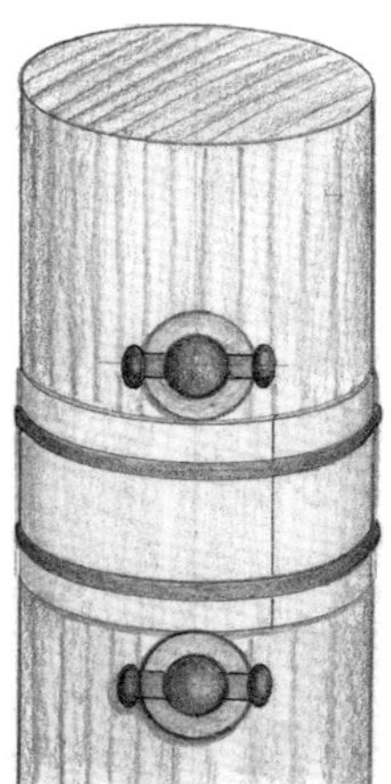

Ansicht: Oberfräse und Führung aus Hartfaserplatte (Befestigung mit Spanngurten)

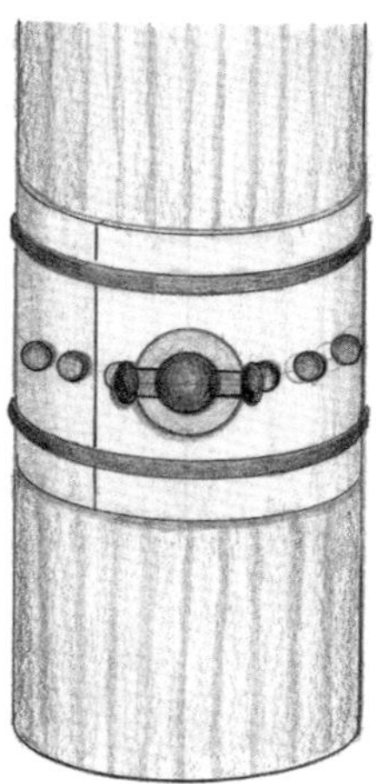

Ansicht: Oberfräse beim Bohr- bzw. Fräsvorgang (es wird mit Kopierhülse gearbeitet)

         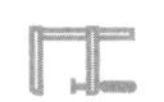 

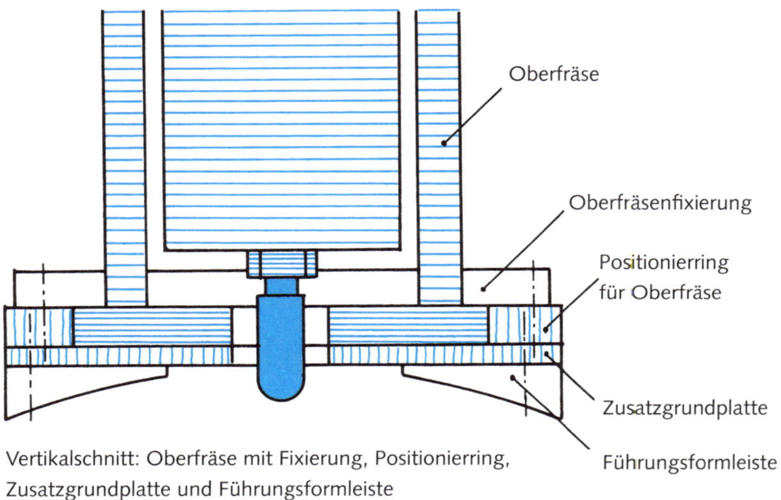

Vertikalschnitt: Oberfräse mit Fixierung, Positionierring, Zusatzgrundplatte und Führungsformleiste

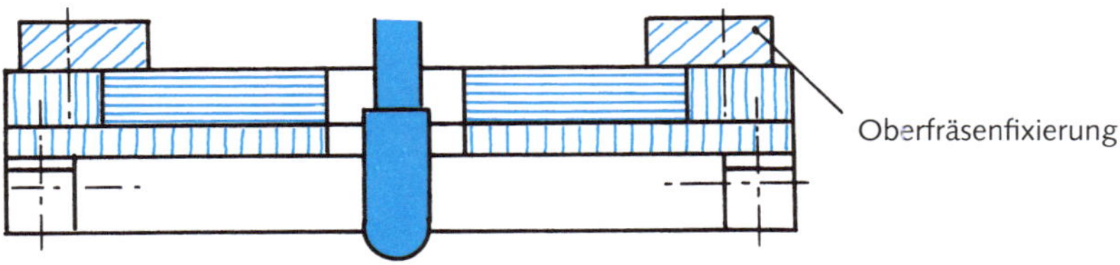

Vertikalschnitt, um 180° gedreht

Die Vorrichtung in der Zeichnung oben besteht aus einem Streifen aus Hartfaser, der mit Spannbändern am Werkstück befestigt wird. Die Oberfräse wird oben und unten an den Kanten des Streifens entlanggeführt. Wichtig ist, dass die Oberfräse mit einer Zusatzgrundplatte versehen wird, um daran Ausgleichsleisten als Kippsicherung befestigen zu können (siehe Schnittzeichnungen). Die Vorrichtung der unteren Bleistiftzeichnung ist ein Beispiel für eine Schablone mit einfachen Motiven. Dabei ist, je nach Form und Motiv, die Verzerrung durch das Biegen zu berücksichtigen. Die Schablonenform sollte in angefeuchtetem Zustand der Zylinderform angepasst werden, um ein Abstehen von Motivteilen zu verhindern (siehe Vorrichtung 4.12).

4.16 Fräsvorrichtung für Kuppelformen

Fräsen von Zierkehlen o. Ä.

Ansicht: Rundkuppel mit drehbarer Vorrichtung aus gebogener Hartfaserplatte

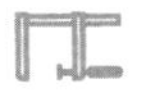

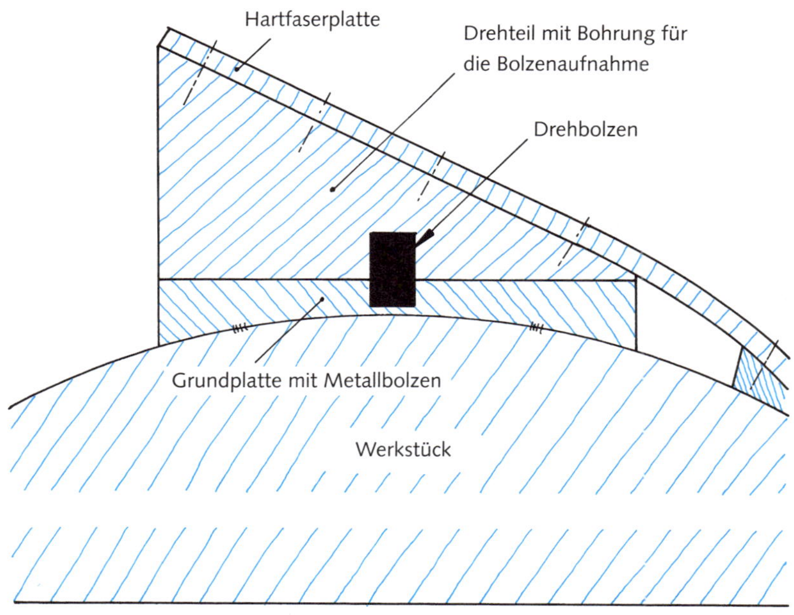

Vertikalschnitt: Drehteil mit Kuppelfräsvorrichtung

Soll zum Beispiel in eine zylindrische Form mit Rundkuppel nachträglich eine Zierkehle o. Ä. gefräst werden, ohne die Oberfläche zu beschädigen, dann muss zuerst eine Negativplatte gedrechselt werden, die genau mittig mit Doppelklebeband befestigt wird. In dieser Platte wird mittig eine Bohrung angebracht, in die der Führungsbolzen gesteckt wird. Darauf wird wiederum ein schräges Vollholz mittels Führungsbolzen befestigt. Auf dem Holzkeil wird ein Streifen aus Hartfaser befestigt. Der Streifen wird in einer Form vorgebogen, sodass er sich der Kuppelform besser anpasst. Die Oberfräse ist auf eine Grundplatte aufgeschraubt, die die Negativform der Kuppelform hat. Die Grundplatte wird mit Schrauben von unten an den Hartfaserstreifen geschraubt. Um ein Abkippen der Fräse zu verhindern, müssen links und rechts der Oberfräse Negativformstreifen unter dem Streifen befestigt werden.

Variante: Die Negativform aus Multiplex kann links und rechts an den Hartfaserstreifen angeschraubt werden. So kann der Streifen dann ohne Biegeform durch das Festschrauben verformt werden.

4.17 Einfache Kreisfräsvorrichtung für Kuppelformen

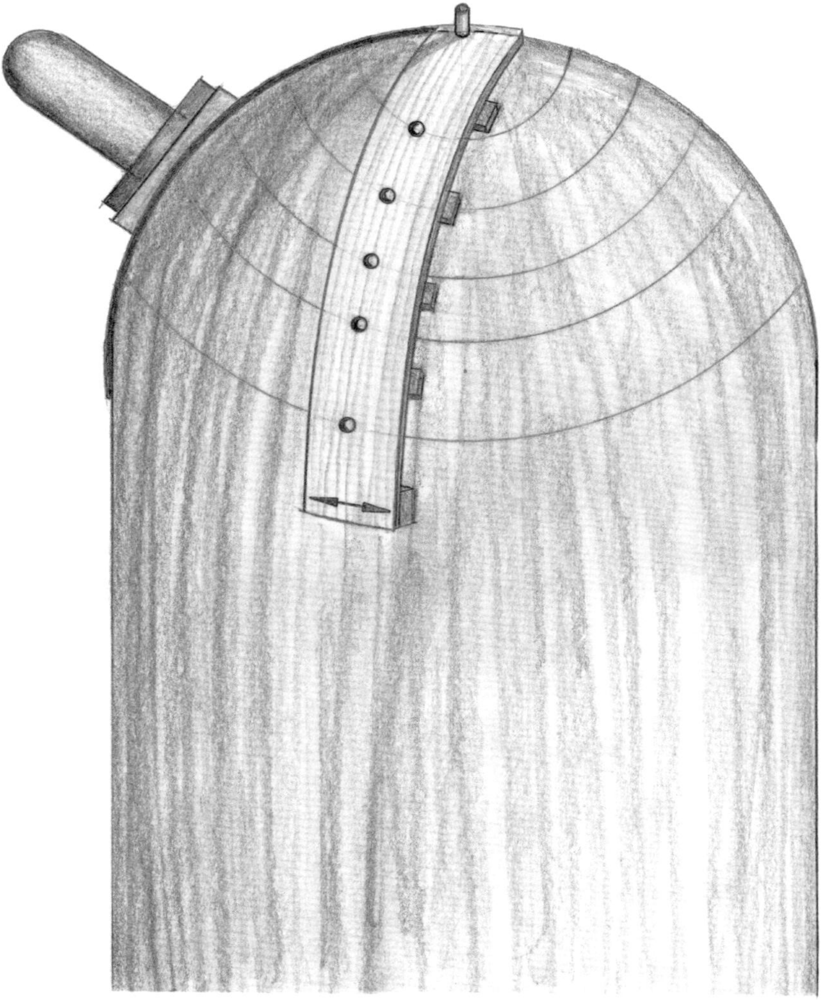

Ansicht: Rundkuppel aus Holz mit Fräsvorrichtungen von oben und von der Seite

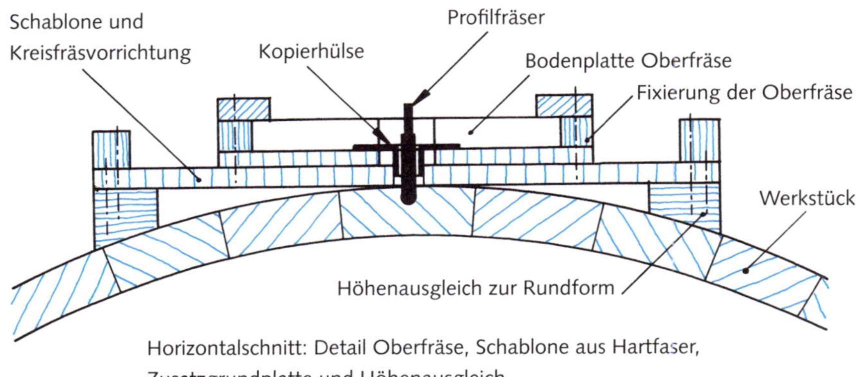

Horizontalschnitt: Detail Oberfräse, Schablone aus Hartfaser, Zusatzgrundplatte und Höhenausgleich

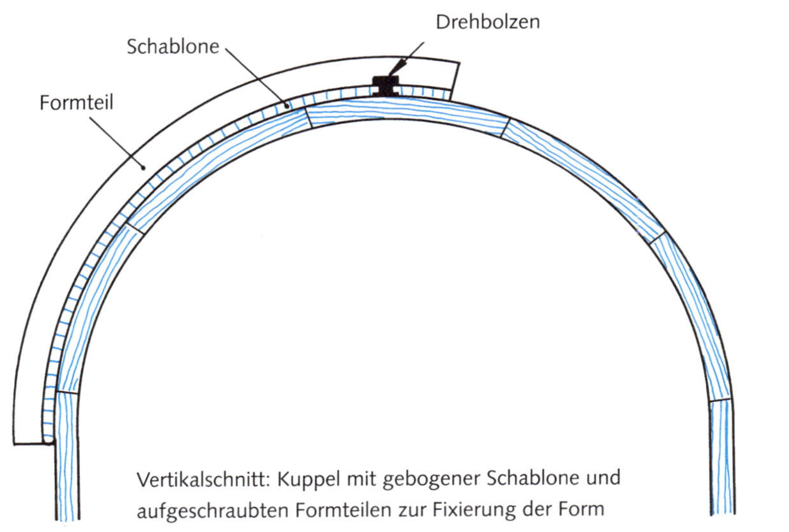

Vertikalschnitt: Kuppel mit gebogener Schablone und aufgeschraubten Formteilen zur Fixierung der Form

Die Fräsvorrichtung besteht aus einem gebogenen Streifen aus Hartfaser, der in der Kuppelspitze mittels Bolzen geführt wird. Die Oberfräse wird auf die gleiche Weise befestigt wie bei der Vorrichtung 4.16. Seitlich am Hartfaserstreifen werden noch Ausgleichsklötze befestigt, um ein Abkippen der Oberfräse zu verhindern. Wie bei 4.16 können auch hier Formteile mit dem Hartfaserstreifen verschraubt werden, um diesen in Form zu zwingen.

4.17.1 Messschablone zur Herstellung von Formteilen für Kuppelformen

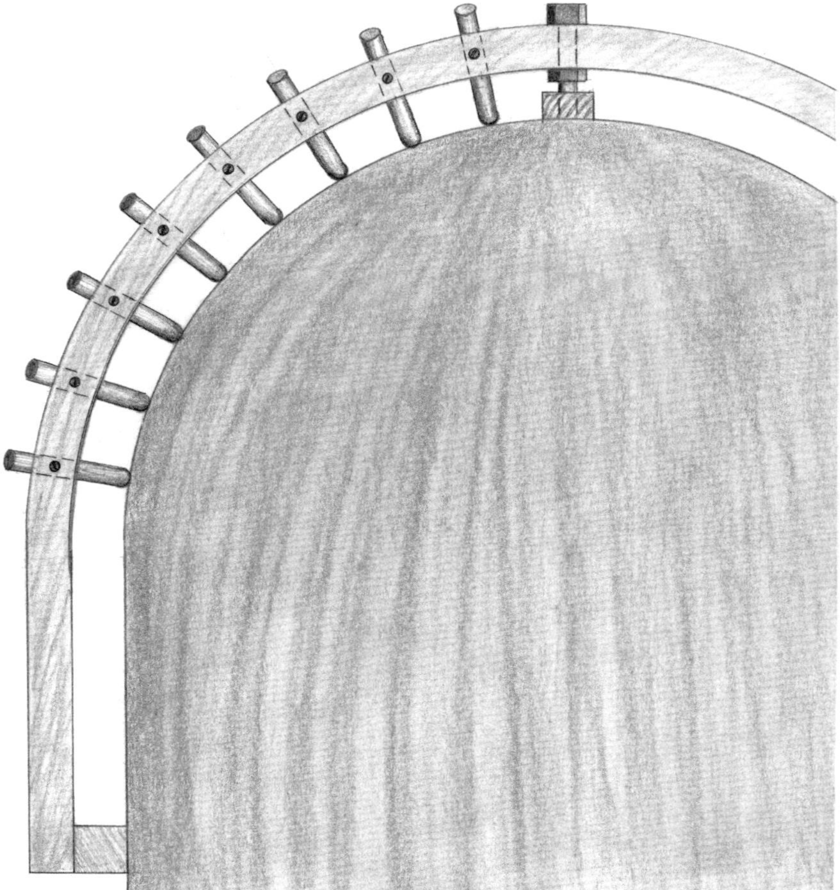

Ansicht: Rundkuppel mit aufgesetztem Formteil und verstellbaren Rundstäben zur Schablonenherstellung

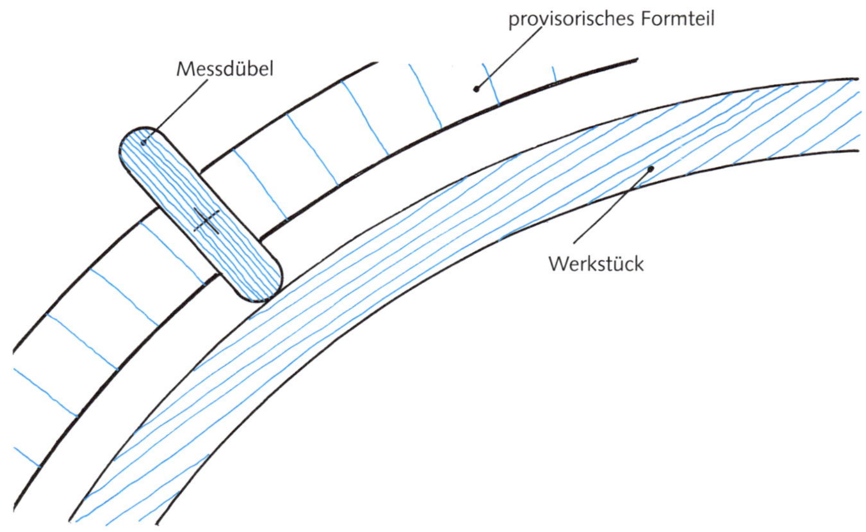

Vertikalschnitt: Detail Messdübel in Formholz und Werkstück

Um relativ passgenaue Formteile für gebogene Schablonen (z. B. Rundkuppeln) zu erhalten, ist es notwendig, eine Messvorrichtung zu bauen. Dazu wird aus einer dicken Multiplexplatte ein Bogen herausgeschnitten, der etwas größer ist als die Rundbogenform. In diesen Bogen werden in gleichmäßigem Abstand Bohrungen angebracht, durch die Rundstäbe geschoben werden können. Im rechten Winkel dazu werden kleine Bohrungen angebracht, durch die eine Schnellbauschraube zur Fixierung gedreht werden kann. Dieser Bogen wird in der Mitte der Kuppel auf einem aufgeklebten Klotz mit einer Schraube befestigt. Am unteren Ende des Bogens ist ein Distanzklotz aufgeschraubt, sodass der Bogen mit etwas Luft über der Kuppel liegt. Der Bogen kann mit einem Spanngurt am unteren Ende fixiert werden. Jetzt müssen nur noch die Rundstäbe bis zur Kuppelform durchgeschoben und mit Schrauben fixiert werden. Sind alle Rundstäbe in Position, kann die Form abgenommen und anhand der Rundstäbe eine genaue Schablonenversteifung o. Ä. hergestellt werden.

4.18 Drehbare Serienbohrschablone

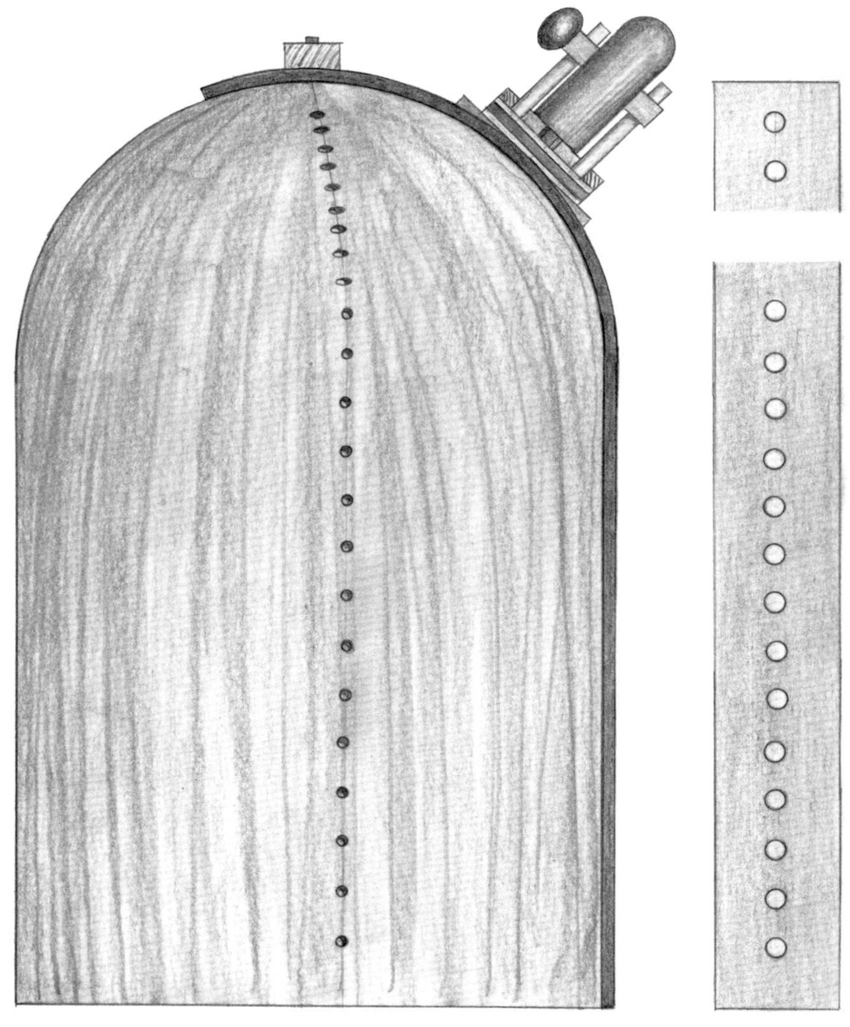

Ansicht: Rundkuppel mit Serienbohrungen sowie aufgelegtem Schablonenstreifen

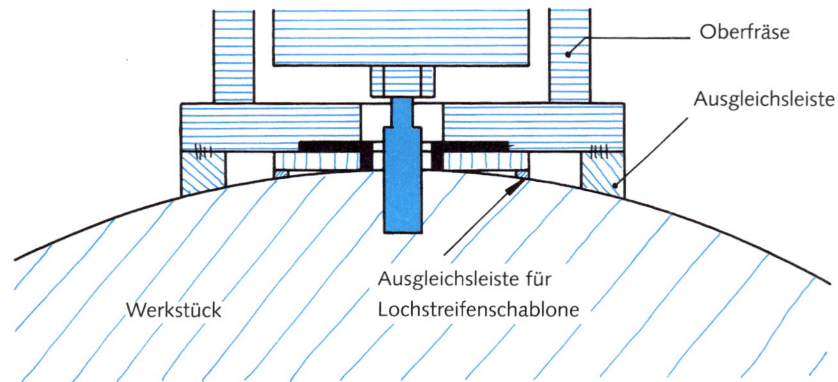

Horizontalschnitt: Lochstreifenschablone für Serienbohrungen an einer Rundkuppelsäule; Oberfräse und Streifenschablone mit Ausgleichsleisten

Bei dieser einfachen Schablonenvorrichtung wird ein Hartfaserstreifen in feuchtem Zustand an das Werkstück gelegt, gepresst und getrocknet. Am Kuppelmittelpunkt wird er mit einem Zapfen auf dem Kuppeldach fixiert. Am anderen Ende wird der Streifen mit einem Spannband gehalten. Der Streifen ist relativ schmal, sodass er an den Bohrpunkten aufliegt. Die Oberfräse wird mit einer Kopierhülse versehen, die genau in die Bohrungen der Schablone passt. Unter der Oberfräse wird eine Zusatzplatte angebracht, an der dann Negativ-Ausgleichstücke angeschraubt werden können. Nach jedem Bohrfräsvorgang wird die Schablone um eine Position weitergedreht. Umlaufende Nuten und Zierkehlen sind mit dieser Vorrichtung nicht herstellbar, da die Oberfräse beim Drehvorgang nicht genug Stabilität hat.

    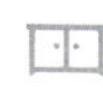     

4.19 Klappschablonen-Vorrichtung

Serielle Herstellung von Zierfräsungen mit zwei unterschiedlichen Motiven

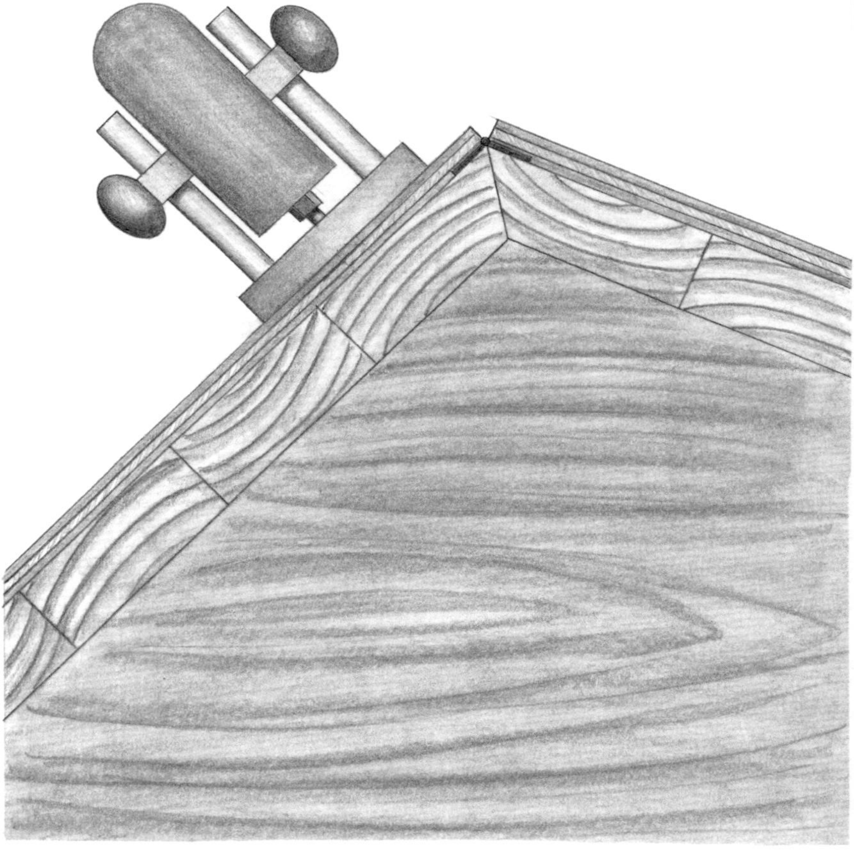

Draufsicht: Detail der Klappschablone mit Klavierband und Oberfräse, Werkstückkante und Deckel

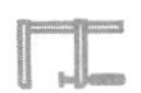

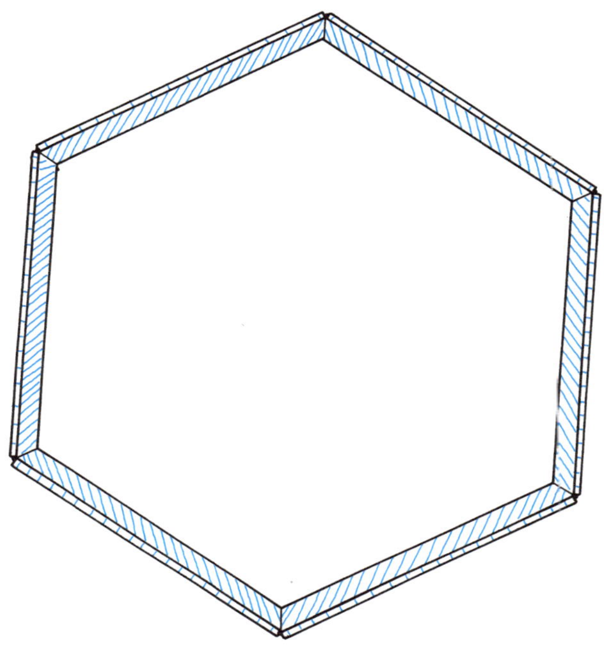

Horizontalschnitt: Sechseckiges Werkstück mit Klappschablonen, verbunden mit Klavierbändern (Befestigung mit Spanngurten)

Sollen in eine größere Stückzahl von Werkstücken Zierfräsungen mit zwei unterschiedlichen, sich im übernächsten Flächenfeld wiederholenden aufwendigen Motiven gefräst werden, bietet es sich an, jedes Motiv in ein Flächenfeld einzuarbeiten. Die Schablonenflächen werden mit Klavierbändern verbunden. Zusätzlich werden neutrale Flächen an die Schablonenflächen angearbeitet. Diese werden ebenfalls mit Klavierbändern verbunden. So kann diese zusammenklappbare Schablonenvorrichtung um ein Werkstück gelegt und mit Spanngurten fixiert werden. Muss das Werkstück an allen Flächen Motivfräsungen erhalten, wird die Vorrichtung einfach entsprechend weitergeschoben und erneut fixiert. So ist es möglich, aufwendige Fräsvorhaben an mehreren Werkstücken mit verhältnismäßig wenig Aufwand zu bewerkstelligen.

Variante: Es wird nur ein Schablonenwinkel mit jeweils einem Motiv gefertigt und mit Klavierband verbunden. Dieser Winkel wird dann an der Ecke des Werkstücks angelegt und mit Spannbändern befestigt.

4.20 Vorrichtung zum Fräsen umlaufender Nuten, Zierkehlen u. Ä. in Vielecke

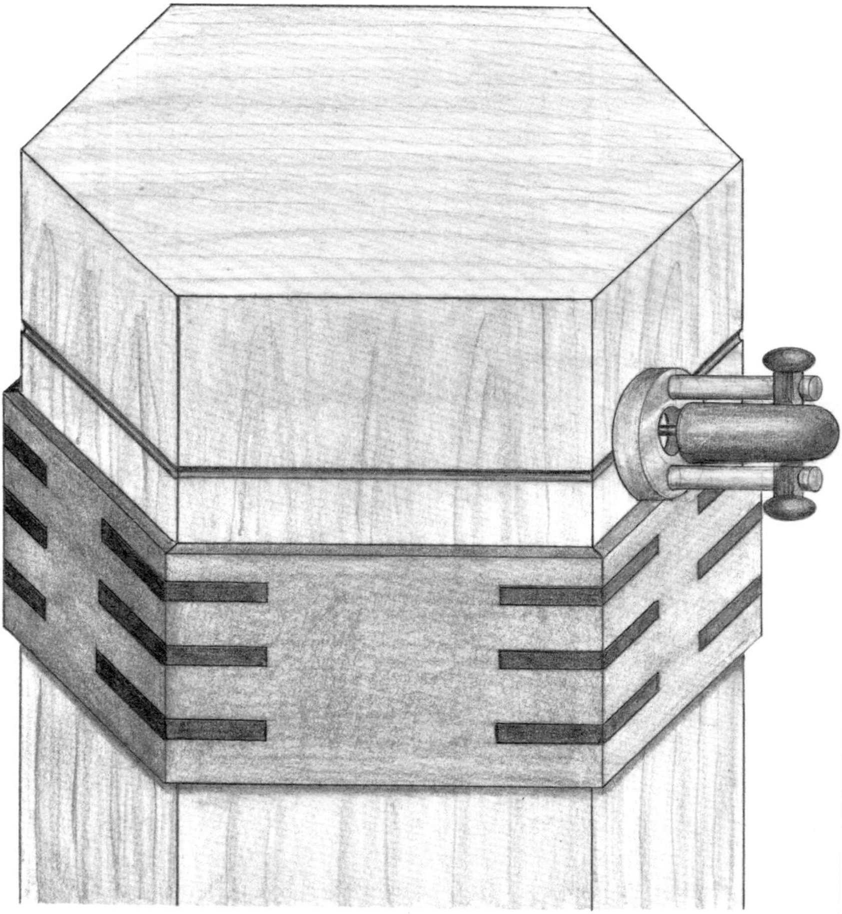

Ansicht: Sechseckiges Werkstück mit Fräsauflage und Oberfräse (die Zierkehlen entstehen durch Fräsführung an der Kante der Fräsauflage)

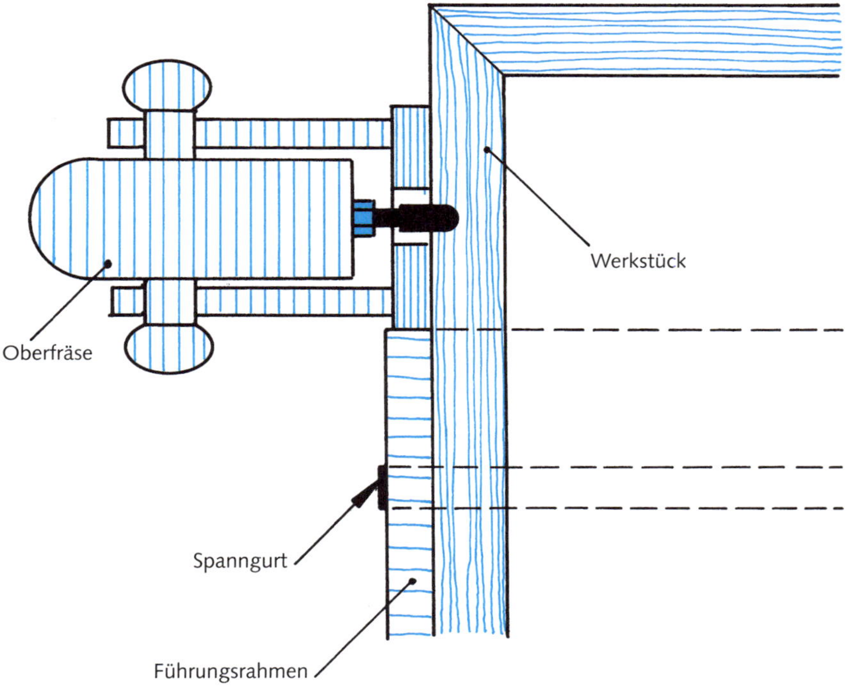

Vertikalschnitt: Werkstück mit Führungsrahmen und Oberfräse

Hierbei handelt es sich um eine einfache Vorrichtung aus Plattenstreifen, deren Gehrungswinkel den Gehrungen des Werkstücks entsprechen. Diese Streifen müssen passgenau hergestellt und mit starken Klebebändern verbunden werden. Der zusammengeklebte Streifen wird um das Werkstück gelegt, passgenau positioniert und mit Klebebändern geschlossen. Zusätzlich wird ein Spanngurt um den Streifen gelegt, sodass ein Verrutschen verhindert wird. Die Bodenplatte der Oberfräse wird beim Fräsen an der Kante der Fräsauflage (Führungsrahmen) entlanggeführt. So können Zierkehlen u. Ä. um ein Werkstück herum gefräst werden.

4.21 Zusatzfräsanschlag für Vorrichtung 4.20

Parallelfräsungen

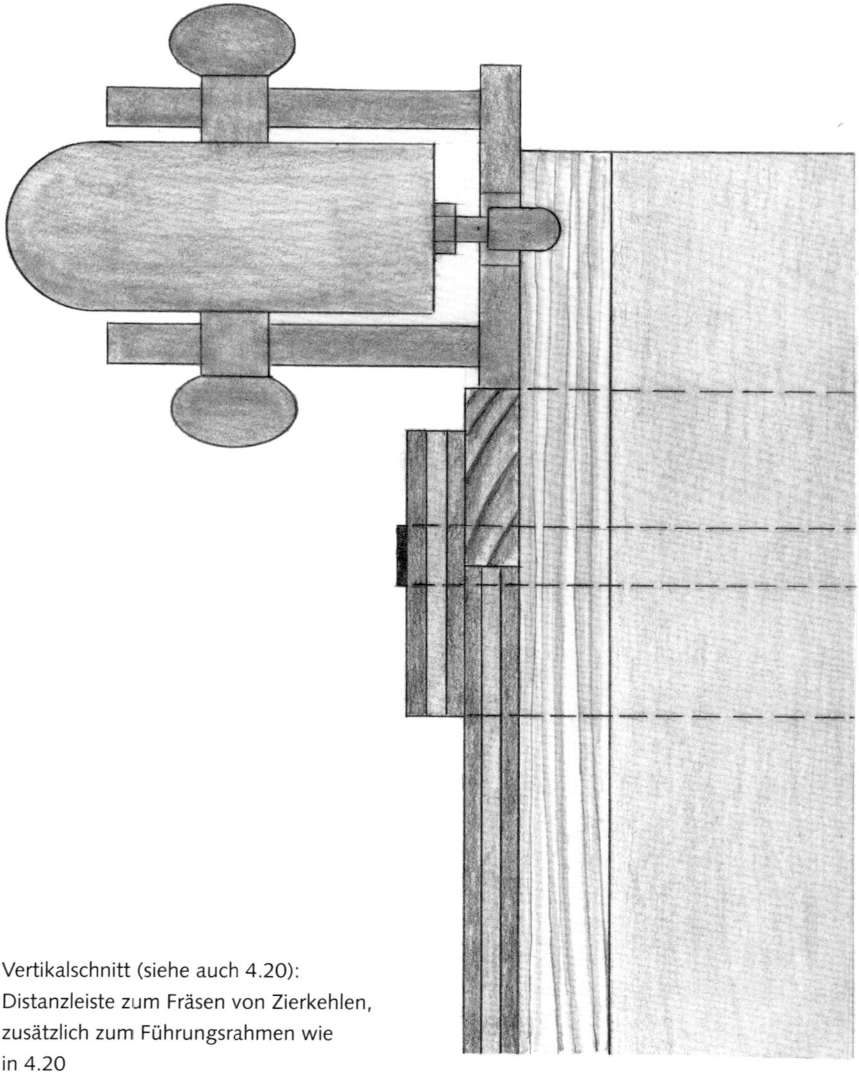

Vertikalschnitt (siehe auch 4.20): Distanzleiste zum Fräsen von Zierkehlen, zusätzlich zum Führungsrahmen wie in 4.20

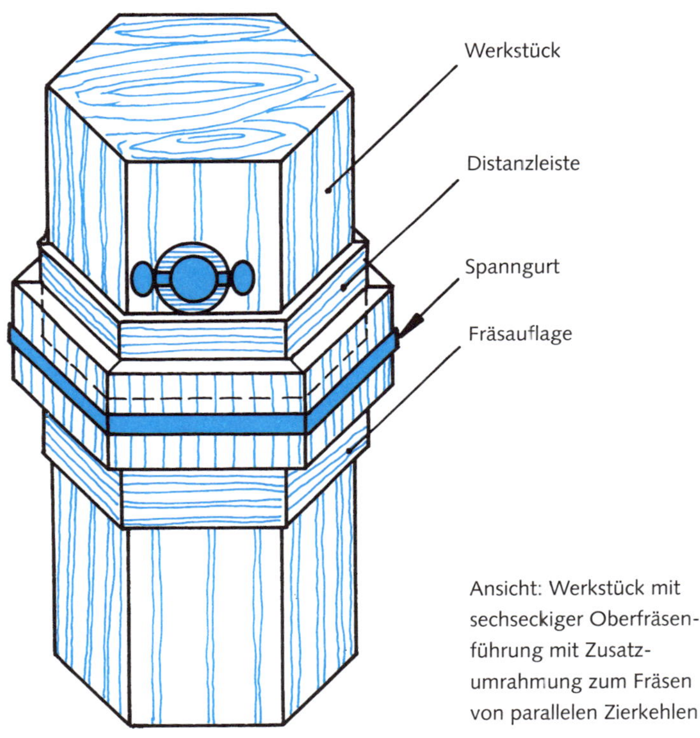

Ansicht: Werkstück mit sechseckiger Oberfräsenführung mit Zusatzumrahmung zum Fräsen von parallelen Zierkehlen

Die Zusatzvorrichtung dient dazu, bei montierter Grundvorrichtung durch das Aufstecken von Zusatzleisten Parallelfräsungen durchzuführen. Um unterschiedliche Anschlagleisten problemlos aufstecken zu können, wird ein Gehrungsrahmen gebaut, der genau auf den Grundrahmen passt. Der Gehrungsrahmen wird auf dem Grundrahmen verschraubt. Anschließend können unterschiedlich breite Leisten zugeschnitten und in den überstehenden Laschenspalt geschoben werden, sodass genaue Parallelfräsungen möglich sind.

Variante: Auf dem Grundrahmen werden die entsprechenden Leistenrahmen, die an den Gehrungen mit Bändern verbunden sind, aufgesetzt und mit einem Spannrahmen fixiert.

4.22 Rahmenfräsvorrichtung für sechseckige und andere Werkstücke

Nachträgliches Fräsen von Motiven

Ansicht: Werkstück mit Rahmen zur Führung des Frässchlittens in Längsrichtung (die Rahmen werden mit stabilen Klebebändern und Spanngurten am Werkstück fixiert)

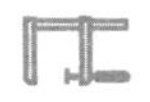

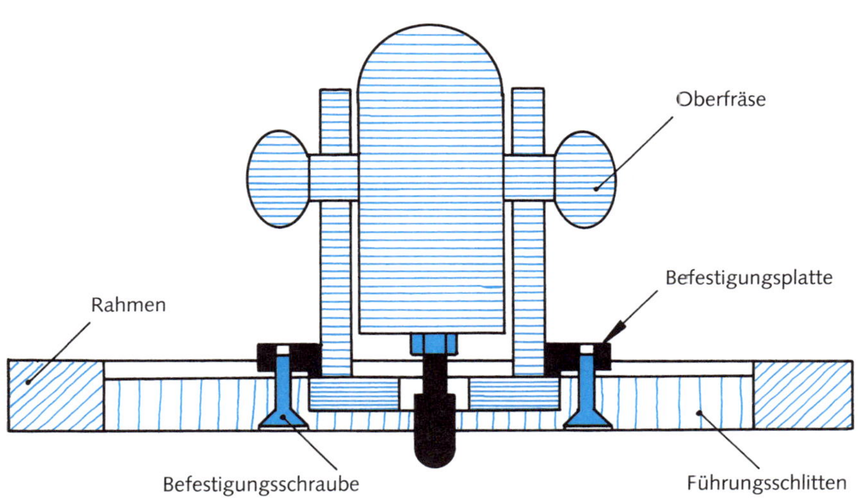

Vertikalschnitt: Rahmen mit Führungsschlitten und Befestigungsplatten

Die Vorrichtung ist nur für bereits fertiggestellte Werkstücke in größerer Anzahl geeignet, da sie aufwendig herzustellen ist. Wie aus der Zeichnung zu sehen, wird um das Werkstück ein Rahmen gebaut, der sich an den Gehrungswinkeln des Werkstücks orientiert. Der Rahmen besteht in der Länge aus Profilleisten, die auf die Winkel aufgelegt werden. Diese Winkelprofilleisten werden mit Querleisten verbunden. Die Gesamtvorrichtung besteht aus zwei Hälften, die aus mehreren Einzelrahmen bestehen. Diese werden mit Spanngurten am Werkstück festgezurrt. Bei genauer Fertigung können Schablonen aller Art in den Einzelrahmen befestigt oder auf und ab bewegt werden.

         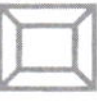

4.23 Schablonenfräsvorrichtung für Vielecke

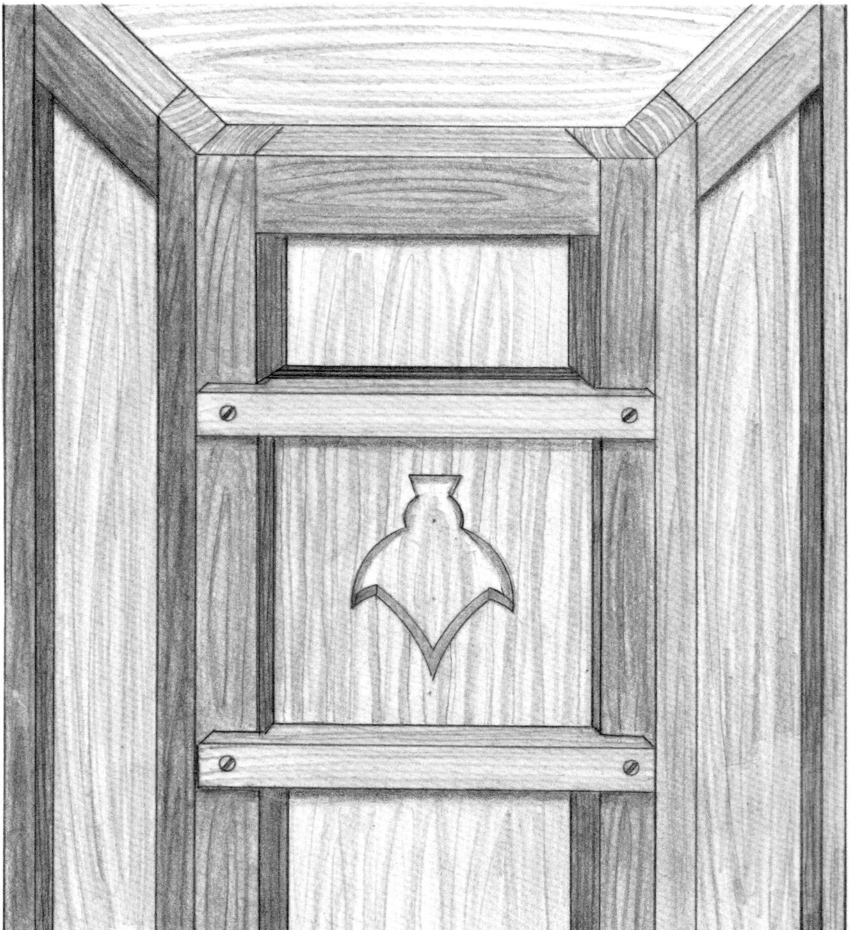

Detailansicht: Sechseckiges Werkstück, Rahmenkonstruktion und Schablone mit Befestigungsvorrichtung

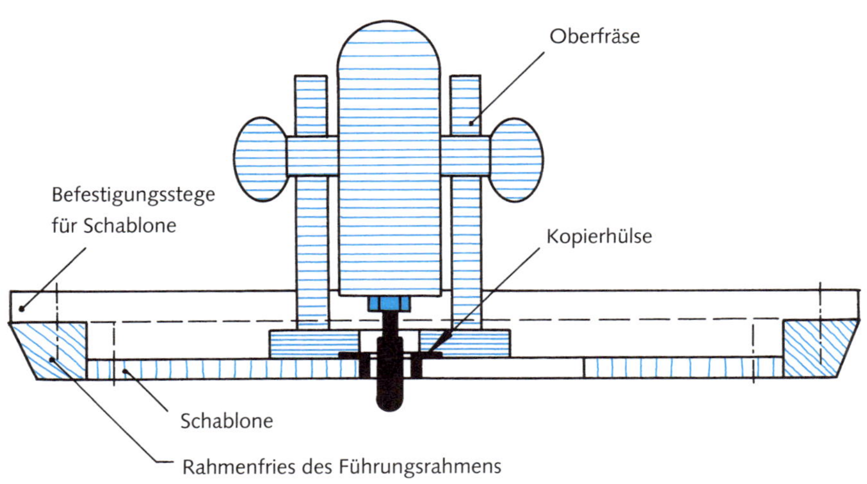

Vertikalschnitt: Führungsrahmen, Motivschablone mit Befestigungsstegen sowie Oberfräse mit Kopierhülse

Diese Fräsvorrichtung ähnelt der in 4.22 beschriebenen, unterscheidet sich aber dadurch, dass nur für drei Ecksegmente Führungs- bzw. Befestigungsrahmen gebaut werden. Diese Winkelrahmenvorrichtung wird an das Werkstück angelegt und mit Spannbändern befestigt. Die Schablone wird an zwei ausgeklinkten Leistenstücken festgeschraubt. Diese Leisten werden dann wiederum mit Schnellbauschrauben an Rahmenteilen der Vorrichtung befestigt. Durch Weiterdrehen der Vorrichtung kann ein Segment nach dem anderen bearbeitet werden. Wird das Fräsmotiv noch in anderen Ebenen des Werkstücks benötigt, wird die Schablone verschoben und erneut verschraubt. Anschließend wird der Vorgang wie oben wiederholt.

4.24 Vorrichtung zum Fräsen von umlaufenden Mustern, Zierkehlen u. Ä.

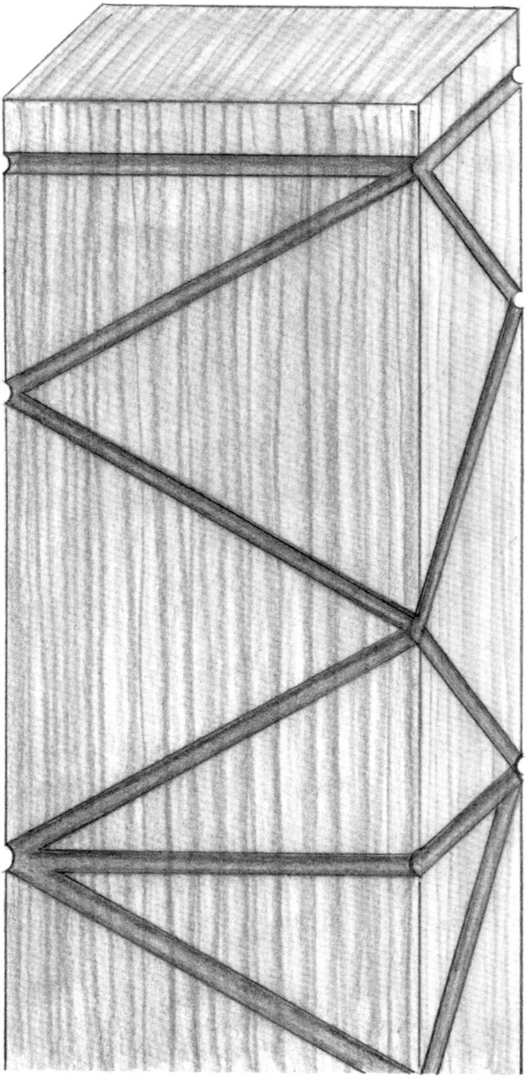

Ansicht: Werkstück mit Zierfräsungen

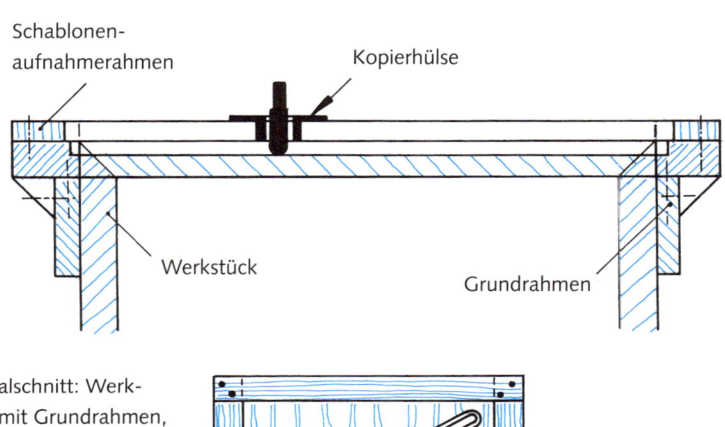

Vertikalschnitt: Werkstück mit Grundrahmen, Schablonenaufnahmerahmen und Wende-Wechselschablone

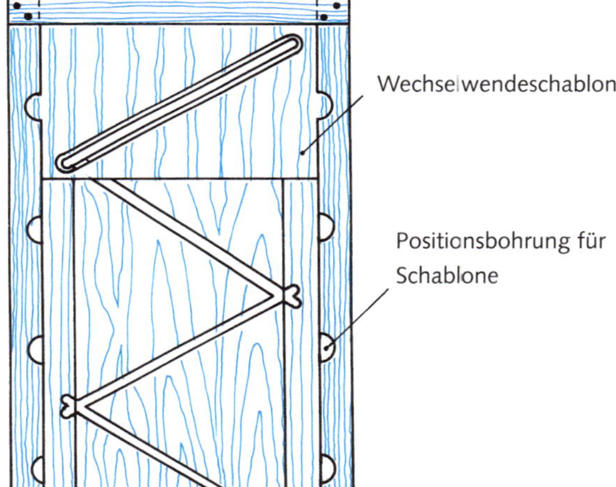

Frontansicht: Werkstück mit Grund- und Schablonenaufnahmerahmen

Die Zeichnung zeigt als Beispiel einen Quader, in dem ein Zickzackmuster bis zur Ecke des Werkstücks durchläuft. Die Vorrichtung besteht aus einem Rahmen, in dessen aufrechten Rahmenteilen in bestimmten gleichmäßigen Abständen Halbkreise gebohrt sind. In diese Halbkreise werden die Formschablonen mit halbkreisförmigen Zusatzteilen eingelegt. Die Schablonen können nach Bedarf gedreht und in weitere Aussparungen eingesetzt werden. Damit die Schablone stabil genug bleibt, muss sie erheblich breiter sein als das Werkstück. Folglich muss am Werkstück jeweils an beiden Seiten Zusatzmaterial befestigt werden. Daran wird der Rahmen mit den Aussparungen verschraubt. Wenn eine Seite des Werkstücks fertig bearbeitet ist, kann die Vorrichtung an der nächsten Werkstückseite auf die gleiche Weise befestigt werden. Das Herausfräsen von derartigen Mustern erfordert äußerst genaues Arbeiten!

4.25 Klappschablonenvorrichtung

Fräsen verschiedener Motive in Werkstücke mit unterschiedlichen Winkeln

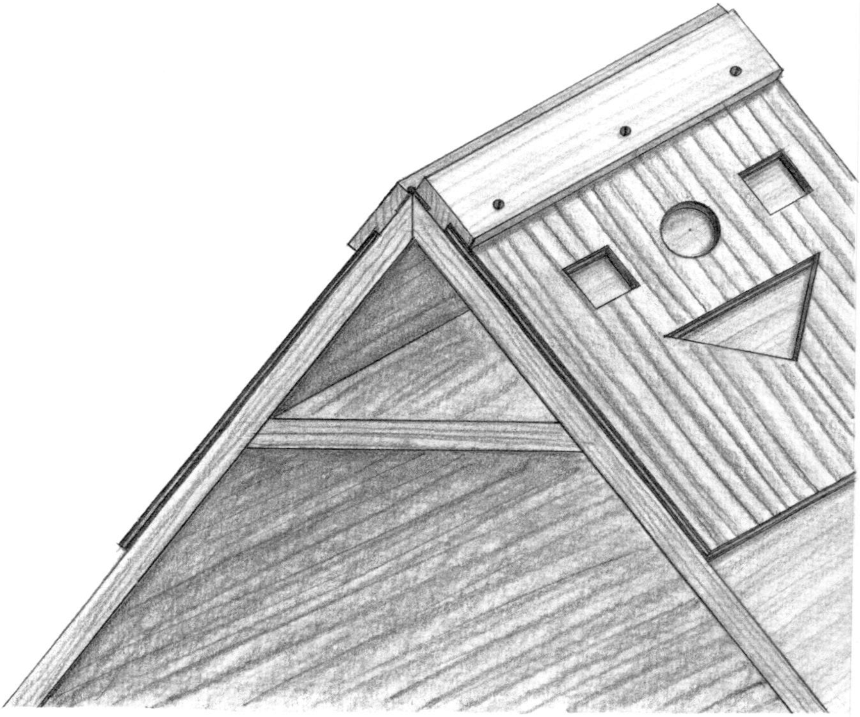

Ansicht: Werkstück mit Klappschablone

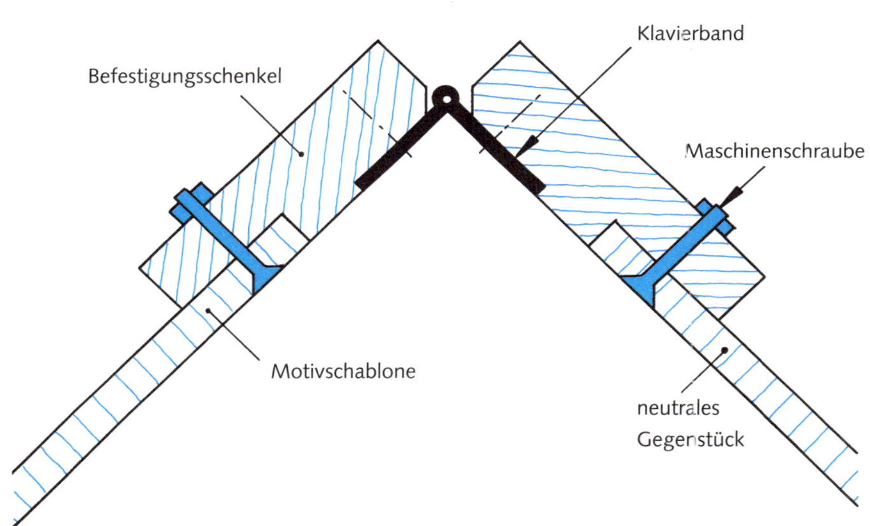

Vertikalschnitt: Klappschablonenvorrichtung mit Klavierband und montierter Motivschablone und neutralem Gegenstück

Die Vorrichtung besteht aus einem Klavierband und zwei rechteckigen Profilleisten, an denen die Motivschablonen befestigt werden können. Die Profilleisten haben angearbeitete Falze, deren Maße der Materialdicke der Schablonen entsprechen. Die Schablonen werden mit Inbusschrauben und Muttern an den Profilleisten befestigt. Die Vorrichtung kann zur Maßregulierung seitwärts verschoben werden. In der Höhe ist das Maß aber festgelegt. Je nach Bedarf können die Schablonen auf beiden Seiten aufeinander abgestimmt sein. Durch Drehen wird dann die eine Schablone mit der auf der anderen Seite vertauscht.

4.26 Vorrichtung zum Fräsen von Zierkehlen an verbauten zylindrischen Werkstücken

Fräsen von Zierkehlen u. Ä. parallel zur Achse des Werkstücks

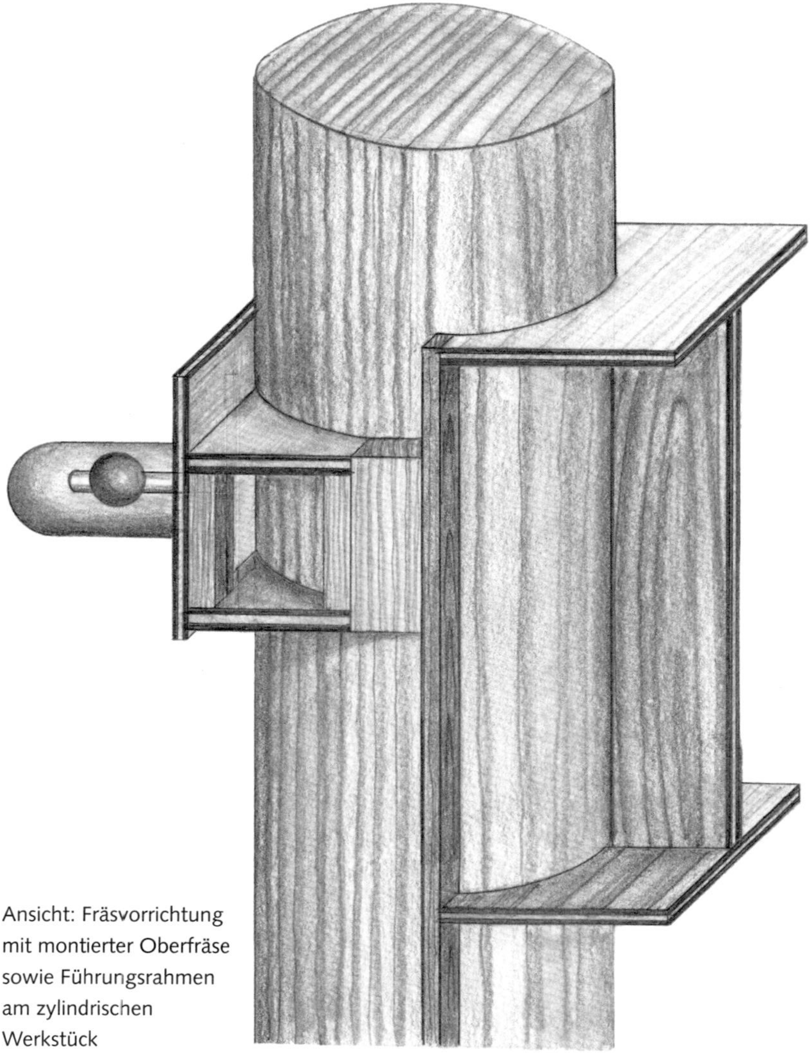

Ansicht: Fräsvorrichtung mit montierter Oberfräse sowie Führungsrahmen am zylindrischen Werkstück

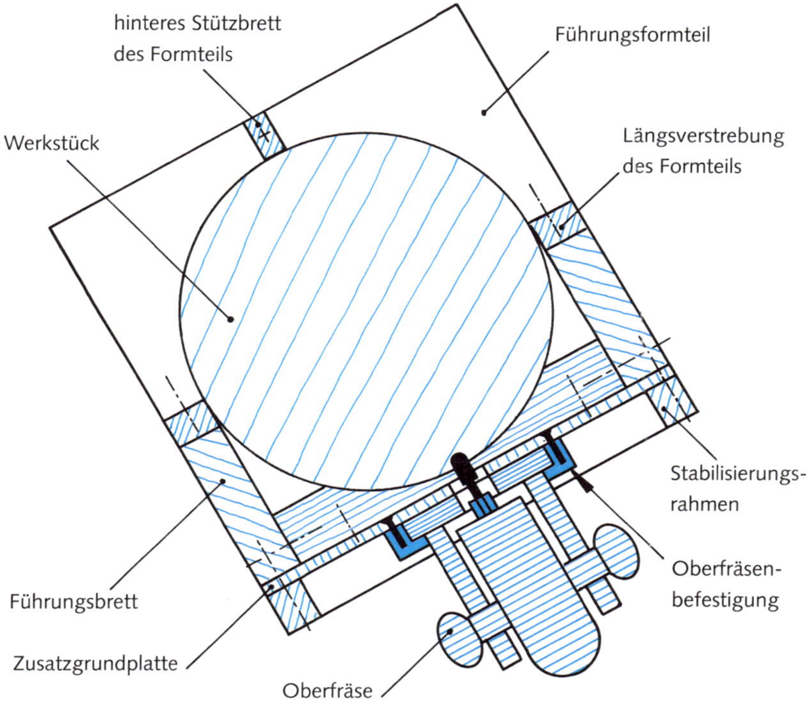

hinteres Stützbrett des Formteils
Führungsformteil
Werkstück
Längsverstrebung des Formteils
Stabilisierungsrahmen
Oberfräsenbefestigung
Führungsbrett
Zusatzgrundplatte
Oberfräse

Horizontalschnitt: Werkstück mit Formteilkonstruktion und Führungsvorrichtung

Die Vorrichtung besteht aus zwei Hauptteilen: dem Anschlagteil und dem Führungsteil mit der montierten Oberfräse. Der Anschlagteil besteht aus mehreren Negativformteilen des Zylinders; an seinem Ende werden zwei Führungsleisten montiert. Zwischen den Formteilen werden Versteifungen befestigt, sodass die Form sowohl stabil ist als auch von alleine stehen kann. Der Anschlagteil umfasst den Zylinder genau zur Hälfte. Die Führungsvorrichtung besteht aus einer Zusatzgrundplatte und zwei Negativformteilen des Zylinders. Die Negativformen werden unter die Grundplatte geschraubt und zusätzlich mit Stabilisierungsbrettchen verbunden. An den offenen Enden der Negativformen werden Führungslatten befestigt, die genau auf die Anschlagleisten passen. Wenn der Anschlagteil positioniert und befestigt ist, kann die entsprechende Zierfräsung ausgeführt werden. Weitere Fräspositionen lassen sich durch Weiterdrehen der Anschlagsvorrichtung herstellen.

5 Sondervorrichtungen

5.1 Ausbesserungsvorrichtung

Kaschieren von Fehlstellen wie Ästen o. Ä.

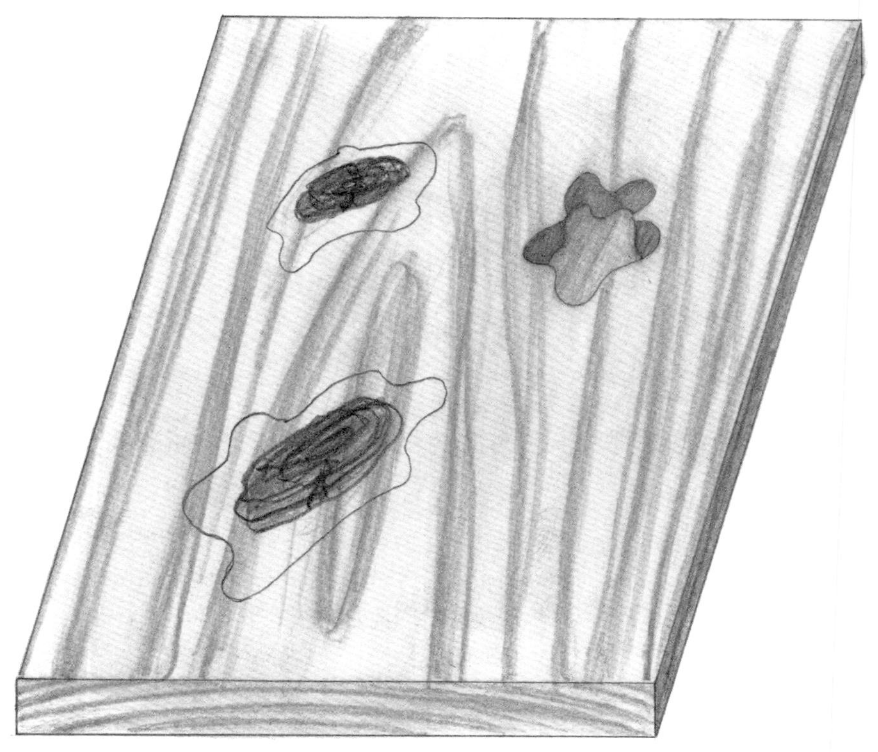

Ansicht: Werkstück mit Fehlstellen, eine davon bereits negativ gefräst

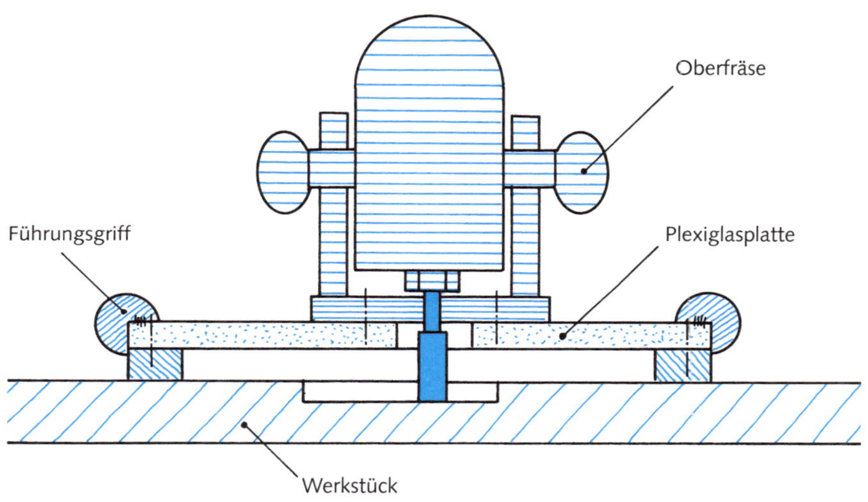

Vertikalschnitt: Schiebevorrichtung mit Plexiglasplatte und Führungsgriffen

Die einfache Ausbesserungsvorrichtung besteht aus einer Acryl- oder Plexiglasplatte. Unter der Platte werden zwei Gleitleisten aus Hartholz verschraubt und an zwei Seiten von oben zwei Führungen befestigt (es müssen nicht zwei Rundhölzer wie in der Zeichnung sein). Zweck dieser Vorrichtung ist es, Fehlstellen wie Äste in Brettern mittels unregelmäßiger Formteile zu kaschieren. Die Formteile werden vorher mit einer Dekupiersäge ausgesägt. Sie sollten farblich, und von der Maserung her zum Werkstück passen. Die Vertiefungen, in die die Formteile eingepasst werden sollen, werden freihändig herausgefräst. Durch die große Platte und die Führungsleisten an beiden Seiten werden die Fräsungen in der Regel so genau, dass sie kaum auffallen. Diese Ausbesserungen sind zwar zeitaufwendiger als das Ausbessern mit Vollholzscheiben, fallen aber weniger auf als diese.

5.2 Türfalz-Ausbesserungsvorrichtung

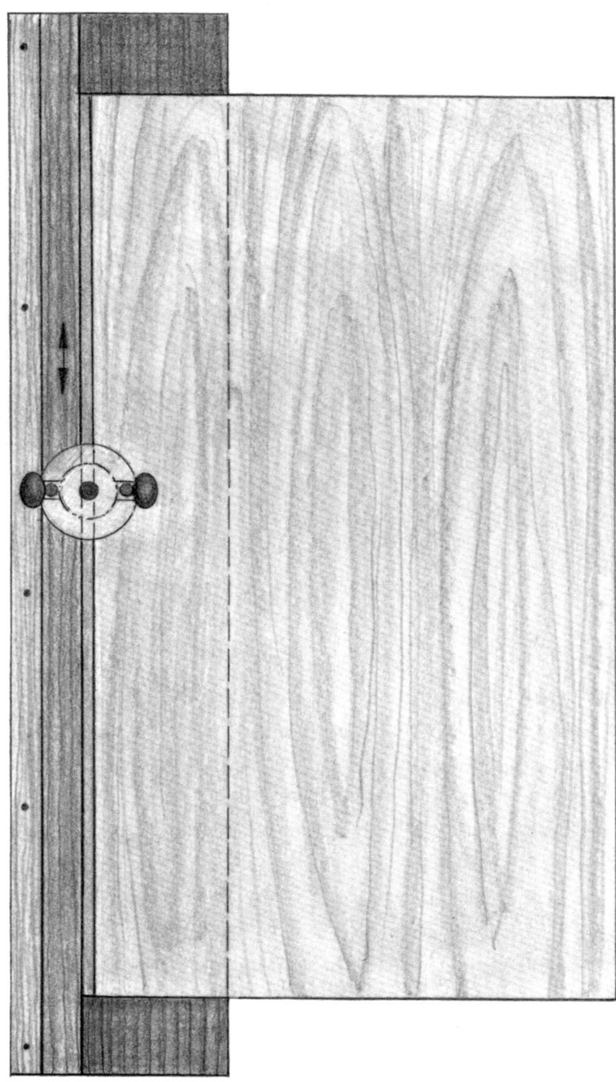

Draufsicht: Türblatt mit Anschlagleiste, Distanzleiste und Auflageplatte

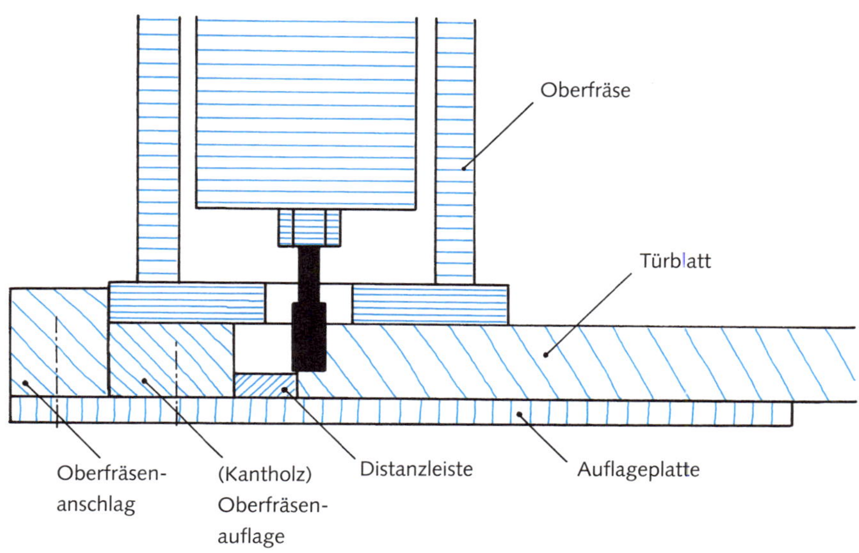

Vertikalschnitt: Oberfräse mit Ausbesserungsvorrichtung und Werkstück (Türblatt)

Die relativ einfach zu fertigende Vorrichtung dient dazu, Türfalze nachzufräsen. (Sie kann auch zur Herstellung von Falzen verwendet werden, wobei eine Tischfräse hierfür wesentlich geeigneter ist.) Die Vorrichtung besteht aus einem langen Multiplexstreifen, der etwa 400 mm länger sein sollte als das Türblatt. Auf diesem Streifen wird ein Kantholz von mindestens 60 mm Stärke befestigt. Vor dem Kantholz wird ein Zwischenstück aus Multiplex befestigt, das der Dicke des Türblatts entspricht. Nachdem das Maß ermittelt ist, um das der Falz vergrößert werden soll, wird vor das Zwischenstück ein Streifen aus Hartholz (Distanzleiste) gelegt. Anschließend wird die Vorrichtung mit Zwingen am Türblatt befestigt und die Fräsung ausgeführt. Durch Einlegen unterschiedlicher Streifen kann das Falzmaß sehr genau eingehalten werden.

5.3 Schablonen-Platzierungsvorrichtung für große Werkstücke

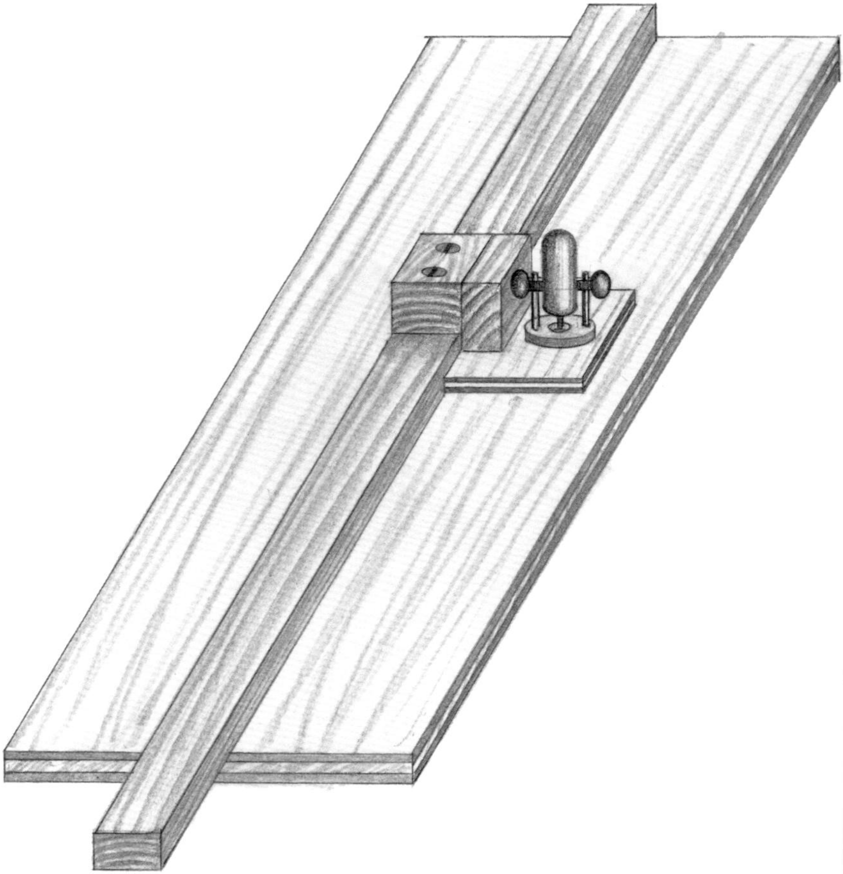

Ansicht: Werkstück, Befestigungsbrett mit Winkelstück und Schablone sowie Oberfräse

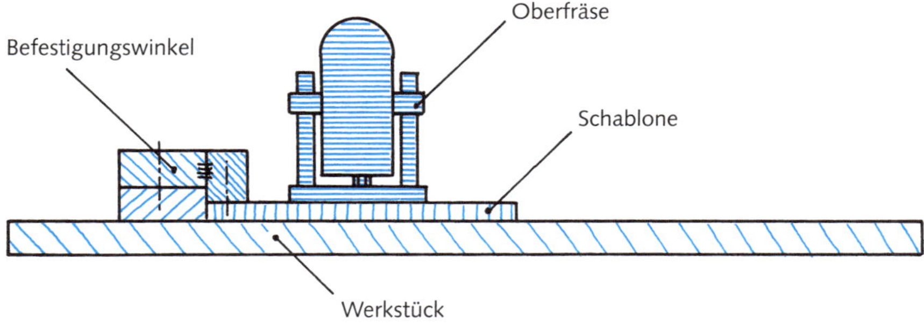

Vertikalschnitt: Werkstück mit Befestigungsbrett, Winkelstück mit Schablone und Oberfräse

Die Vorrichtung dient dazu, Schablonen auf großen Werkstücken zu platzieren und einen genauen Fräsvorgang zu ermöglichen. Die Vorrichtung besteht aus einem Brett, an dem ein Winkelstück verschraubt ist, an dem wiederum eine Schablone befestigt ist. Das Brett kann in jeder gewünschten Position am Werkstück befestigt werden. Werden vom gleichen Motiv in der gleichen Achse weitere Motivfräsungen benötigt, wird das Winkelstück abgeschraubt und in der gewünschten Position erneut befestigt.

5.4 Schablonenvorrichtung für schwer zugängliche, große bearbeitete Werkstücke

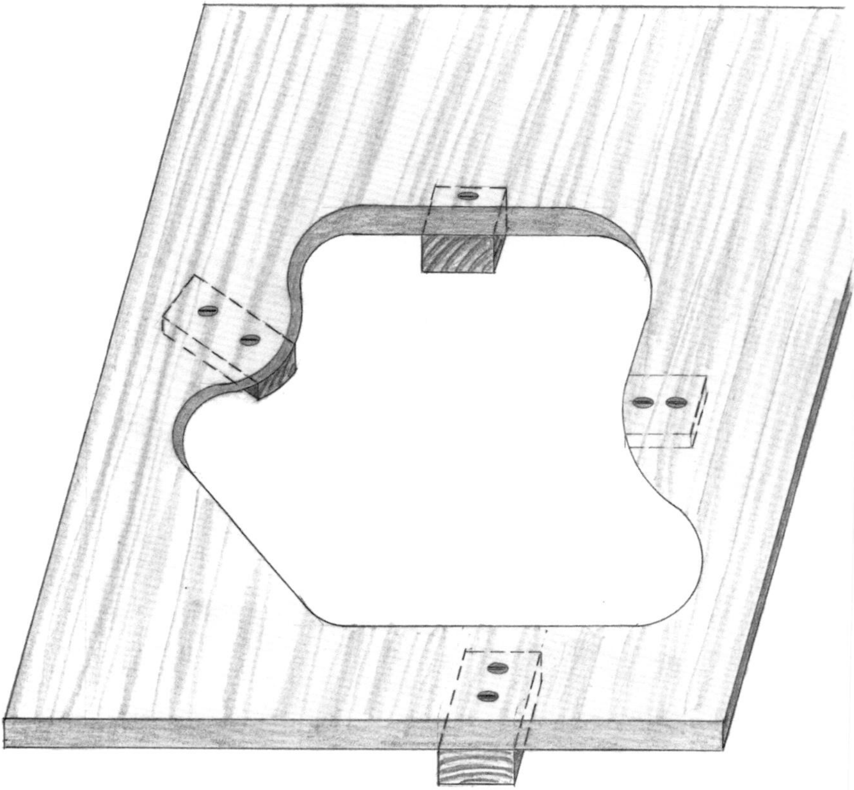

Ansicht: Schablone mit Distanz- bzw. Passklötzen, die ein Verrutschen der Schablone verhindern

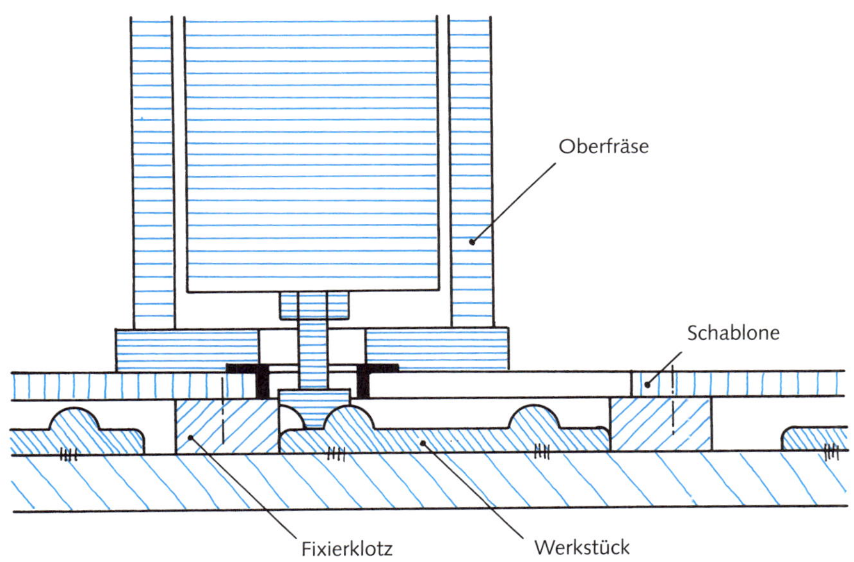

Vertikalschnitt: Oberfräse mit Viertelstabfräser und Kopierhülse und Schablone; Schablone mit Fixier- bzw. Höhenausgleichsklötzen (Distanzklötzen) und Werkstück mit aufgeleimten Zierelementen

Die Vorrichtung dient zur Platzierung einer Schablone auf einem bereits bearbeiteten Werkstück, ohne dass dieses beschädigt wird. Als Beispiel wurde ein zusätzliches Einfräsen eines Motivs in eine Massivmöbelfront gewählt. Die Schablone wird auf Distanzklötze geschraubt, die wiederum genau an bereits vorhandenen Profilierungen u. Ä. des Werkstücks anliegen. Auf diese Weise kann mit der Schablone gearbeitet werden, ohne dass diese zusätzlich am Werkstück fixiert werden muss.

5.5 Vorrichtung zum Fräsen von Parallelzierkehlen in unregelmäßige Werkstücke

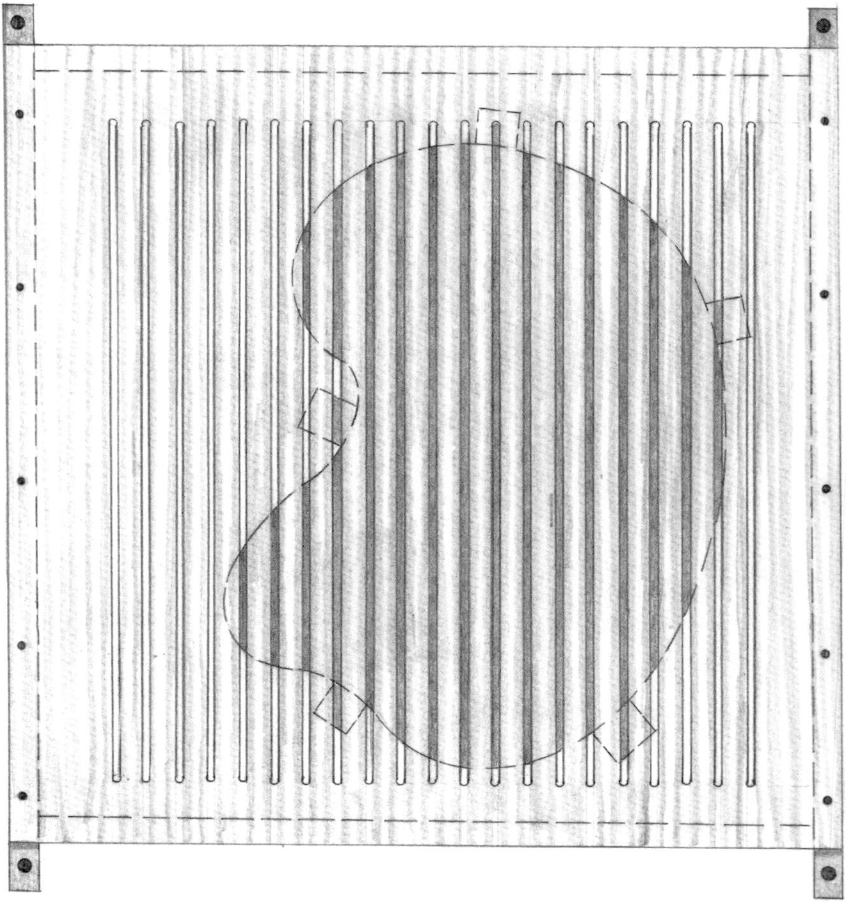

Draufsicht: Fräsrahmen mit Schablone (Werkstück mit Befestigungen verdeckt gezeichnet)

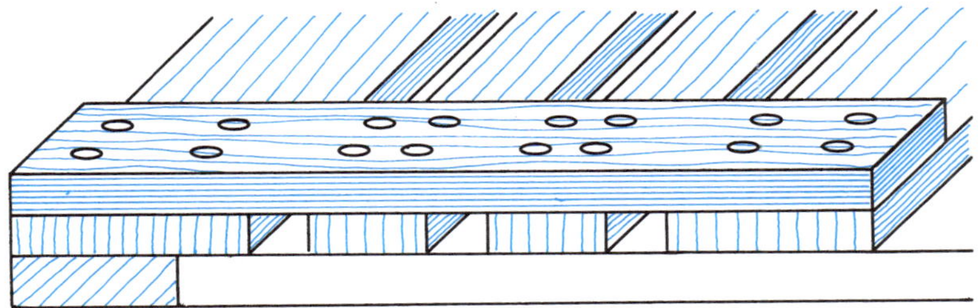

Ansicht: Variante, Schablone aus Einzelteilen hergestellt und verschraubt. Zusätzlich Schablonenrahmen an der Unterseite

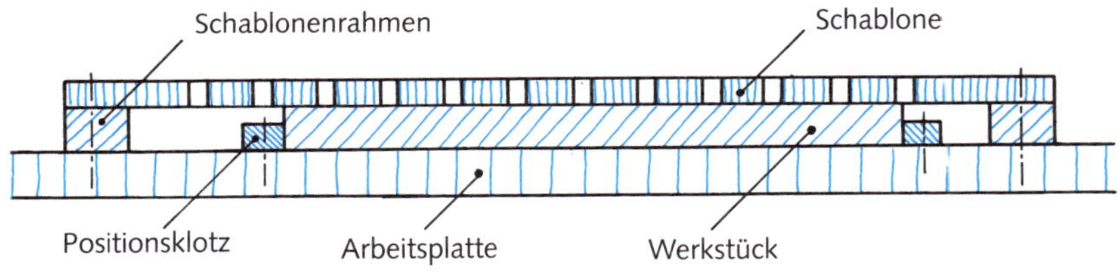

Vertikalschnitt: Schablonenrahmen, Schablone, Arbeitsplatte und Werkstück

Die Vorrichtung besteht aus einer Multiplexplatte, in die parallele Streifen gefräst sind. Seitlich unter dieser Platte werden zwei Leisten in Stärke des Werkstücks befestigt. Die Platte wird passend über das Werkstück gelegt und fixiert. Das unregelmäßige Werkstück wird auf einer Arbeitsplatte mit Positionsklötzen spielfrei fixiert. Sollen Parallelfräsungen ausgeführt werden, die vom Maß her sehr dicht nebeneinander liegen, wird in der Schablone nur jede zweite Zierfräsung ausgeführt. Die Schablone wird dann nach dem Durchlauf aller Fräsungen um eine Position verschoben; die weiteren Fräsungen werden auf die gleiche Weise hergestellt. Es wird mit Kopierhülse gearbeitet.

          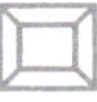

5.6 Frässchlitten zur Herstellung von Parallelfräsungen

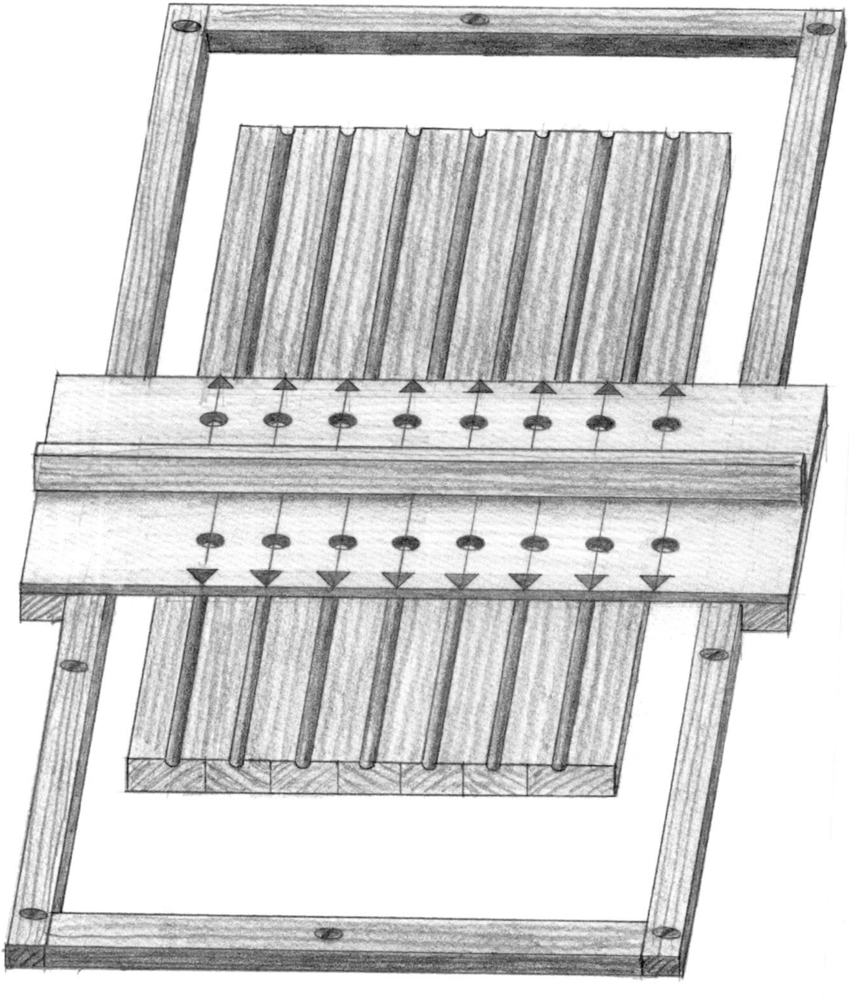

Ansicht: Führungsrahmen mit Werkstück und Führungsschlitten mit Positionsbohrungen für die Kopierhülse

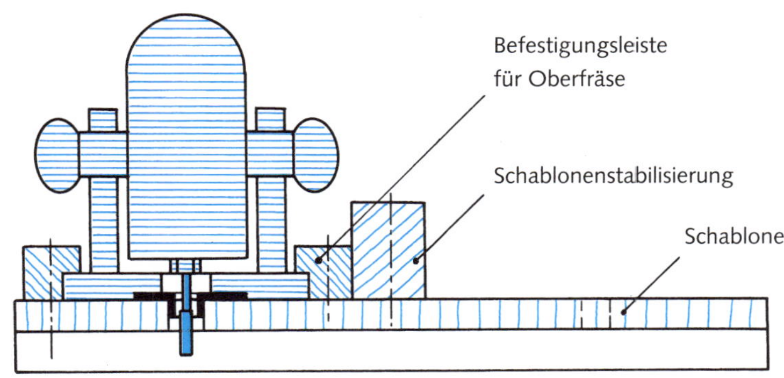

Vertikalschnitt: Oberfräse mit Führungsschlitten und gefalzten Leisten zur Befestigung auf der Schablone

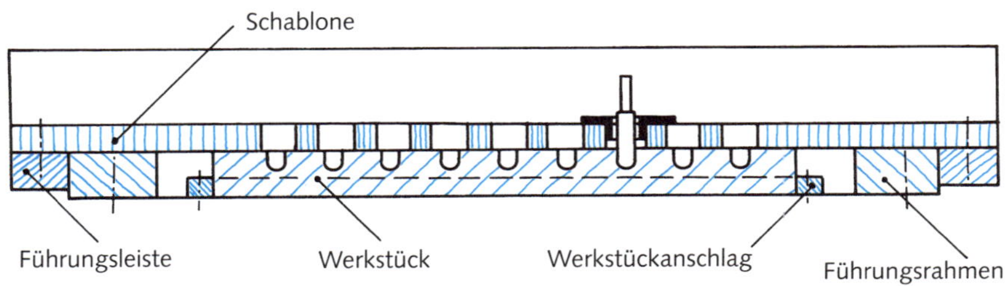

Vertikalschnitt: Grundrahmen, Werkstück und Führungsschlittenschablone mit Seitenführungen

Die Vorrichtung besteht aus zwei Teilen: dem Führungsrahmen und dem Schiebeschlitten mit genauen Positionsbohrungen. Das Werkstück wird ebenso wie der Führungsrahmen auf einer Arbeitsplatte verschraubt. Der Führungsschlitten besteht aus einer Platte aus Multiplex, in deren Mitte eine Versteifungsleiste aufgeschraubt ist. Auf beiden Seiten der Leiste sind in gleichmäßigen Abständen Bohrungen angebracht, sodass die Oberfräse mit Kopierhülse in diese eingesteckt werden kann. Die Fräsungen werden durch Verschieben des Schlittens hergestellt. Die Oberfräse wird nach jeder Fräsung umgesteckt. Als Halterung für die Oberfräse kann man eine U-förmige Leiste über die Fräse schieben und den Schlitten und die Leiste gleichzeitig führen. Es ist allerdings auch möglich, ohne diesen Zusatz zu arbeiten. Müssen sehr eng nebeneinander stehende Fräsungen hergestellt werden, werden auf der zweiten Hälfte des Schlittens die Positionsbohrungen so angebracht, dass sie sich mittig zwischen den Bohrungen der anderen Seite befinden (siehe Zeichnung links).

5.7 Einfacher Frässchlitten für zylindrische Werkstücke

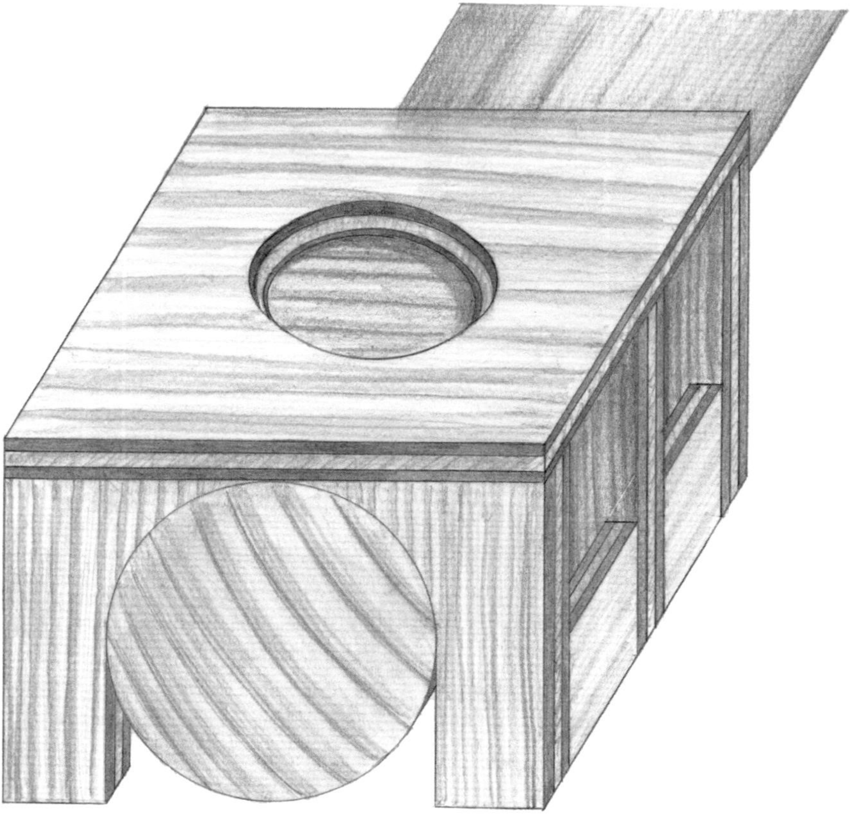

Ansicht: Brückenkonstruktion als Schlitten zur Bearbeitung von Zylindern in Längsrichtung (kann auch zur Bearbeitung in Querrichtung benutzt werden; dann wird das Werkstück gedreht)

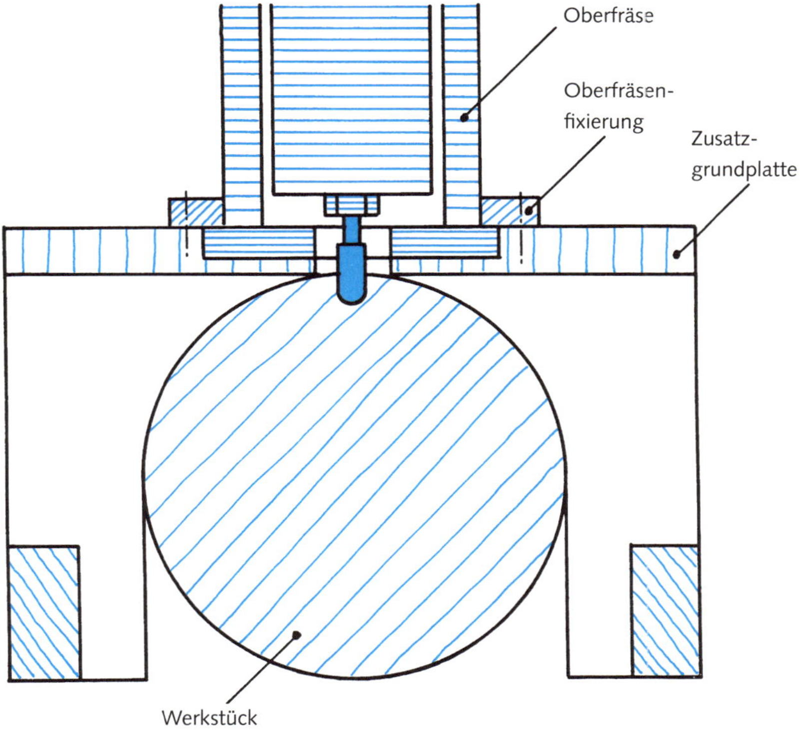

Oberfräse
Oberfräsen-fixierung
Zusatz-grundplatte
Werkstück

Vertikalschnitt: Brückenfrässchlitten mit Werkstück (obere Abdeckung gleich Zusatzgrundplatte)

Der Frässchlitten besteht aus zwei U-förmigen Brückenteilen, die genau dem Durchmesser des zylindrischen Werkstücks entsprechen. Auf diese Brückenteile wird eine Multiplexplatte aufgeschraubt. Zur Stabilisierung kann ein Zwischensteg mit Passstücken an den Brückenteilen befestigt werden. Dadurch wird die Konstruktion so formstabil, dass sie sich beim Arbeitsvorgang nicht mehr verwinden kann. In der Deckplatte befindet sich eine Aussparung, die der Bodenplatte der Oberfräse entspricht. Die Aussparung wird nur so tief in die Deckplatte gefräst, dass noch genug Material als Auflage übrig bleibt. Nach Einsetzen der Oberfräse kann diese zusammen mit dem Schlitten über das Werkstück geführt werden. Sollen weitere Fräsungen erfolgen, wird das Werkstück in eine neue Fräsposition gedreht. Sollen Fräsungen in Querrichtung erfolgen, wird das Werkstück um seine Längsachse gedreht.

5.8 Schrägfräsvorrichtung

Draufsicht: Grundrahmen mit Kreisfräsarm und Langloch für Kopierhülse sowie Werkstück mit Führungsleisten

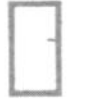

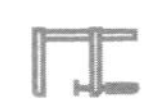

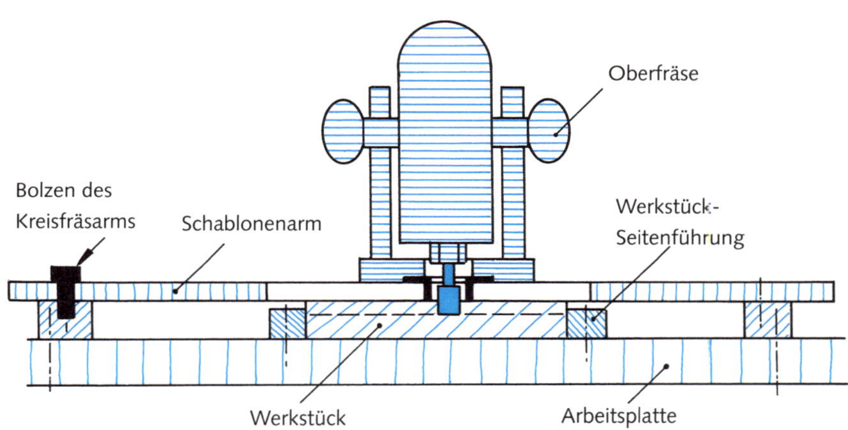

Vertikalschnitt: Arbeitsplatte, Seitenführungen und Werkstück mit Oberfräse und Schablonenarm

Die Vorrichtung besteht aus einem Grundrahmen und einer verstellbaren Schrägfrässchablone für den Einsatz mit Kopierhülse. Das Werkstück wird auf einer Arbeitsplatte zwischen zwei Führungsleisten verschoben und mit Zwingen an der Unterlage fixiert. Der Grundrahmen besteht aus zwei Leisten, die um eine Papierunterlage dicker sind als das Werkstück. Durch das Unterlegen eines Papierstreifens ist gewährleistet, dass das Werkstück spielfrei verschoben werden kann, die Schablone aber immer noch gut aufliegt. Über den beiden Rahmenleisten, die neben dem Werkstück befestigt werden, wird jeweils oben und unten ein Brett befestigt. Der Rahmen wird auf der Arbeitsunterlage verschraubt; die Schrägfrässchablone wird im gewünschten Winkel mit Schnellbauschrauben am Grundrahmen verschraubt. Danach wird das Werkstück in Position gebracht und die Fräsung ausgeführt. Auf diese Weise lassen sich problemlos Parallel-Schrägfräsungen herstellen.

5.9 Frässchmiege

Draufsicht: Schmiegevorrichtung beim Fräsvorgang: Der Nutfräser wird genau an der Kante der Unterlage entlanggeführt, Schmiegekante und Fräskante sind identisch.

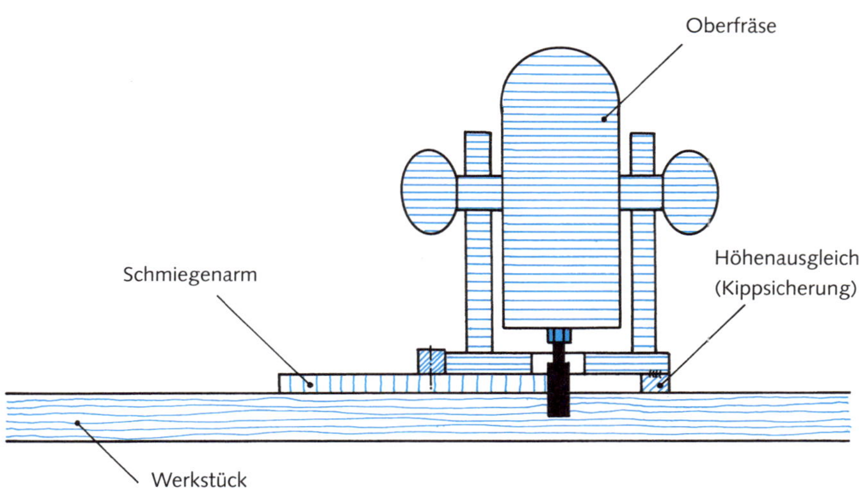

Vertikalschnitt: Werkstück mit aufgelegtem Schmiegenarm. Die Oberfräse ist mit einer Kippsicherung versehen (alternativ kann ein Multiplexstreifen aufgelegt werden).

Die Frässchmiege besteht aus einem langen Streifen aus Multiplex mit einer Führungsleiste als Anschlag für die Oberfräse. Nach dem Befestigen der Führungsleiste wird die Oberfräse an dieser entlang geführt und das Fräslineal hergestellt. Auf diese Weise sind Fräserkante und Linealkante absolut identisch. So kann dann das Lineal genau an einer vorgezeichneten Linie ausgerichtet werden. Am Ende des Multiplexstreifens befindet sich eine Bohrung, durch die eine Flügelschraube geführt wird, die das Fräslineal mit dem anderen Schmiegenteil verbindet. Will man ein unwillkürliches Verstellen der Schmiege bei der Herstellung von Parallelfräsungen verhindern, kann man das Lineal durch Aufschrauben von Zusatzklötzen am Anlegeteil der Schmiege fixieren.

5.10 Parallelfräsvorrichtung als Schiebeschlittenausführung

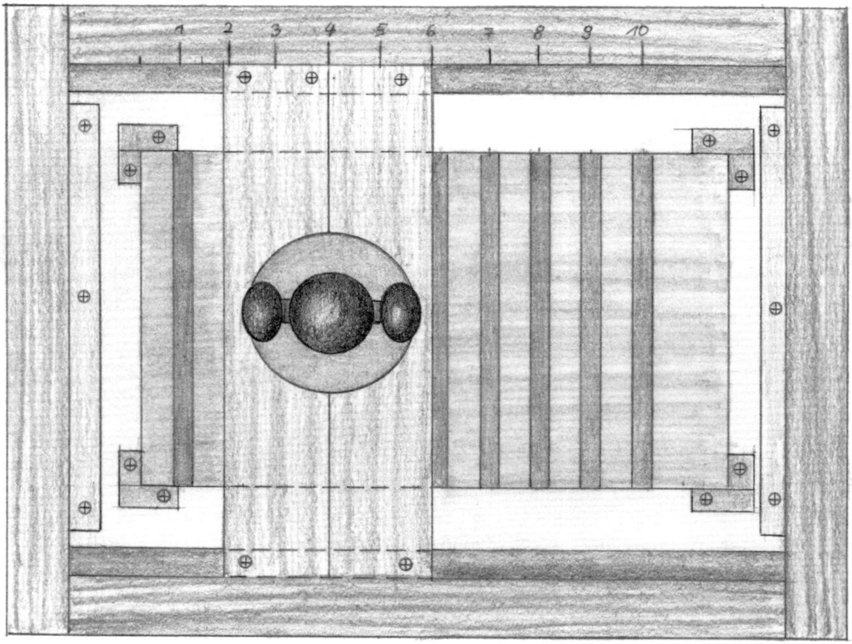

Draufsicht: Oberfräse, montiert auf verschiebbarer Zusatzgrundplatte aus Multiplex, Rahmen und Werkstück

Bei dieser Vorrichtung wird das Werkstück mit Eckwinkeln auf einer Arbeitsplatte fixiert. Seitlich daneben werden Führungsleisten auf der Platte befestigt, an denen der Schiebeschlitten entlanggeführt wird. Der Schiebeschlitten besteht aus einem Rahmen, der an den Längsseiten einen Falz angearbeitet hat. Auf diesem Falz wird dann eine Multiplexplatte mit Lochausschnitt für den Fräser

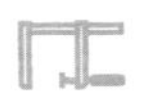

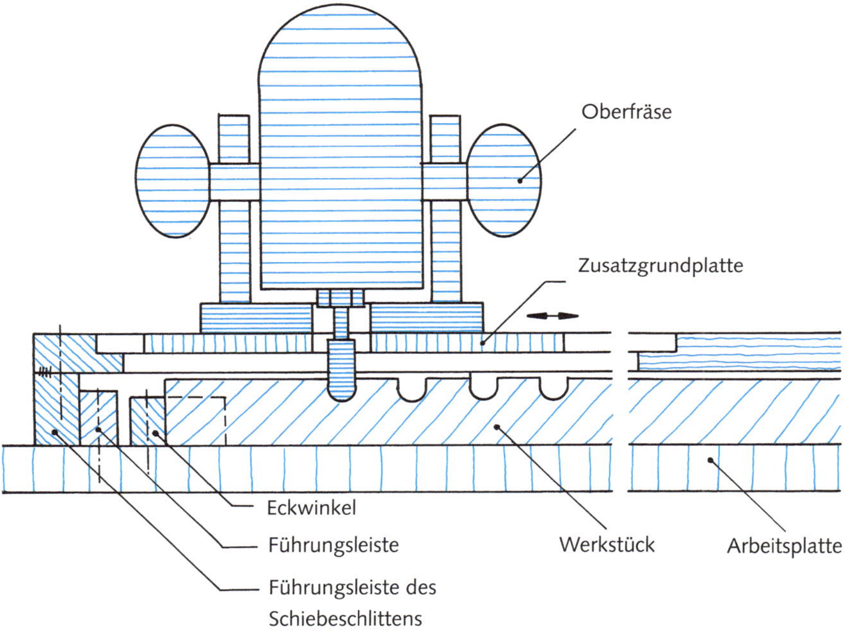

Vertikalschnitt: Arbeitsplatte, Werkstück mit Serienfräsungen und Eckwinkeln, Führungsleisten, Rahmen mit Führungsleiste sowie verschiebbare Zusatzgrundplatte mit Oberfräse

befestigt. An den gefalzten Rahmenteilen befindet sich eine Zentimetereinteilung, die es ermöglicht, die Platte mit der Oberfräse maßgerecht zu verschieben. Beim Fräsvorgang wird der Grundrahmen mit der Oberfräse an Führungsleisten entlanggeführt. Auf diese Weise werden alle Fräsvorgänge durchgeführt, nachdem eine Verstellung um eine Fräsposition vorgenommen wurde.

5.11 Variable Parallelfräsvorrichtung

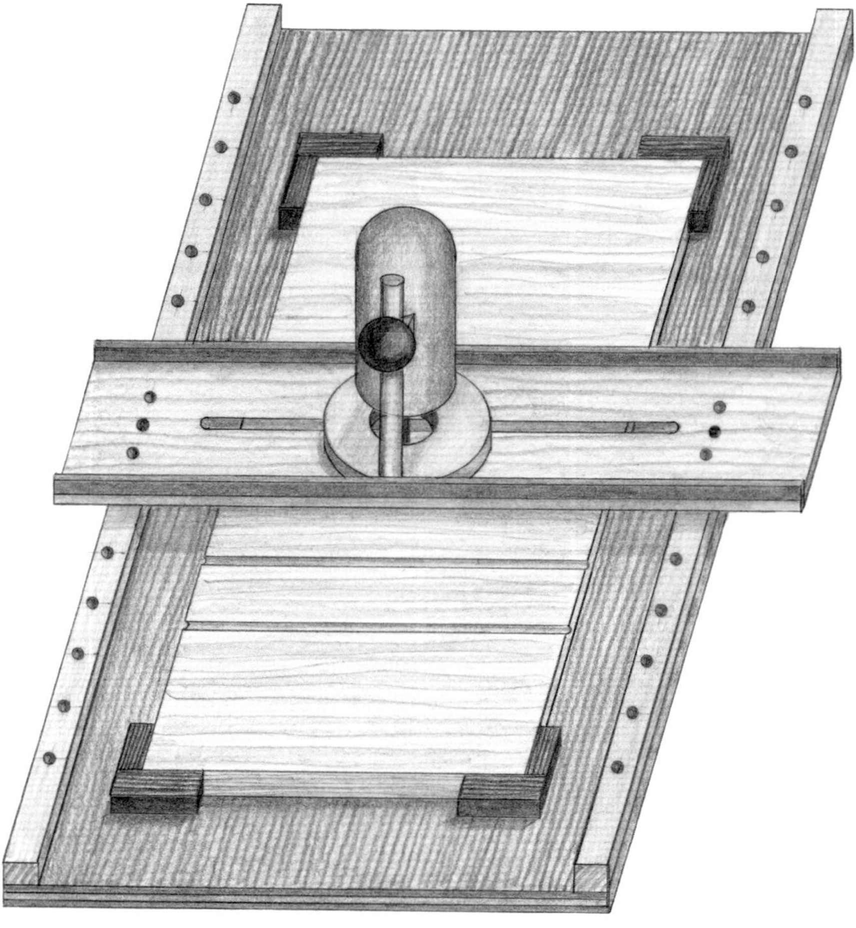

Ansicht: Grundplatte mit Lochleisten, Werkstück mit Positionswinkeln zur Fixierung und Fräsvorrichtung mit Langloch

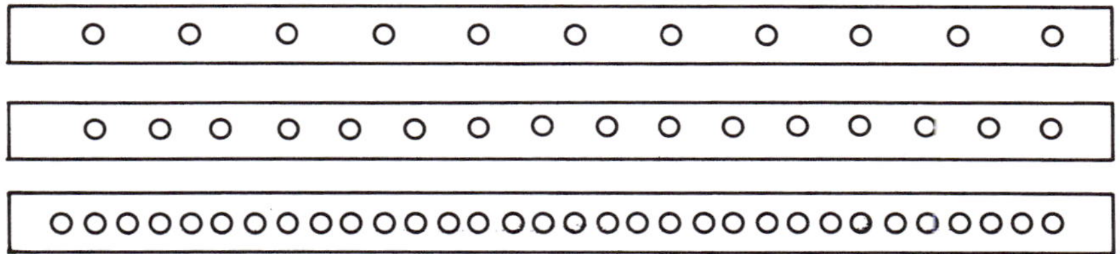

Draufsicht: Verschiedene Seitenabstandsleisten

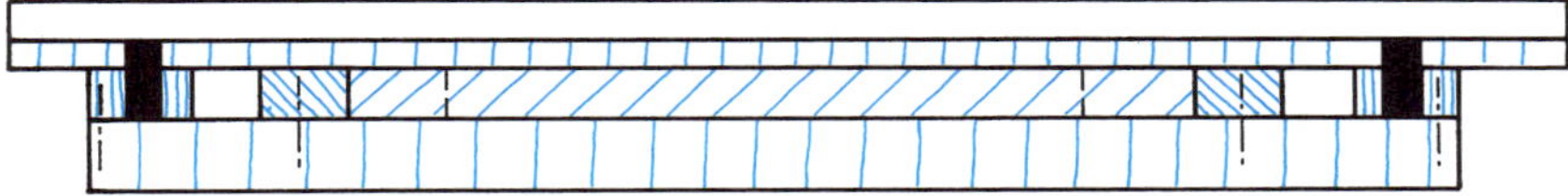

Vertikalschnitt: Fräsbrücke sowie Seitenleisten mit Abstandsbohrungen für Serienfräsungen; Arbeitsplatte mit Werkstück und Positionswinkeln

Die Fräsvorrichtung besteht aus einer Grundplatte, zwei seitlichen Leisten mit gleichmäßigen Abstandsbohrungen und aus einem Multiplexstreifen mit zwei seitlich angebrachten Führungsleisten, zwischen denen die Oberfräse geführt wird (Langloch). Durch diese Führung erübrigt sich eine Führungshülse und macht durch die Möglichkeit, unterschiedlichste Fräser einzusetzen, diese Vorrichtung ausgesprochen flexibel. Auf der Grundplatte werden sowohl das Werkstück als auch die Lochführungslatten befestigt. Die Positionslatten mit den Positionsbohrungen können mit unterschiedlichen Lochabständen gefertigt und nach Bedarf ausgetauscht werden. Auf dem Multiplexstreifen befinden sich an beiden Enden mehrere Positionsbohrungen, durch die Führungsbolzen gesteckt werden. Die Führungsbolzen gehen durch den Streifen hindurch in die Lochführungslatten. Durch die Zusatzbohrungen im Multiplexstreifen kann der Bolzen mehrfach umgesteckt worden. Dadurch ist es möglich, zusätzliche Parallelfräsungen durchzuführen, ohne die Lochführungslatten wechseln zu müssen.

5.12 Spezialkreisfräsvorrichtung zum Fräsen von Segmentstreifen

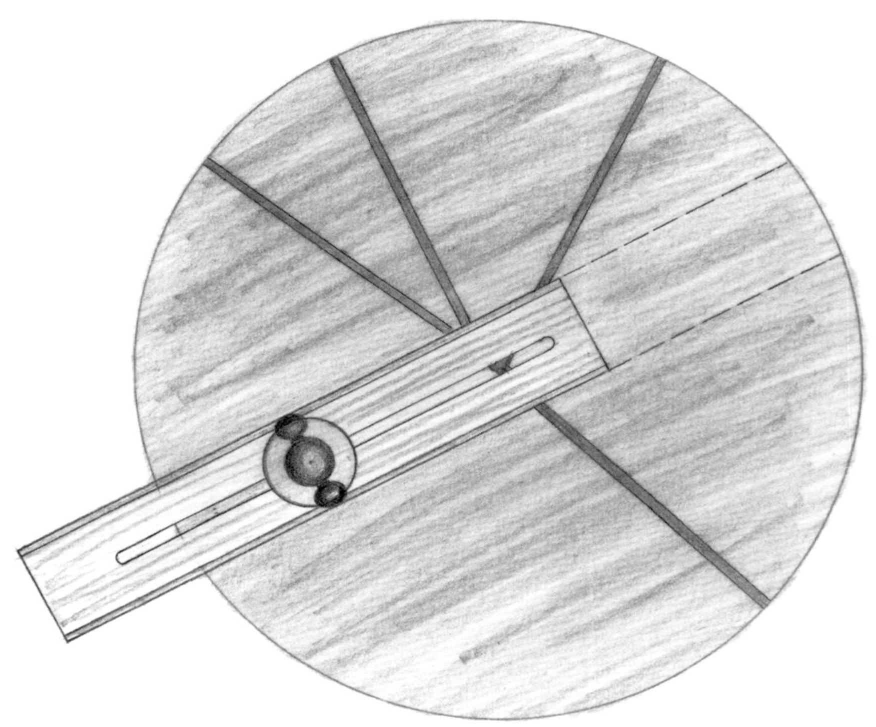

Ansicht: Vorrichtung mit seitlichen Führungen, Nut und montierter Oberfräse (Führungsbolzen der Kreisführung unter der Platte)

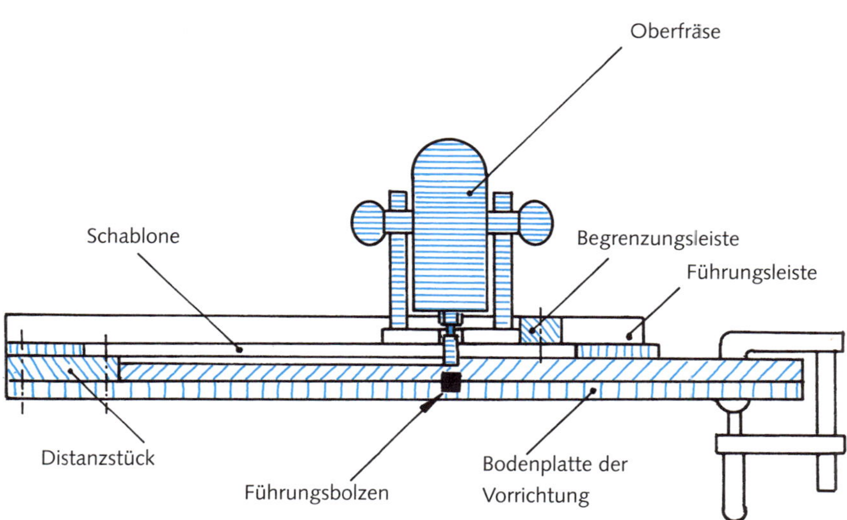

Vertikalschnitt: Werkstück mit Fräsvorrichtung; der Führungsbolzen befindet sich unter dem Werkstück; die Oberfräse wird zwischen Führungsleisten bis zu einer Begrenzungsleiste geführt.

Diese Kreisfräsvorrichtung wird verwendet, um Fräsungen vom Rand bis zur Mitte von Rundplatten herzustellen. Der Führungsbolzen befindet sich bei dieser Vorrichtung unter der Platte, sodass das Werkstück nicht beschädigt wird. Die Vorrichtung besteht aus dem oberen Multiplexstreifen (mit Langloch) mit Seitenführungsleisten für die Oberfräse und einem unteren Streifen, der den Führungsbolzen aufnimmt, der unter der Rundplatte befestigt wird. Der untere und der obere Plattenstreifen sind durch ein Distanzstück miteinander verbunden, das genau der Materialstärke des zu bearbeitenden Werkstücks entspricht. Die Vorrichtung wird mit einer Schraubzwinge fixiert.

5.13 Verstellbare Fräsbrücke

Schrägfräsungen in gleichmäßigen Abständen

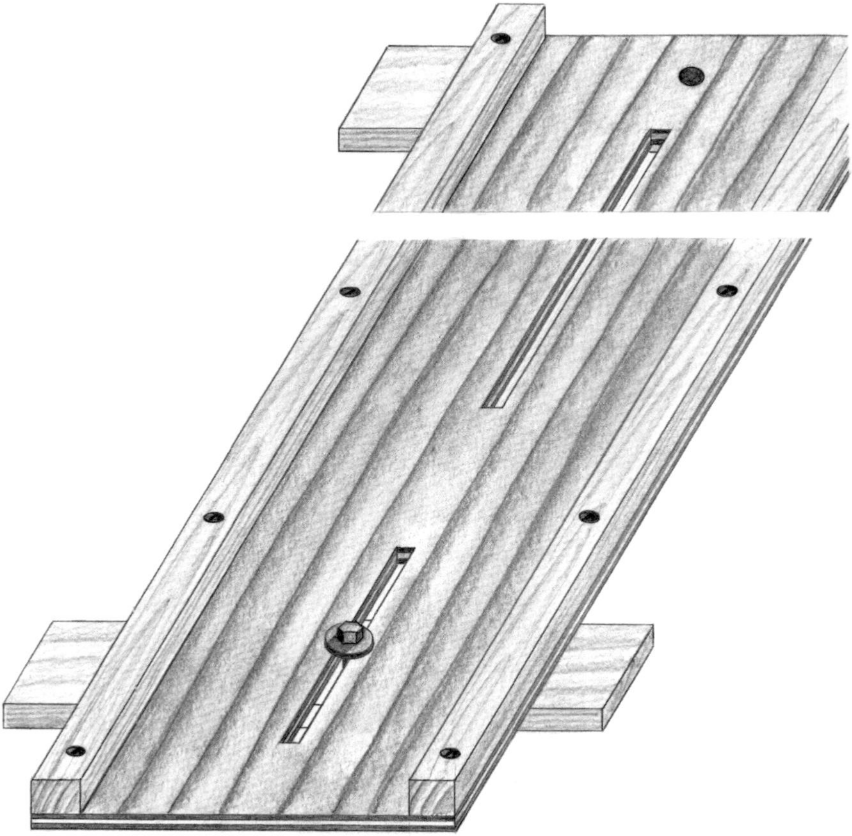

Ansicht: Fräsbrücke mit Seitenleisten zur Oberfräsenführung; ein Ende mit Bolzenaufnahme, das andere mit Bolzenverstellmöglichkeit, um parallele Schrägfräsungen herstellen zu können

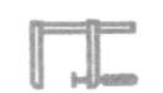

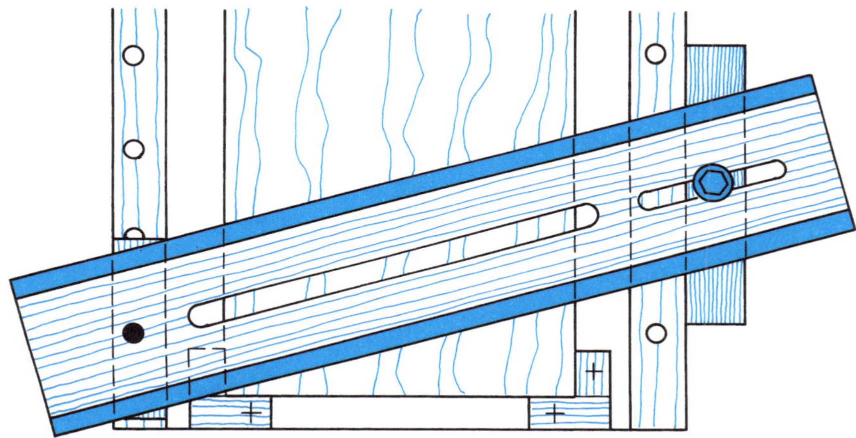

Draufsicht: Fräsbrücke mit Schrägverstellung

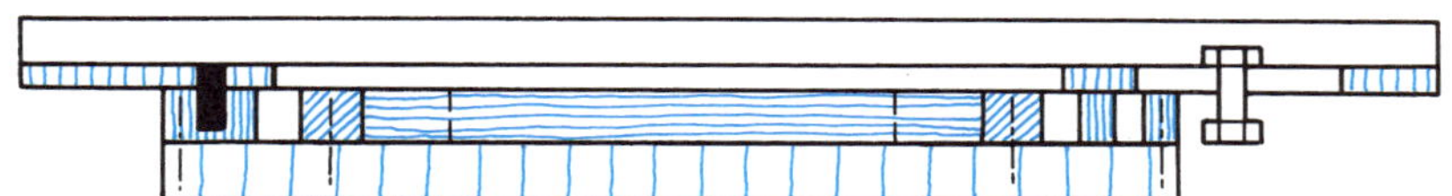

Vertikalschnitt: Schablonenstreifen, einseitig mit Bolzen in Lochleiste befestigt; Begrenzung auf der anderen Seite durch Leiste im Langloch, an das Werkstück geschoben

Auf beiden Seiten des Werkstücks werden Lochleisten mit Abstandsbohrungen befestigt. Die Fräsbrücke wird mittels Bolzen in einer Bohrung der seitlichen Lochleisten befestigt. Die andere Seite der Fräsbrücke hat ein Langloch angearbeitet, sodass mit einer Flügelschraube ein verstellbarer Anschlag fixiert werden kann. So ist es möglich, unterschiedliche Schrägen festzulegen und durch Versetzen der Brücke in die nächste Positionsbohrung der Lochleisten sehr rationell parallele Fräsungen auszuführen.

5.14 Eintauchfräsvorrichtung

Für Fräsungen, die in einer vorgegebenen Schräge in das Material eintauchen

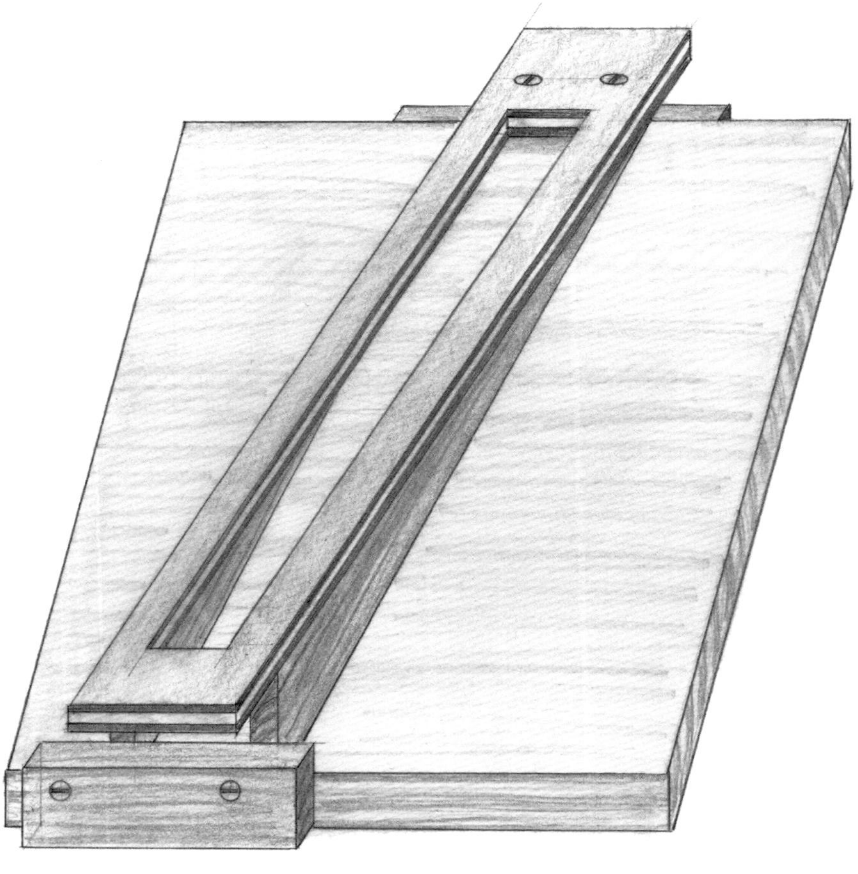

Ansicht: Werkstück mit Schrägfräsvorrichtung (Vorrichtung ist verschiebbar)

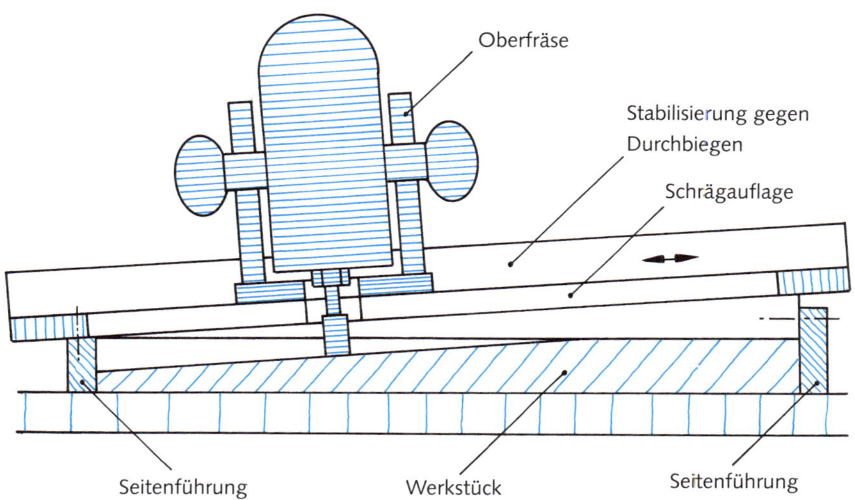

Vertikalschnitt: Schrägfräsvorrichtung mit Schrägauflage, Oberfräse und Schrägunterlage sowie Seitenführungen

Die Vorrichtung besteht aus einem Multiplexstreifen mit einem Ausschnitt und untergeschraubten, keilförmigen Leisten. Die Oberfräse wird mit einem Kopierring bestückt beziehungsweise zwischen zwei seitlichen Führungsleisten geführt. Zusätzlich werden noch an den Enden des Plattenstreifens Begrenzungen angebracht, mit denen die Vorrichtung am Werkstück befestigt werden kann. Die Eintauchschräge in das Werkstück wird durch die Schräge der keilförmigen Leisten bestimmt.

5.15 Zusatzfrästeller zur nachträglichen Bearbeitung von Vertiefungen

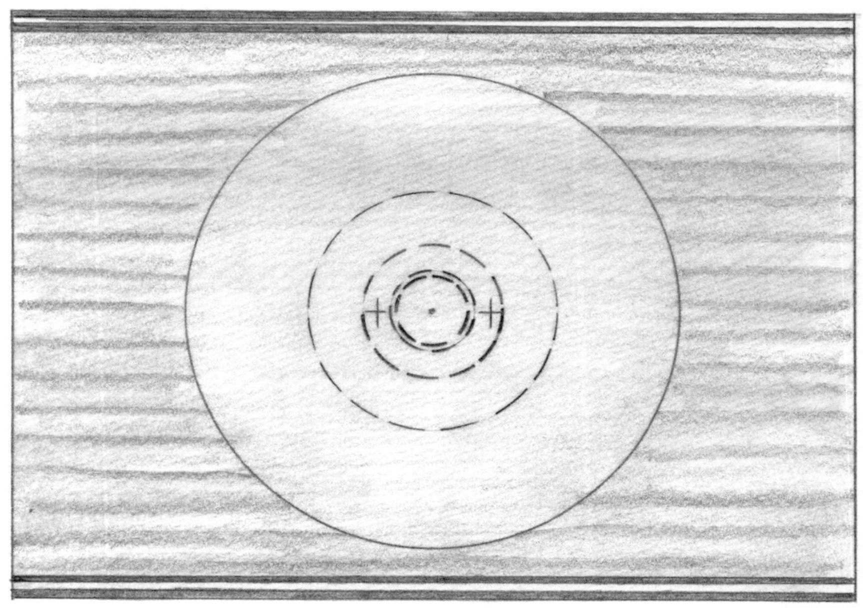

Draufsicht: Zusatzgrundplatte mit Seitenstabilisatoren gegen Durchbiegen; Bodenplatte der Oberfräse mit gedrehtem Zusatzring und montierter Kopierhülse

Die Vorrichtung wird benutzt, wenn beispielsweise in eine vertiefte Zierform innerhalb eines Werkstücks eine Bohrung oder Zusatzprofilierung eingefräst werden soll. In der Schnittzeichnung ist das eine vertiefte Zierrosette, die in der Mitte eine runde Vertiefung erhalten soll. Die Vorrichtung besteht aus einer Grundplatte aus Multiplex, die unter der Bodenplatte der Oberfräse befestigt wird. Zusätzlich wird unter dieser Grundplatte ein Ring aus Multiplex oder Hart-

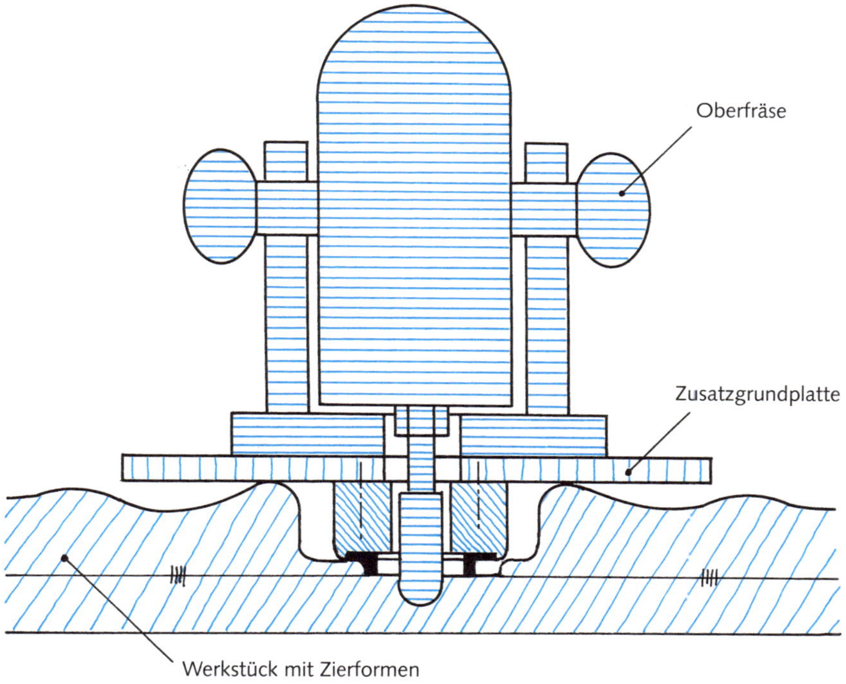

Oberfräse

Zusatzgrundplatte

Werkstück mit Zierformen

Vertikalschnitt: Oberfräse mit Zusatzgrundplatte und Werkstück mit Zierformen

holz angeschraubt. Dieser Ring ist vergleichbar mit einem Kopierring, der genau auf das notwendige Maß gefertigt wird, sodass der Ring am Rand der Originalrosette des Werkstücks entlanggeführt werden kann. Die Zusatzgrundplatte liegt dabei auf dem oberen Rand des Werkstücks auf. Beim Fräsvorgang ist wegen der kleinen Auflage darauf zu achten, dass die Oberfräse nicht seitlich abkippen kann.

5.16 Oberfräsenhobel

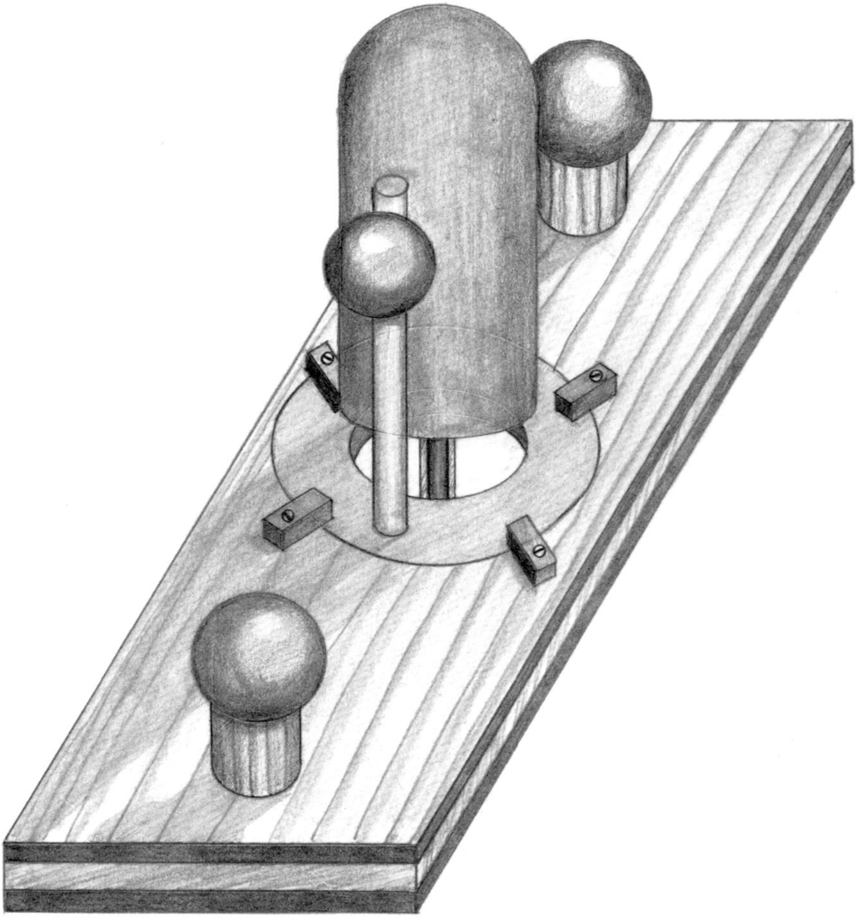

Ansicht: Oberfräsenhobel zum Arbeiten nach Anschlag oder frei geführt

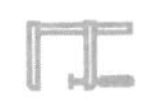

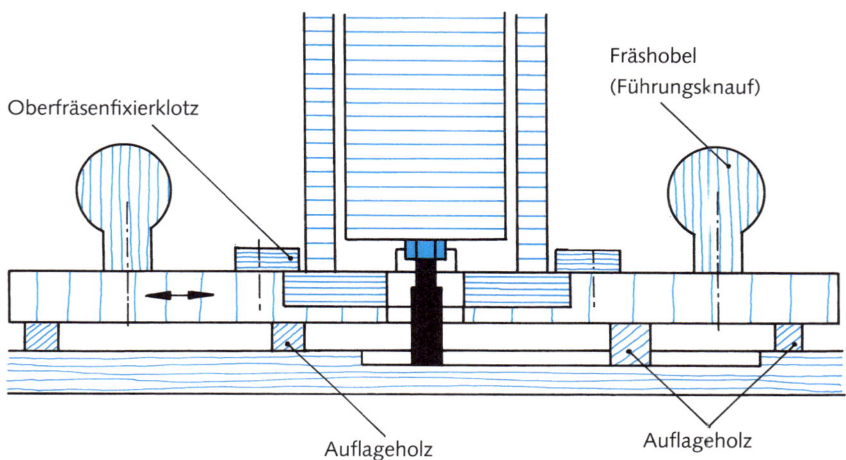

Vertikalschnitt: Fräshobel wird auf Leisten zum Ausfräsen einer Innenfläche geführt

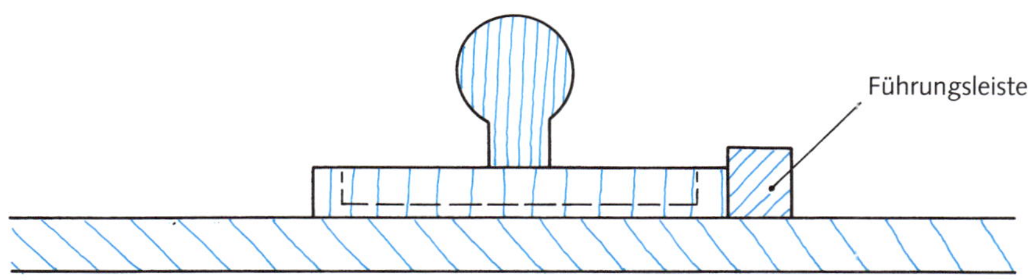

Vertikalschnitt: Fräshobel, an Leiste geführt

Der Oberfräsenhobel dient dazu, an Anlegeleisten oder anderen feststehenden Kanten entlanggeführt zu werden. Durch die beiden Halteknäufe kann die Oberfräse sehr genau und sicher, ähnlich einem Handhobel beziehungsweise einer Raubank, geführt werden. Die Vorrichtung besteht aus einem Plattenstreifen aus Multiplex, der Befestigungsvorrichtung für die Oberfräse (Halteklötzchen) und den beiden Führungsknäufen. Der Plattenstreifen sollte mindestens 19 mm stark sein, da für die Oberfräsenbodenplatte eine genaue Vertiefung gefräst werden muss. Durch das Versenken der Oberfräse hat man den Vorteil einer stabilen Grundplatte mit sehr geringen Abstand der Oberfräse zum Werkstück. Die Halteklötzchen werden mit Schnellbauschrauben in der Grundplatte fixiert. Die Führungsknäufe werden von der Unterseite her verschraubt.

5.17 Fräshobel-Kantenbearbeitungsvorrichtung

Serielle Bearbeitung v.a. großer, gerader Werkstücke

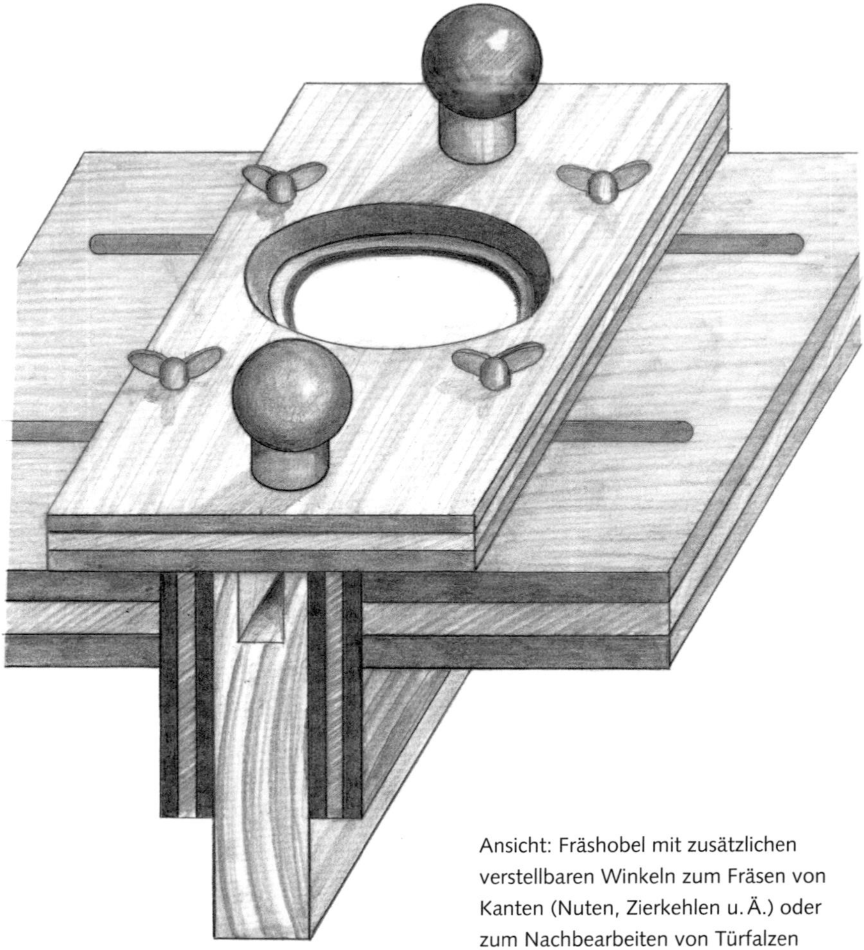

Ansicht: Fräshobel mit zusätzlichen verstellbaren Winkeln zum Fräsen von Kanten (Nuten, Zierkehlen u. Ä.) oder zum Nachbearbeiten von Türfalzen

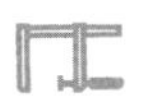

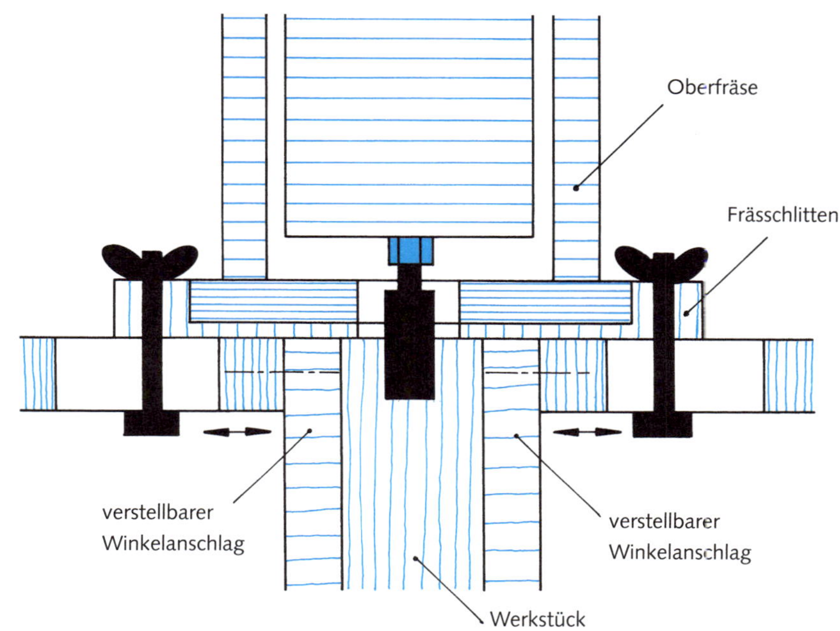

Vertikalschnitt: Fräshobel mit Winkelanschlägen auf der Grundplatte zum Fräsen in Stirnseiten von Werkstücken (z. B. Nuten, Falze, Zierprofile u. Ä.)

Die Vorrichtung dient dazu, Kanten von geraden Werkstücken sicher und genau zu bearbeiten. Dies ist vor allem bei Serienbearbeitungen von großen Werkstücken sinnvoll, aber auch bei mittelgroßen Werkstücken in Einzelanfertigung. Die Vorrichtung ist durch ihre Verstellbarkeit universell verwendbar. Die Grundplatte mit den Halteknäufen und der Vertiefung zur Aufnahme der Oberfräse entspricht genau der Vorrichtung 5.16 und kann auf die gleiche Weise gefertigt werden. Der Hauptunterschied besteht darin, dass zwei Winkelanschläge aus Multiplex mit Hilfe von Flügelschrauben mit der Grundplatte verbunden werden. In den Grundplatten sind zwei Langlöcher eingefräst, sodass darin die Flügelschrauben verstellt werden können. In der Grundplatte sind entsprechende Bohrungen angebracht, durch die die Flügelschrauben mit den Winkeln verbunden werden können. Auf diese Weise kann die Vorrichtung an unterschiedliche Werkstückstärken angepasst werden. Zusätzlich kann das Fräswerkzeug auch so eingestellt werden, dass mit einem Fräswerkzeug auch breitere Fräsungen durchgeführt werden können. Ohne die Winkel kann die Grundvorrichtung mit der Oberfräse auch als normaler Fräshobel genutzt werden.

5.18 Überblattungs- und Zapfenfräsvorrichtung

Draufsicht: Grundrahmen mit Einsetzrahmen für maßgenaue Überblattungen. Das Werkstück ist zwischen Führungen verschiebbar, der Rahmen ist auf einer Grundplatte fixiert (Kopierhülse mit Nutfräser als Schnitt gezeichnet)

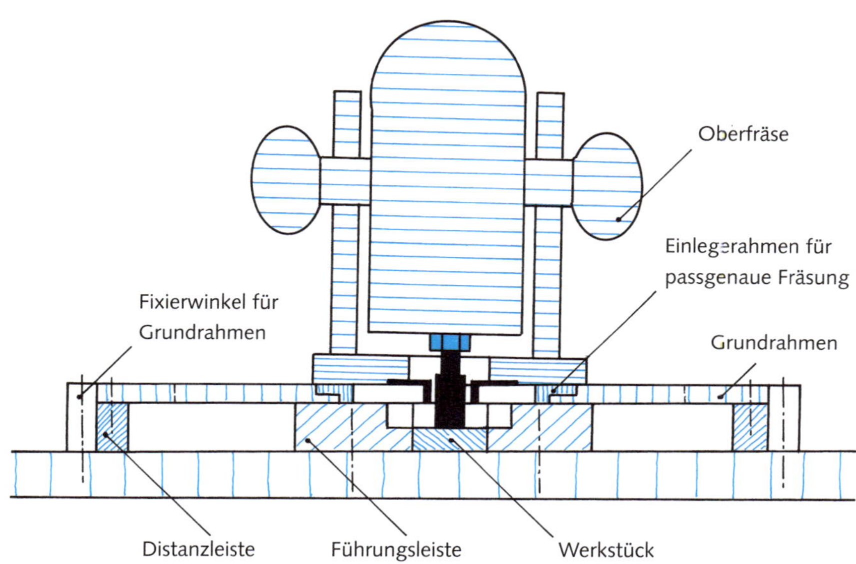

Vertikalschnitt: Oberfräse beim Vorgang des Überblattens. Grundrahmen mit Einlegerahmen, Führungsleisten und Werkstück sowie Distanzausgleich und Fixierwinkeln

Die Vorrichtung besteht aus einem Grundrahmen, der mit zusätzlichen Maß-Innenrahmen bestückt wird, die entsprechend der Fräsaufgabe gefertigt werden. Die gesamte Vorrichtung wird einschließlich des Werkstücks auf einer Grundplatte befestigt. Das Werkstück wird zwischen zwei seitlichen Führungen hindurchgeführt und mit Zwingen o. Ä. an der Arbeitsplatte fixiert. Anschließend wird der Grundrahmen genau ausgerichtet und mit Winkeln ebenfalls in Position gebracht. Der Grundrahmen wird mit Leisten so unterlegt, dass er sich auf Höhe des Werkstücks befindet. Sind alle Teile in Position, wird der Innenrahmen eingelegt und auf Genauigkeit kontrolliert. Anschließend kann die Überblattung oder der Zapfen gefräst werden. Die Oberfräse ist zu diesem Zweck mit einer Kopierhülse bestückt.

5.19 Kanten-Schrägfräsvorrichtung

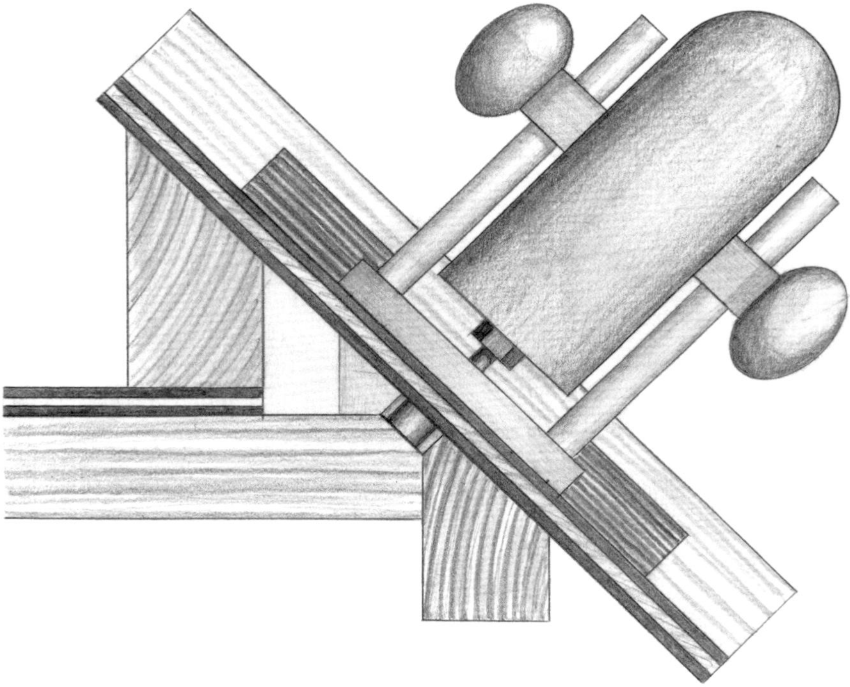

Ansicht: Werkstück mit Fräse; die obere Auflage und der Seitenanschlag sind auf der Zusatzgrundplatte montiert (die Position der Oberfräse kann durch Verschieben der Halteklötze verändert werden)

Die Vorrichtung besteht aus einer Zusatzgrundplatte aus Multiplex und zwei seitlichen Winkelleisten zur Stabilisierung der Platte. Die Oberfräse ist mit Halteklötzen an der Platte fixiert, kann aber auch auf andere Weise befestigt werden. Unter der Platte sind zwei rechteckige Winkelteile befestigt, wobei das Teil an der Kante der seitlichen Führung und das andere Teil, das auf dem Werkstück

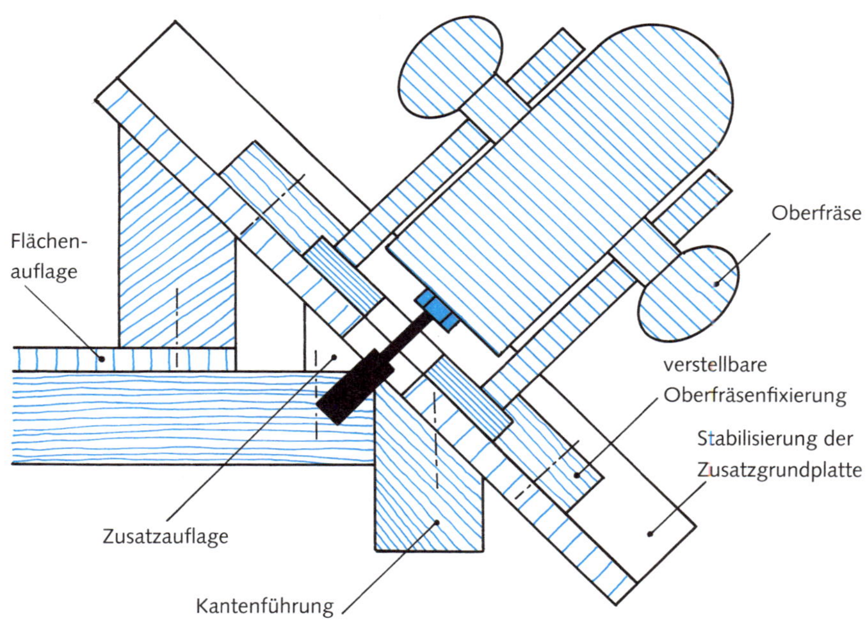

Vertikalschnitt: Schrägfräsbohrvorrichtung (baugleich wie Vorrichtung auf der gegenüberliegenden Seite)

aufliegt, der Vorgabe des Winkels dient. Unter dem Teil, das auf dem Werkstück aufliegt, ist ein Streifen aus Plattenmaterial befestigt, um eine bessere Führung beim Fräsvorgang zu haben. Bei Bedarf kann auf diesem Streifen ein Führungsgriff aufgeschraubt werden. Wird die Oberfräse auf der Grundplatte verstellbar befestigt, kann das Fräswerkzeug bei gleicher Einstellung problemlos verschoben werden.

5.20 Kantenausbesserungsvorrichtung

Entfernen beschädigter Umleimerkanten, mit teilweise fehlenden Stücken

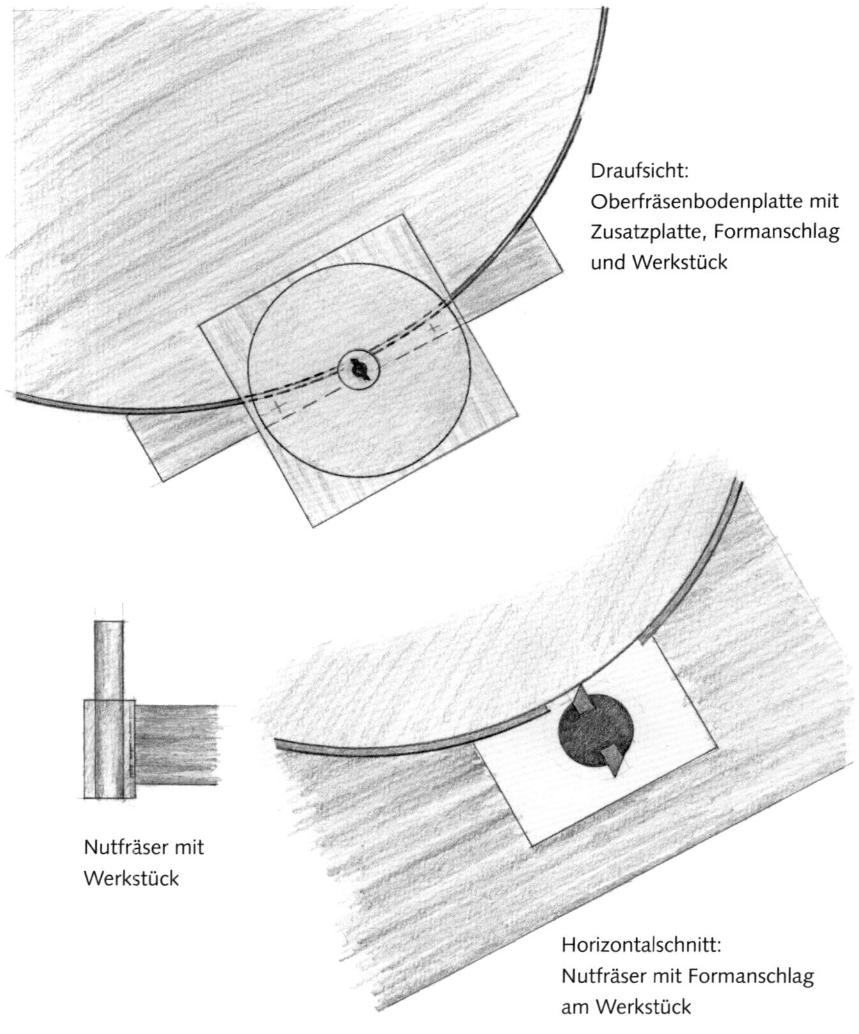

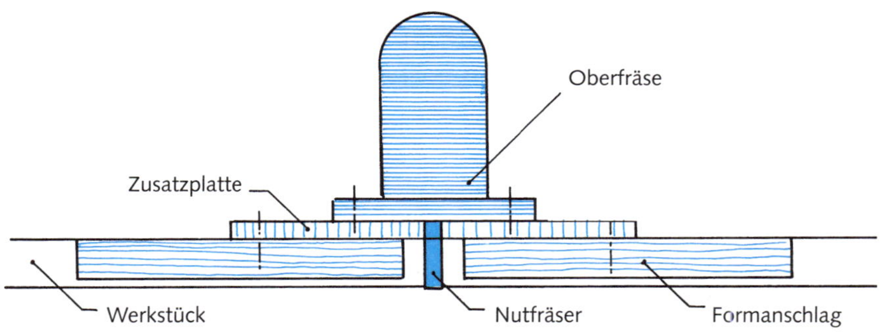

Vertikalschnitt: Formanschlag in Längsansicht mit Zusatzplatte

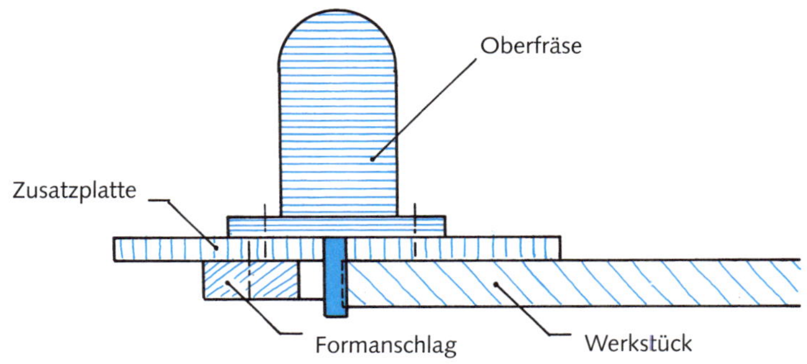

Vertikalschnitt: Formanschlag von der Seite beim Abfräsen einer Furnierkante sowie Zusatzplatte

Die einfach herzustellende Vorrichtung besteht aus einer Zusatzplatte aus Multiplex, die mit der Bodenplatte der Oberfräse verbunden wird. Unter die Platte wird ein Negativstück (Formanschlag) des runden Werkstücks geschraubt. Dieses muss relativ lang sein, um auch größere Fehlstücke des Umleimers überbrücken zu können. Mit dieser großzügigen Anlegefläche kann der Umleimer relativ problemlos weggefräst werden. Wichtig ist allerdings, dass gegen Ende des Fräsvorgangs auf die bereits weggefräste Kante ein Distanzstück geklebt wird, das genau der Stärke des weggefrästen Materials entspricht. Die Vorrichtung kann so eingestellt werden, dass sie die alte Leimschicht direkt mit abfräst, sodass der neue Umleimer wieder gut festgeleimt werden kann. Beachte: Die Auflage auf der Platte muss groß genug sein, um die Vorrichtung sicher und ohne Abkippen führen zu können.

5.21 Positiv-Negativ-Fräsvorrichtung

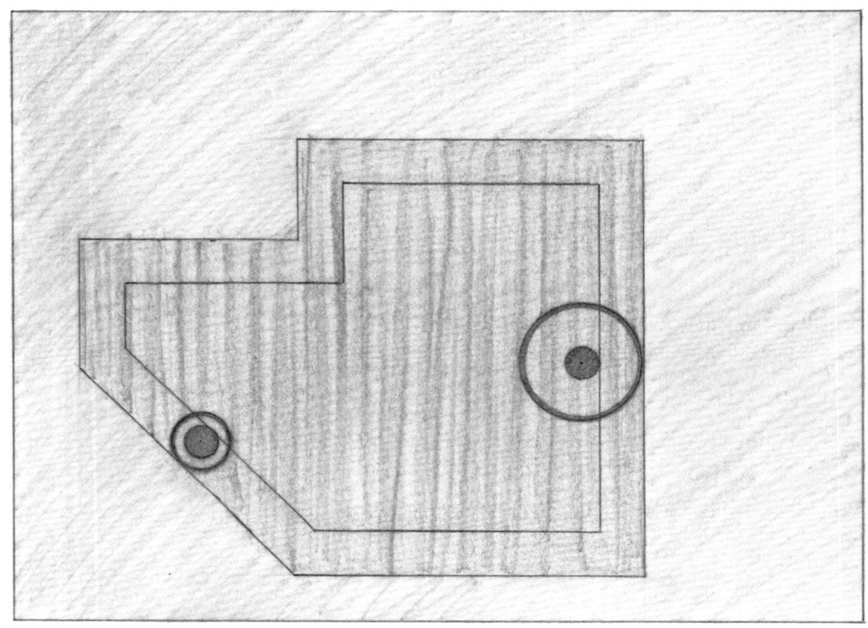

Draufsicht: Schablone mit Formausschnitt sowie Werkstück mit Fräslinie und im Schnitt dargestellte Kopierhülsen mit Nutfräser

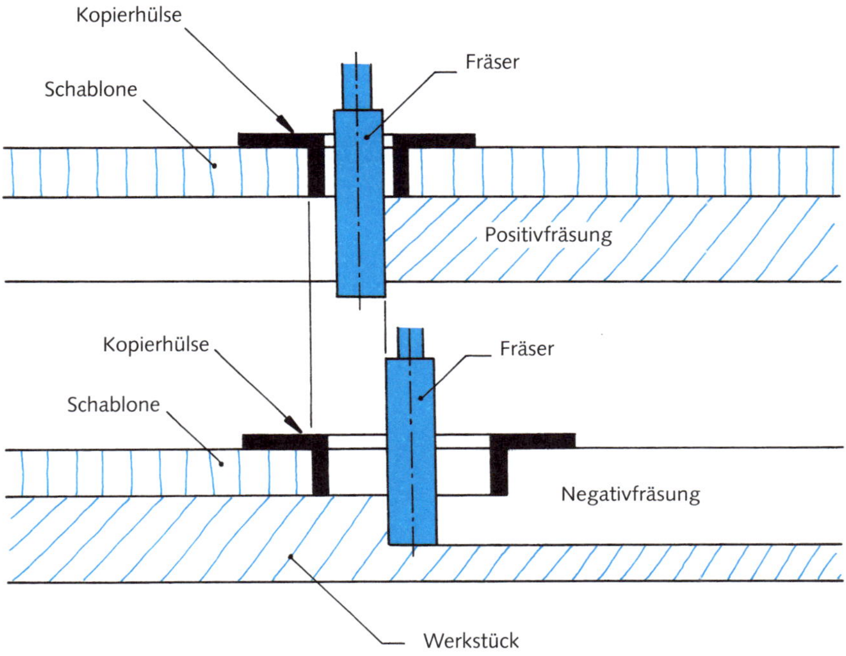

Vertikalschnitt: Fräser, Kopierhülsen, Werkstück in Positiv- und Negativfräsung

Mit dieser Vorrichtung, die aus der Kombination zweier Kopierhülsen besteht, können mit einer Formschablone sowohl ein Negativ- als auch ein Positivstück gefräst werden. Grundvoraussetzung dieser Vorrichtung ist ein Nutfräser mit Wechselklingen. Dies ist deshalb notwendig, da nachgeschliffene Fräser sich in ihrem Umfangsmaß verändern. Wie in der Bleistiftzeichnung ersichtlich, befindet sich die Kante des Fräsers einmal innen und einmal außen an der zu fräsenden Form. Die Kopierhülse wird dabei immer an der gleichen Schablone entlanggeführt. (Die Kopierhülsen sollten in diesem Fall mit einer Drehmaschine in einer Metallwerkstatt hergestellt werden, da es auf absolute Genauigkeit ankommt.) Ausgerüstet mit Fräser und den beiden Kopierhülsen sind verschiedenste Aufgaben in der Herstellung von Positiv- und Negativformen möglich.

       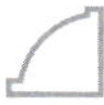   

5.22 Spezialvorrichtung zur nachträglichen Bearbeitung von Zierrosetten u. Ä.

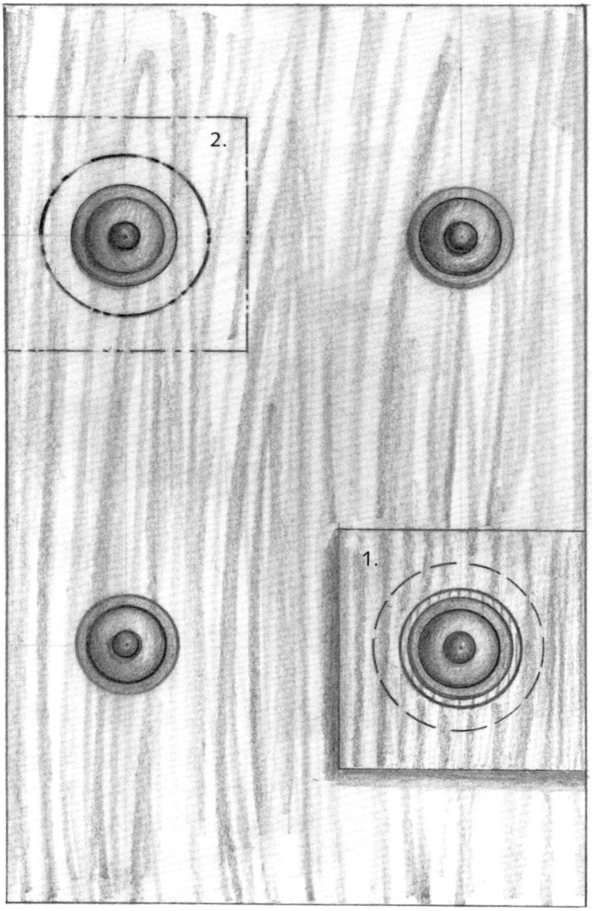

Draufsicht: Türblatt mit vier großen Zierrosetten:
1. Aufgelegte Schablone mit Ausschnitt zur Bearbeitung mit Formfräsern und Kopierhülse
2. Schablone mit Passring

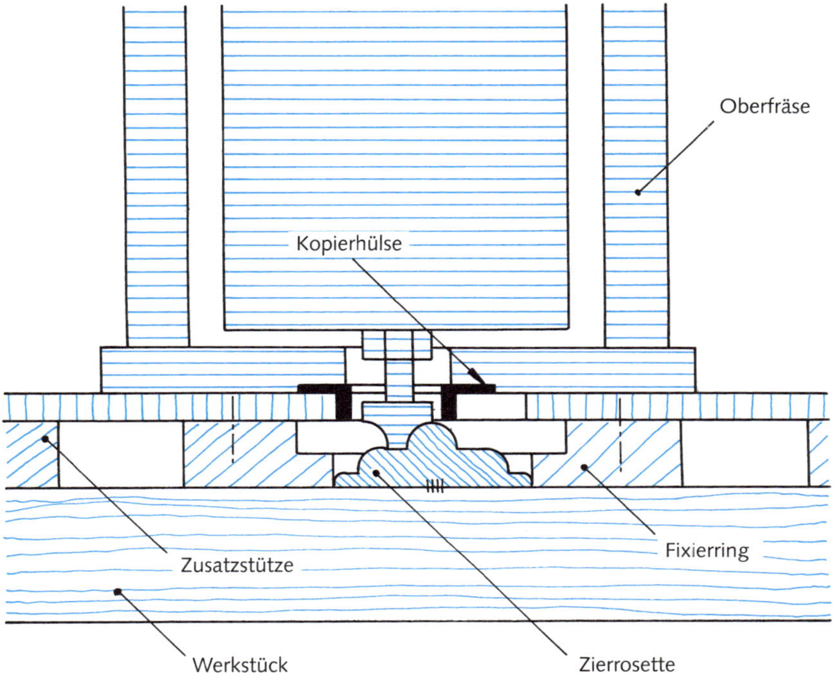

Vertikalschnitt: Oberfräse, Kopierhülse, Zierform und Werkstück

Die Vorrichtung besteht aus einem Doppelring: dem unteren, kleineren, an dem ein Falz angearbeitet ist, und einem zusätzlichen Ring aus Multiplex, an dem die Kopierhülse entlanggeführt wird. Der kleinere Ring wird um die Rosette gelegt, wobei es wichtig ist, dass der Ring spielfrei gefertigt ist, um genaue kreisförmige Fräsungen zu ermöglichen. Anschließend kann der obere Ring mit der Kopierhülse umfahren werden, sodass genaue Formen hergestellt werden können. Die Ringe werden mit einer Kreisfräsvorrichtung genau nach Maß gefräst und miteinander verleimt beziehungsweise verschraubt. Durch den Einsatz unterschiedlicher Fräser und Kopierhülsen kann die Vorrichtung sehr variabel eingesetzt werden. Mit ihr lassen sich auch neue Zierrosetten fertigen, wenn genaue Kreisscheiben auf einer Arbeitsplatte festgeleimt werden. Wird ein Karton mit festgeleimt, kann die fertige Rosette ohne Probleme wieder von der Unterlage entfernt werden.

5.23 Langloch-Fräsvorrichtung

Fräsen mehrerer Langlöcher in gleicher Länge

Ansicht: Fräsvorrichtung zum Fräsen von Langlöchern; Auflage und Führung des Werkstücks sowie die Stabilisatoren sind untereinander fest verbunden.

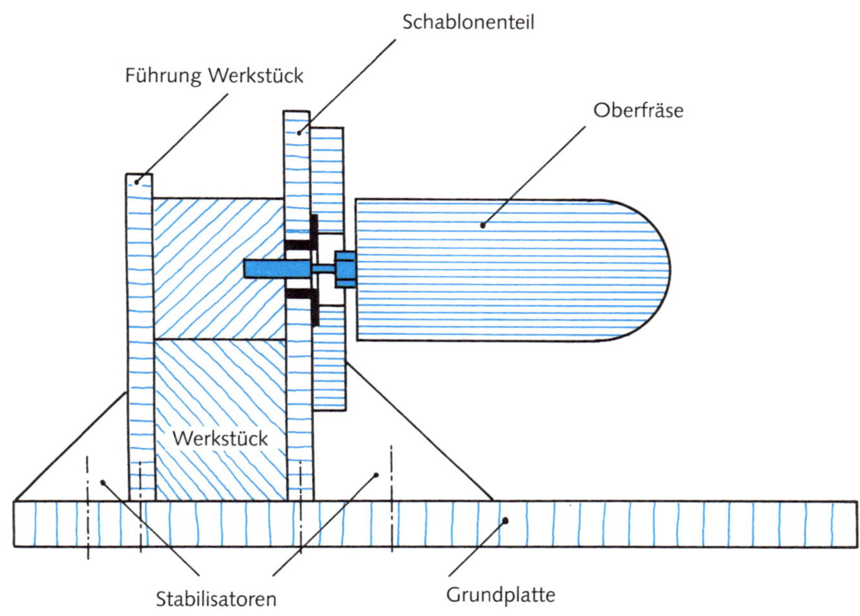

Vertikalschnitt: Langloch-Fräsvorrichtung aus Schablonenteil, Oberfräse, Führung und Stabilisatoren sowie das Werkstück

Die Fräsvorrichtung besteht aus einer Grundplatte aus einem Plattenwerkstoff. Auf diese Platte wird ein Winkel aus Multiplex aufgeschraubt. In der Platte befinden sich in den entsprechenden Abständen Langlöcher, durch die eine passende Kopierhülse gesteckt werden kann. Das Werkstück wird mit Ausgleichshölzern so unterlegt, dass die richtige Fräshöhe erreicht wird. Anschließend wird von der anderen Seite ein Plattenwinkel befestigt, sodass das Werkstück spielfrei geführt und beim Fräsvorgang fixiert werden kann. Nach Bedarf kann diese Vorrichtung auch in größerer Länge hergestellt werden, sodass das Werkstück nicht immer wieder verschoben werden muss. Außerdem ist es möglich, die Langlöcher senkrecht oder schräg zu fertigen, sodass damit auch Leiterholme oder Lamellentüren u. Ä. gefertigt werden können.

5.24 Schlittenfräsvorrichtung zum Fräsen von Schrägen

Rationelles Fräsen in schmale Werkstücke wie Leiterholme o. Ä.

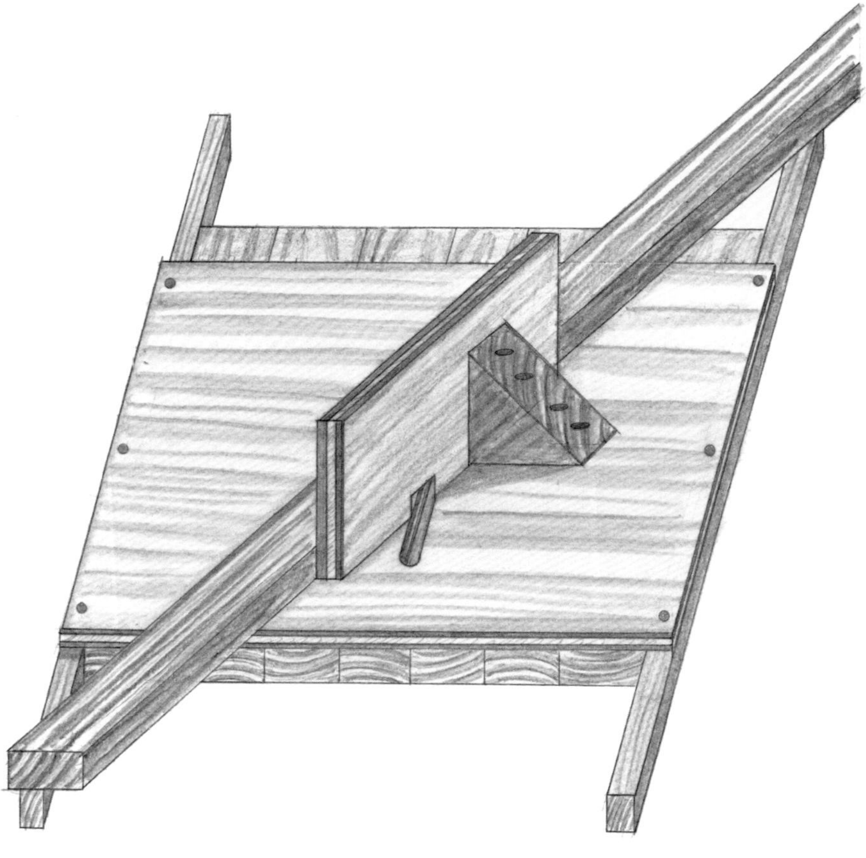

Ansicht: Frässchlitten mit Seitenführung und Positionsanschlag zum Befestigen des Werkstücks sowie Arbeitsplatte zur Befestigung der Oberfräse

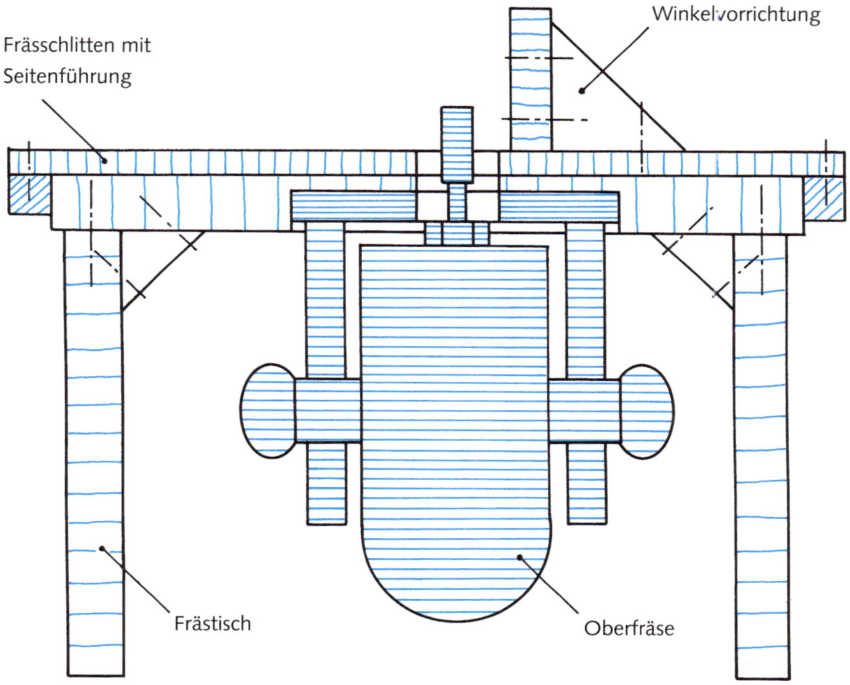

Winkelvorrichtung

Frässchlitten mit Seitenführung

Frästisch

Oberfräse

Vertikalschnitt: Frässchlitten, Führungen, Oberfräse

Die Vorrichtung besteht aus einem einfachen Frästisch in U-Form, der aus einer Multiplexplatte und zwei angeschraubten Winkelstücken besteht, und der Schlittenvorrichtung. Die Schlittenvorrichtung besteht aus einer dünnen Multiplexplatte mit zwei angeschraubten Führungslatten, die am Frästisch entlanggeführt werden. In der Platte befindet sich ein Langloch, durch das der Nutfräser oder ein anderes Fräswerkzeug nach oben kommt. In entsprechender Schräge wird oben auf der Platte ein Schräganschlag befestigt. An diesem Winkelanschlag wird das Werkstück fixiert und der Schlitten dann über den Fräser geführt. Durch Verschieben des Werkstücks können entsprechende Schrägfräsungen ausgeführt werden.

5.25 Führungsvorrichtung zum Nachfräsen von Kanten von Verschalungen

Nachträgliches Fasen, Abrunden oder Profilieren

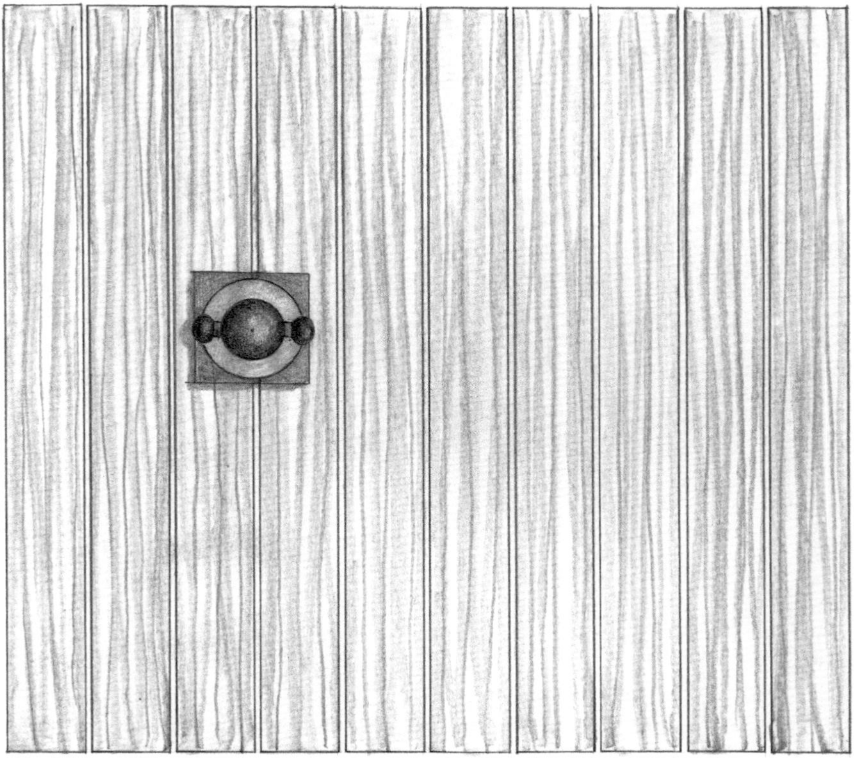

Draufsicht: Bretterwand mit Oberfräse und Zusatzgrundplatte

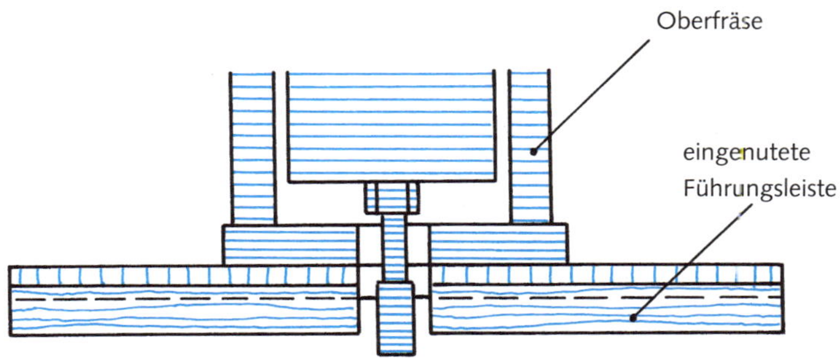

Vertikalschnitt / Seitenansicht: Zusatzgrundplatte mit Führungsleisten und Oberfräse

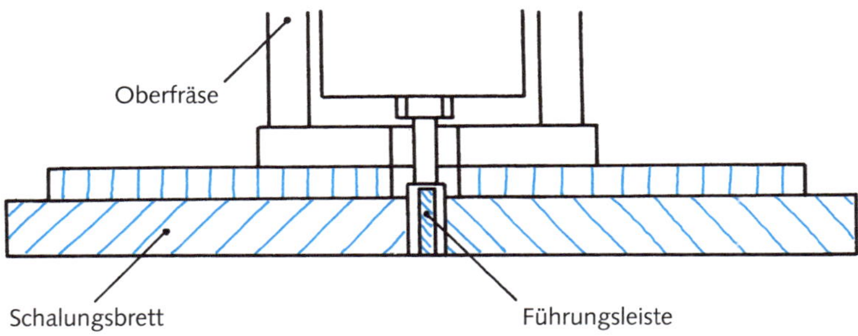

Vertikalschnitt / Seitenansicht: Zusatzgrundplatte mit Führungsleisten und Oberfräse

Die Vorrichtung besteht aus einer Zusatzgrundplatte aus Multiplex, die mit der Oberfräse verbunden wird. In die Unterseite der Platte wird eine Nut mittig zum Fräsmittelpunkt eingefräst, in die Hartholzleisten eingeleimt werden. Die Hartholzleisten sind minimal schmaler als die Lücken zwischen den Verschalungen. Diese Hartholzleisten fungieren als Führung für die Oberfräse. Die Oberfräse wird mit den Leisten in die Lücke gesetzt und an den Schalungsbrettern entlanggeführt. Dabei ist es wichtig, dass die Führungsleisten einmal links und einmal rechts geführt werden.

5.26 Kantenbearbeitungsvorrichtung

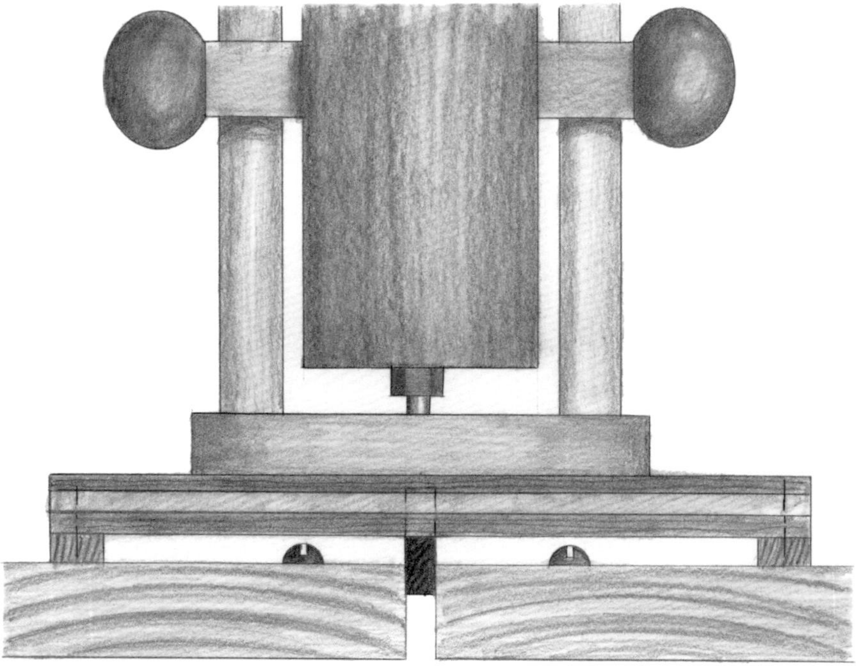

Draufsicht: Werkstückkanten und Zusatzgrundplatte mit Distanzleisten und Führungsleiste vor und hinter dem Fräswerkzeug (Fräswerkzeug aus Gründen der Übersichtlichkeit weggelassen)

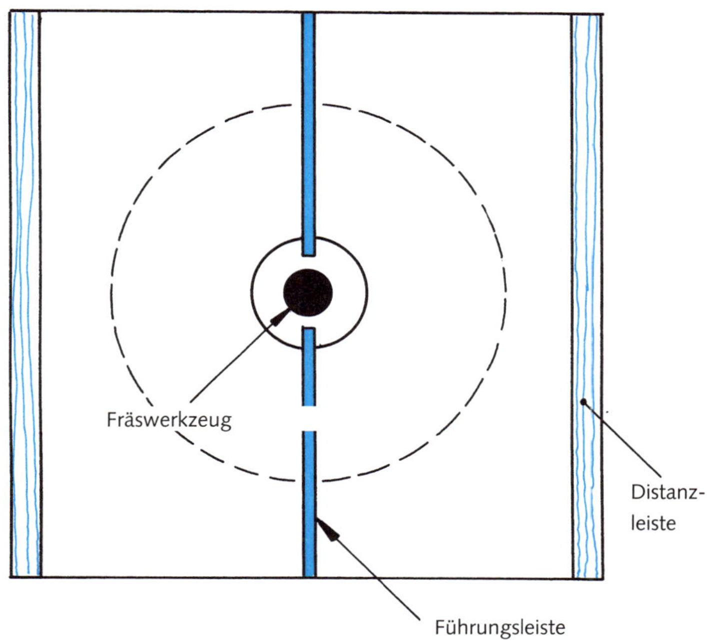

Draufsicht: Unterseite der Vorrichtung mit Fräswerkzeug, Führungsleiste und Distanzleisten

Diese Vorrichtung entspricht im Prinzip der Vorrichtung 5.25, unterscheidet sich aber dadurch, dass mit ihr auch Fräsungen an Verschalungen mit herausschauenden Rundkopfschrauben u. Ä. durchgeführt werden können. Die Vorrichtung ist in ihrer Bauweise identisch mit der Vorrichtung 5.25, hat aber noch zusätzliche Distanzleisten, sodass die Vorrichtung die Schrauben überbrücken kann. Durch den größeren Abstand müssen auch die Führungsleisten, die zwischen den Schalungsbrettern geführt werden müssen, länger als beim Vorgängermodell sein.

    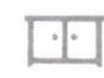     

5.27 Kantenbearbeitungsvorrichtung für geschwungene Verschalungen u. Ä.

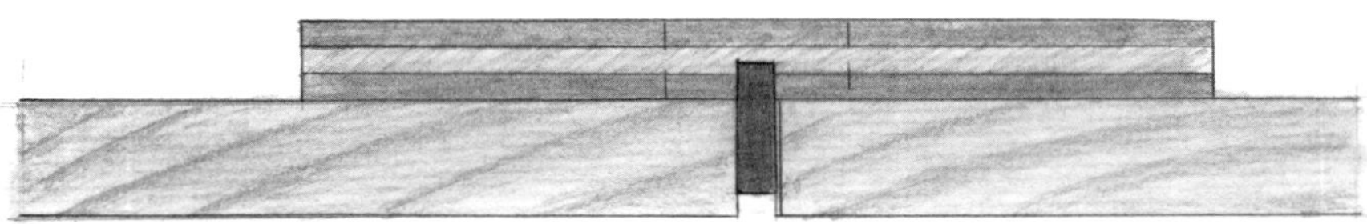

Vorher:
Vertikalschnitt: Schalungsbretter und Führungsdorn

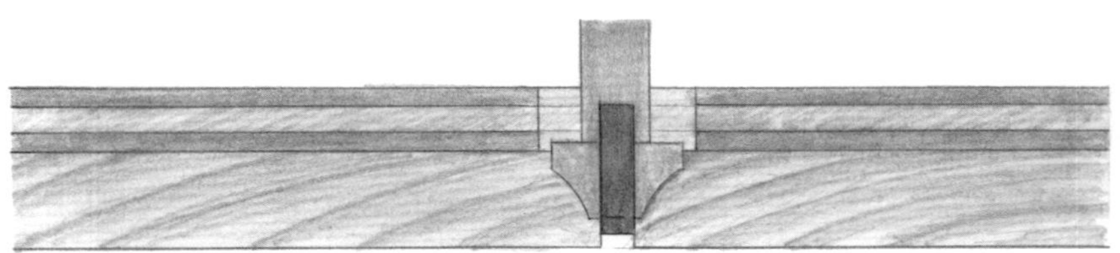

Nachher:
Vertikalschnitt: Schalungsbretter und Führungsdorn mit Profilfräser

Das Grundprinzip dieser Vorrichtung entspricht dem der Beispiele 5.25 und 5.26. Durch die gebogenen Linien ist es nicht möglich, gerade Führungen zwischen den Brettern zu verwenden. Dafür werden zwei Flacheisenstücke in die Zusatzgrundplatte eingelassen, in die jeweils ein Bolzen eingesetzt wird, der dicht am Fräser liegt. Der Bolzen wird in eine Gewindebohrung eingesetzt, die genau auf der Mittelpunktachse des Fräsers liegt. Das Flacheisen mit Bolzen

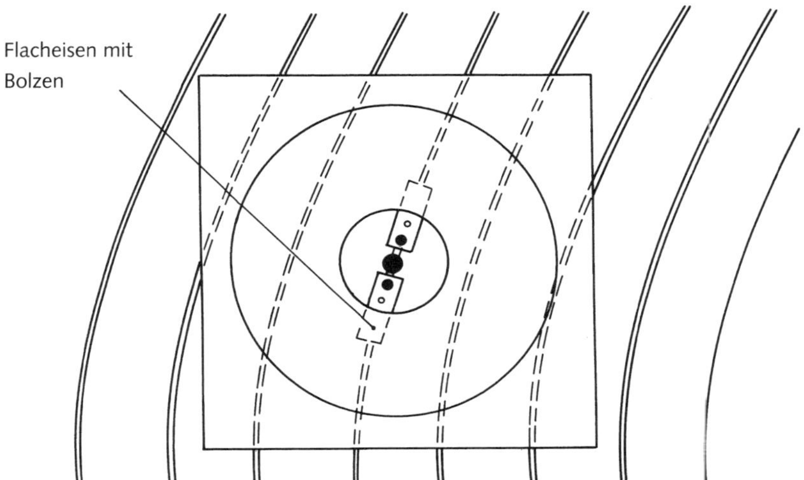

Draufsicht: Bodenplatte der Oberfräse, mit Bolzen an Zusatzgrundplatte befestigt, sowie Detail der geschwungenen Schalungsbretter

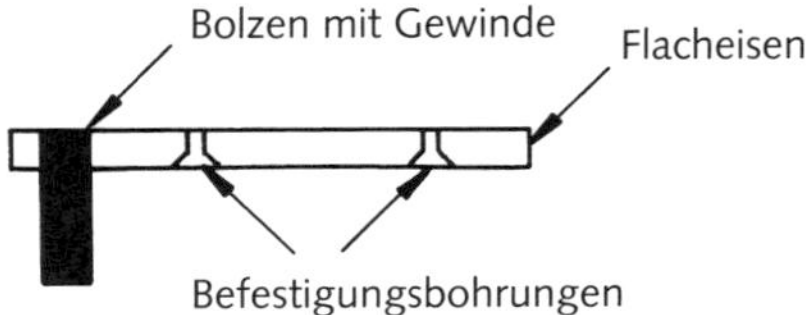

Vertikalschnitt: Flacheisen mit Bolzen

wird mit Schrauben und Muttern mit der Zusatzgrundplatte verbunden. Die Bolzen müssen im Durchmesser etwas kleiner sein als die Zwischenräume zwischen den einzelnen Schalungsbrettern. Je enger die Radien der geschwungenen Bretter sind, desto dichter müssen die Flacheisen mit den Führungsbolzen am Fräswerkzeug liegen. Bei größeren Radien können die Flacheisen weiter vom Fräswerkzeug entfernt sein. Dadurch ist die Führung dann etwas genauer.

5.28 Verschalungsfräsvorrichtung

Fräsen rechteckiger Verzierungen wie Zierkehlen in die Fläche von Schalungsbrettern

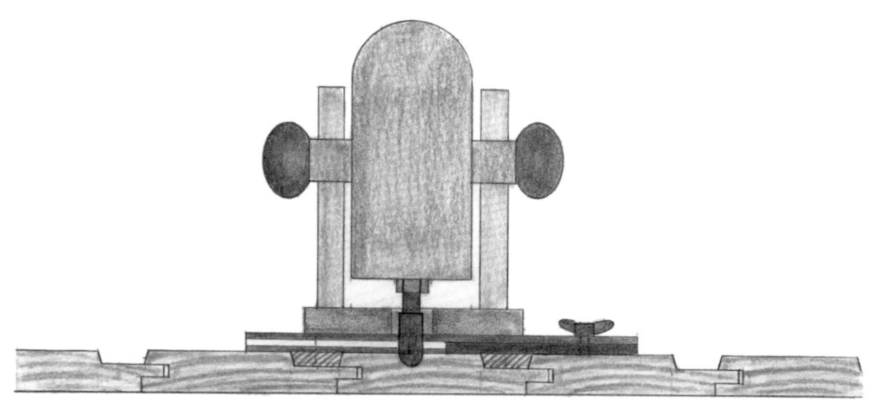

Vertikalschnitt: Oberfräse mit Zusatzgrundplatte und montierten Führungsleisten; Flacheisen mit Gewindebolzen zum Feinjustieren der Führung

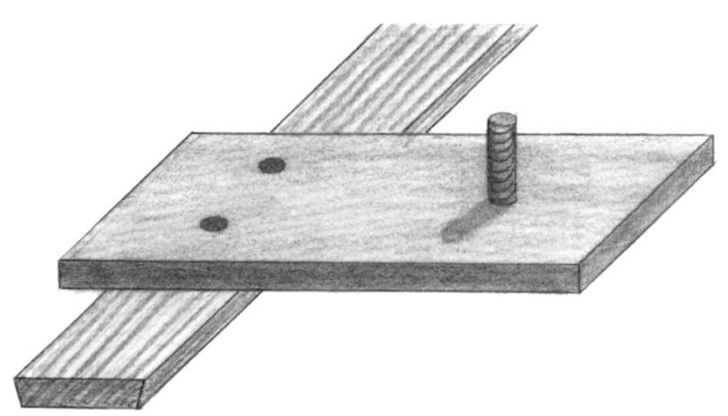

Detail: Flacheisen mit Gewindebolzen und Führungsleiste

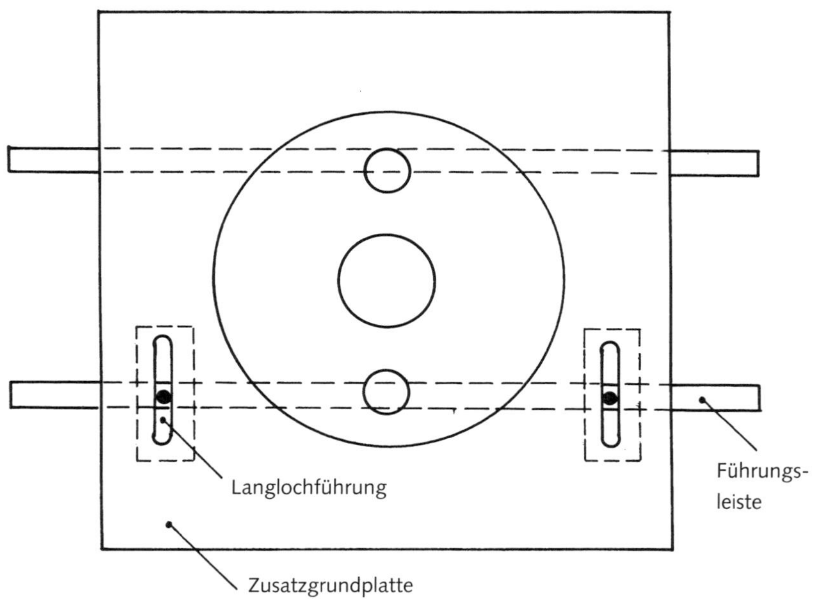

Draufsicht: Oberfräse mit Zusatzgrundplatte und Führungsleisten

Die Fräsvorrichtung besteht aus einer Zusatzgrundplatte aus Multiplex, an der die Oberfräse befestigt wird, und zwei Negativleisten der Profilform, die der Führung der Vorrichtung dienen. Eine Formleiste wird fest auf der Grundplatte montiert, während die gegenüberliegende Formleiste variabel befestigt ist, um Formdifferenzen der Schalungsbretter ausgleichen zu können. In die Grundplatte werden dafür zwei Langlöcher eingefräst. Durch diese werden Gewindebolzen gesteckt, die von oben mit Flügelschrauben fixiert werden können. In die Gewindebolzen werden Flacheisen eingeschraubt, die mit den Negativleisten der Schalungsbretter verbunden sind. Die Flacheisen sind in die Grundplatte eingelassen und haben so viel Spiel in der gefrästen Aussparung der Grundplatte, dass sie verschoben werden können.

5.29 Frässchlitten für gebogene Werkstücke

Fräsen von Zierkehlen u. Ä. in die Fläche von gebogenen, parallel geformten Werkstücken

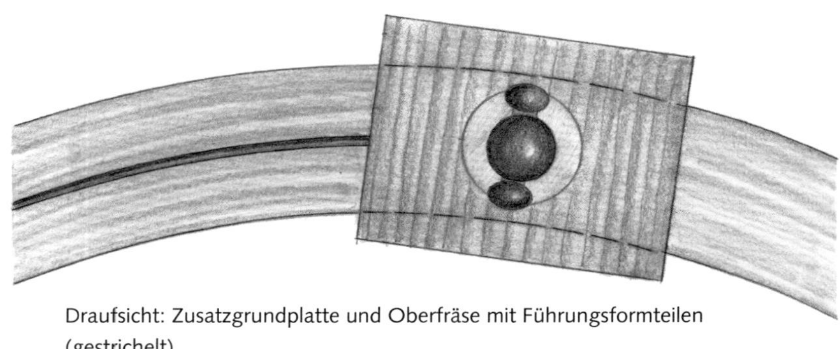

Draufsicht: Zusatzgrundplatte und Oberfräse mit Führungsformteilen (gestrichelt)

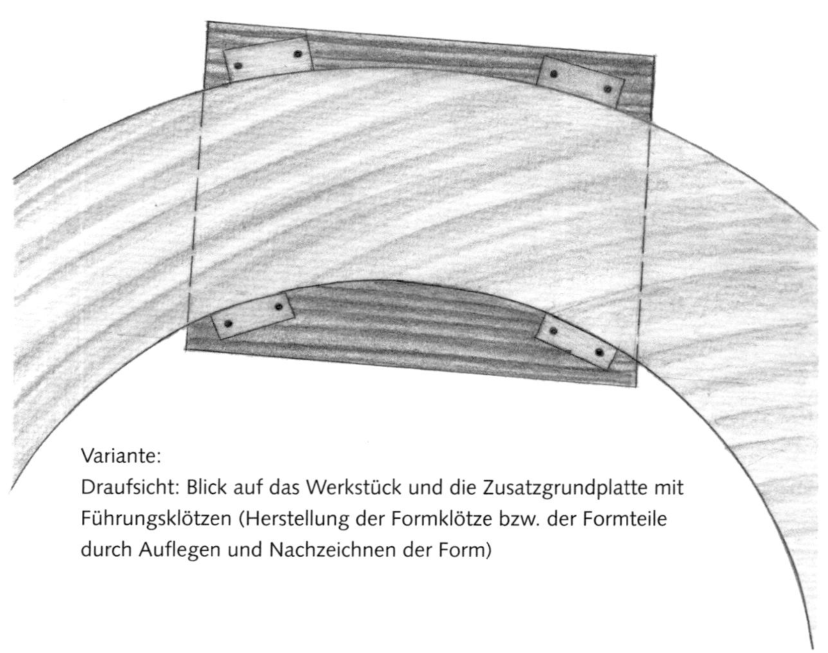

Variante:
Draufsicht: Blick auf das Werkstück und die Zusatzgrundplatte mit Führungsklötzen (Herstellung der Formklötze bzw. der Formteile durch Auflegen und Nachzeichnen der Form)

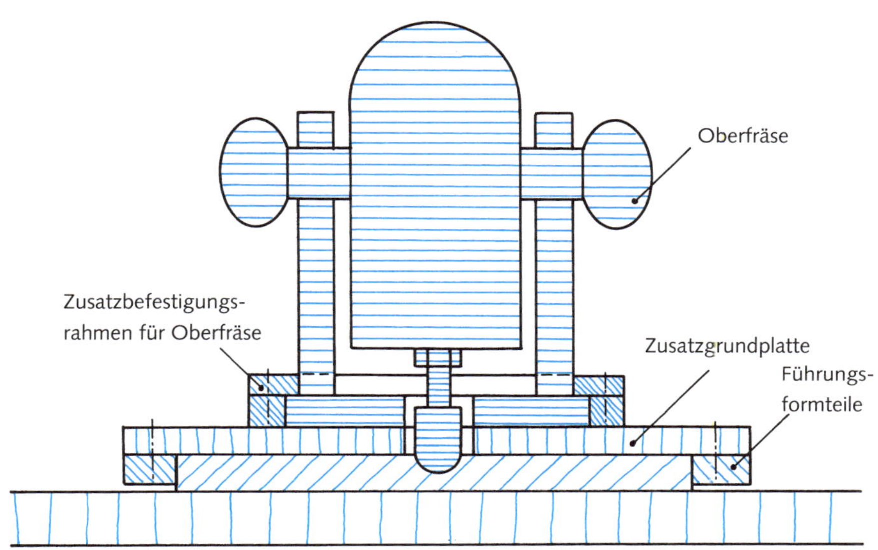

Vertikalschnitt: Oberfräse mit Befestigungsrahmen,
Zusatzgrundplatte und Formteilen

Durch die zweiseitige Zwangsführung kann das Fräswerkzeug nicht seitlich ausbrechen und das Werkstück ruinieren. Die Vorrichtung besteht aus einer Zusatzgrundplatte aus Multiplex, auf der die Oberfräse befestigt ist; außerdem aus vier Negativstücken, die sich gegenüber liegen und die unter die Grundplatte geschraubt sind. In die Grundplatte wird eine Öffnung gebohrt, die der Öffnung der Oberfräsenbodenplatte entspricht. Bei der Befestigung der Negativstücke wird erst eine Seite genau in Position verschraubt. Danach wird die Vorrichtung an das Werkstück gedrückt, und die gegenüberliegenden Negativstücke werden verschraubt. Wichtig ist, zuvor einen Streifen Papier dazwischenzulegen, damit die Vorrichtung mit leichtem Spiel geführt werden kann.

5.30 Frässchlitten für Bogenformen

Anbringen von Zierfräsungen in gleichmäßig geformte, parallele Bogenbretter

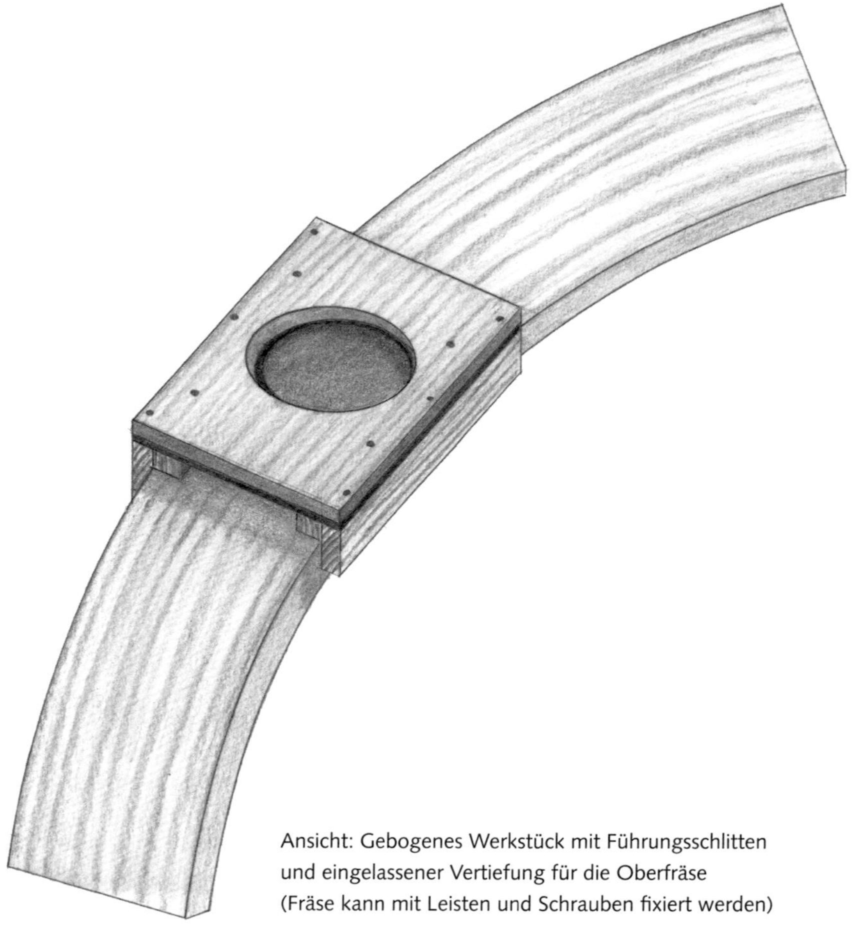

Ansicht: Gebogenes Werkstück mit Führungsschlitten und eingelassener Vertiefung für die Oberfräse (Fräse kann mit Leisten und Schrauben fixiert werden)

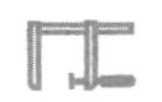

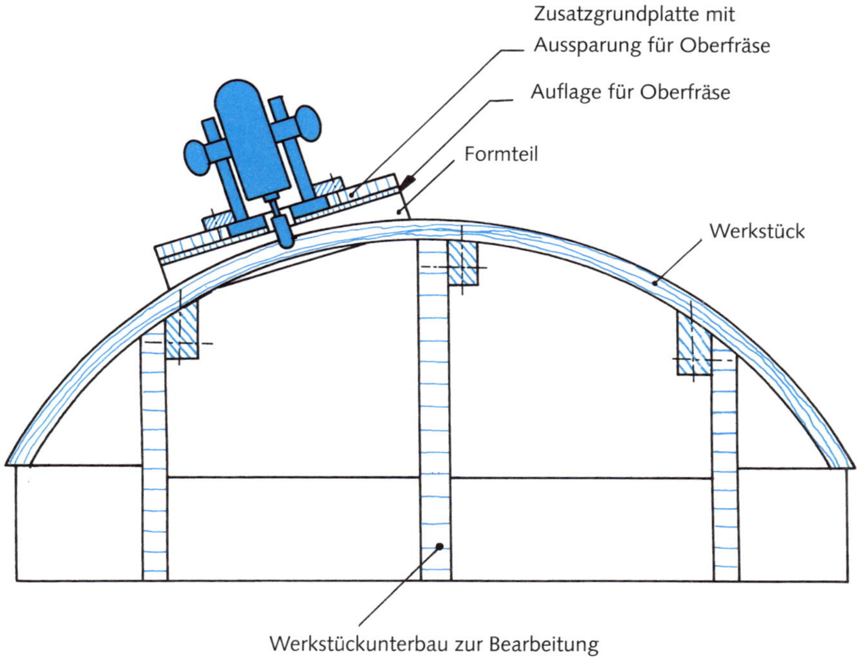

Zusatzgrundplatte mit Aussparung für Oberfräse

Auflage für Oberfräse

Formteil

Werkstück

Werkstückunterbau zur Bearbeitung

Vertikalschnitt: Werkstück mit Oberfräse, Formteil und Zusatzgrundplatte

Die Vorrichtung besteht aus einer stärkeren Multiplexplatte, in die eine Aussparung für die Bodenplatte der Oberfräse eingefräst ist. Unter der Multiplexplatte sind zwei Seitenbretter befestigt, die als seitliche Führung des Schlittens dienen. Zusätzlich werden links und rechts zwei Negativformteile unter der Platte befestigt, sodass die Vorrichtung ohne zu kippen über die Bogenform des Werkstücks geführt werden kann. Um die Bogenstücke bearbeiten zu können, muss eine Haltevorrichtung gebaut werden, wie sie bei der Schnittzeichnung zu sehen ist. Es können auch zwei Kreissegmente miteinander verbunden werden, auf der die Formbretter aufgelegt und fixiert werden.

5.31 Innenbogen-Fräsvorrichtung

Fräsen von Zierkehlen o. Ä. parallel zur Form in Innenrundungen von Werkstücken

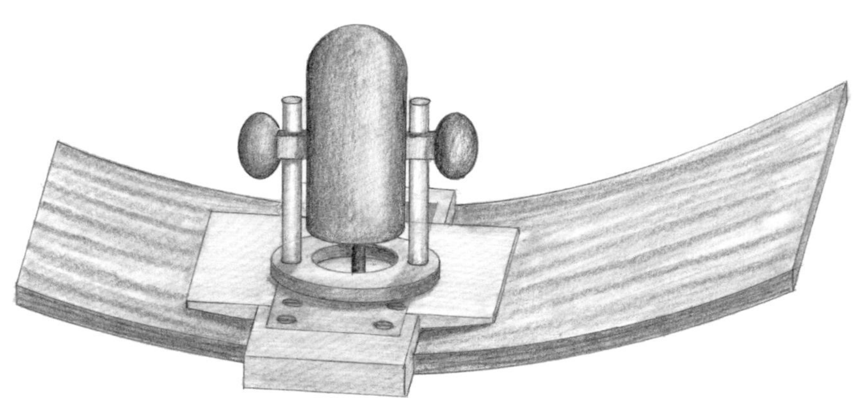

Ansicht: Gebogenes Werkstück mit Formunterlage für Oberfräse mit Seitenführungen

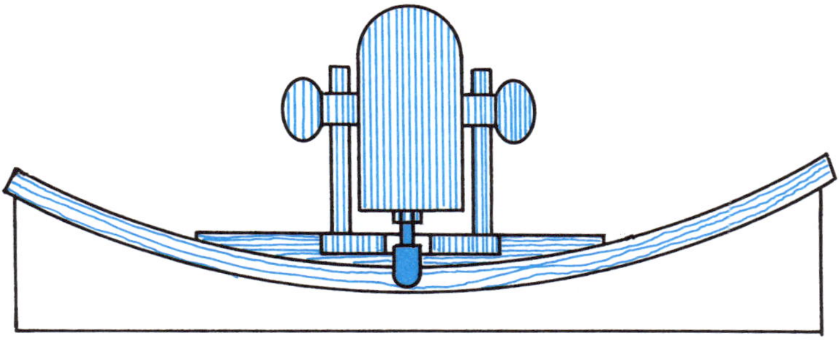

Vertikalschnitt: Gebogenes Werkstück mit Formunterlage mit eingelassener Vertiefung für die Oberfräse und Werkstückunterlage

Variante: Führung durch seitliche Leisten

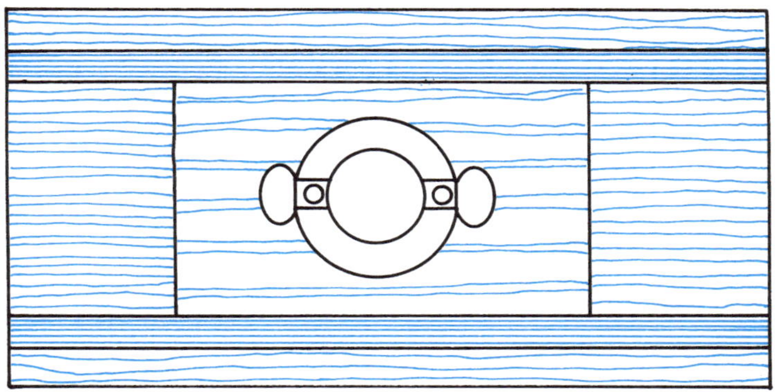

Draufsicht: Werkstück mit aufgeklebten seitlichen Leisten, Grundplatte und Oberfräse

Diese Vorrichtung ist von der Form her das Gegenstück zur Vorrichtung 5.30. Die Grundplatte entspricht der Negativform des Werkstücks. Sie wird aus einer Multiplexplatte hergestellt. Mittig wird eine Vertiefung für die Bodenplatte der Oberfräse eingearbeitet. Auf beiden Seiten der geformten Grundplatte werden Winkelstücke befestigt, die als seitliche Führung beim Fräsvorgang dienen. In der Schnittzeichnung kann man die Befestigungsvorrichtung sehr gut erkennen, die das Werkstück in Bearbeitungsposition hält.

5.32 Figuren-Fräsvorrichtung

Herausfräsen von Gegenständen aus einem Kantholz oder einem rechteckigen (quadratischen) Brettstück

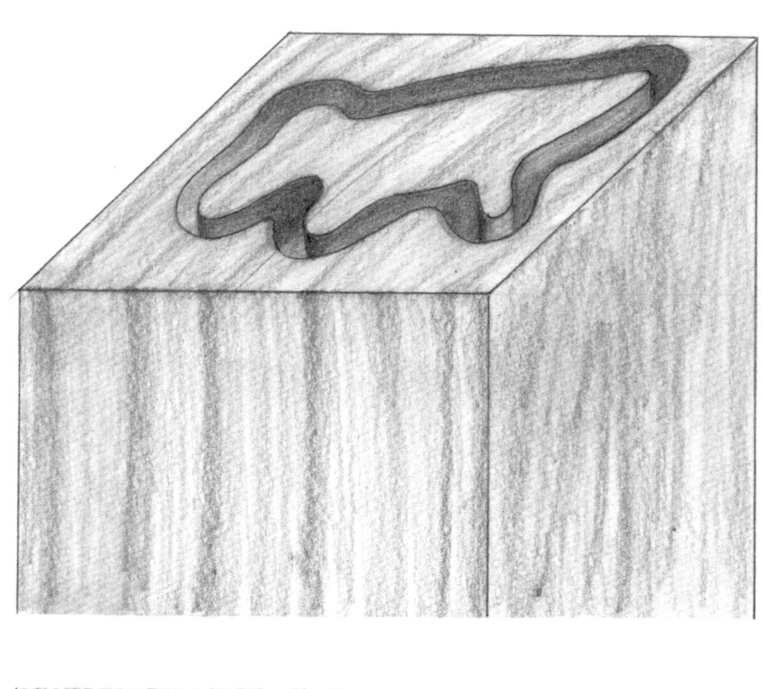

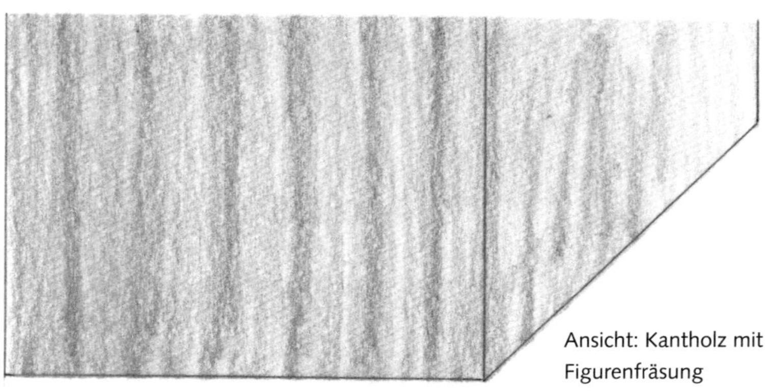

Ansicht: Kantholz mit Figurenfräsung

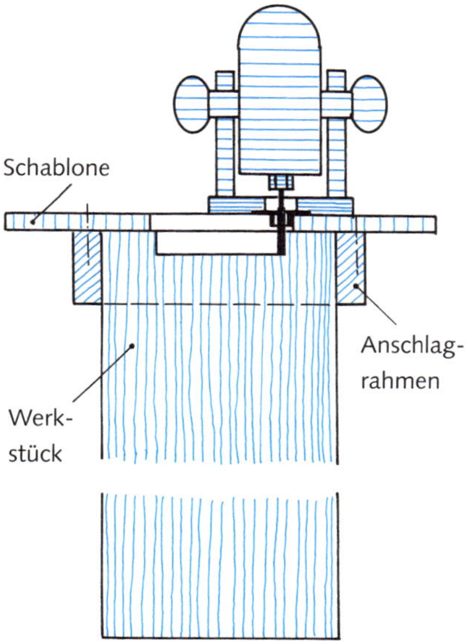

Schablone

Anschlag-
rahmen

Werk-
stück

Vertikalschnitt:
Oberfräse, Schablone,
Anschlagrahmen,
Werkstück

Variante mit Wechselschablone

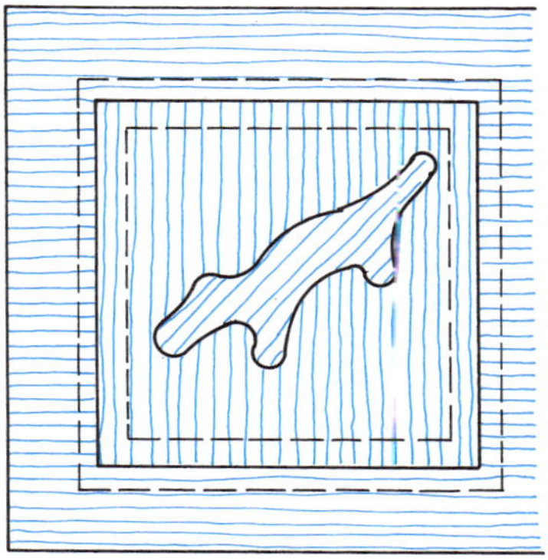

Draufsicht: Schablonenrahmen mit
Wechselschablone

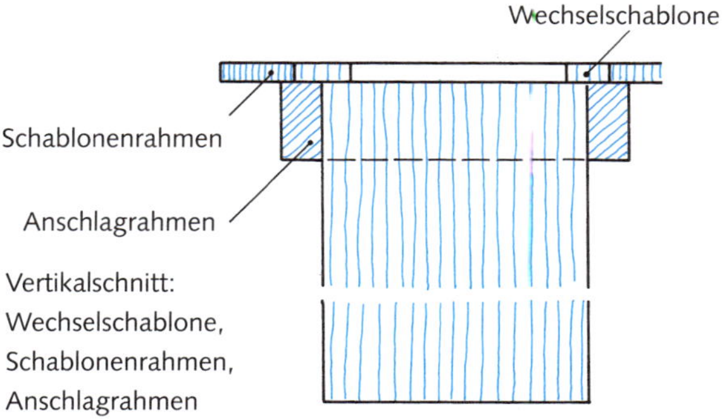

Wechselschablone

Schablonenrahmen

Anschlagrahmen

Vertikalschnitt:
Wechselschablone,
Schablonenrahmen,
Anschlagrahmen

Zuerst wird eine Schablone mit dem entsprechenden Arbeitsmotiv hergestellt. Anschließend wird ein Rahmen unter die Schablone geschraubt, der den Maßen des Kantholzes entspricht. Der Schablonenrahmen wird auf dem Balken aufgelegt, danach wird die Form mit der Oberfräse und montierter Kopierhülse herausgefräst. Nach dem Fräsvorgang wird die Schablone abgenommen und auf einer Bandsäge eine Scheibe mit dem Motiv abgesägt. Anschließend kann der Schablonenrahmen erneut aufgelegt und ein neues Motiv herausgefräst werden. Auf diese Weise können Holztiere oder anderes Spielzeug rationell hergestellt werden.

5.33 Kleinfiguren-Fräsvorrichtung

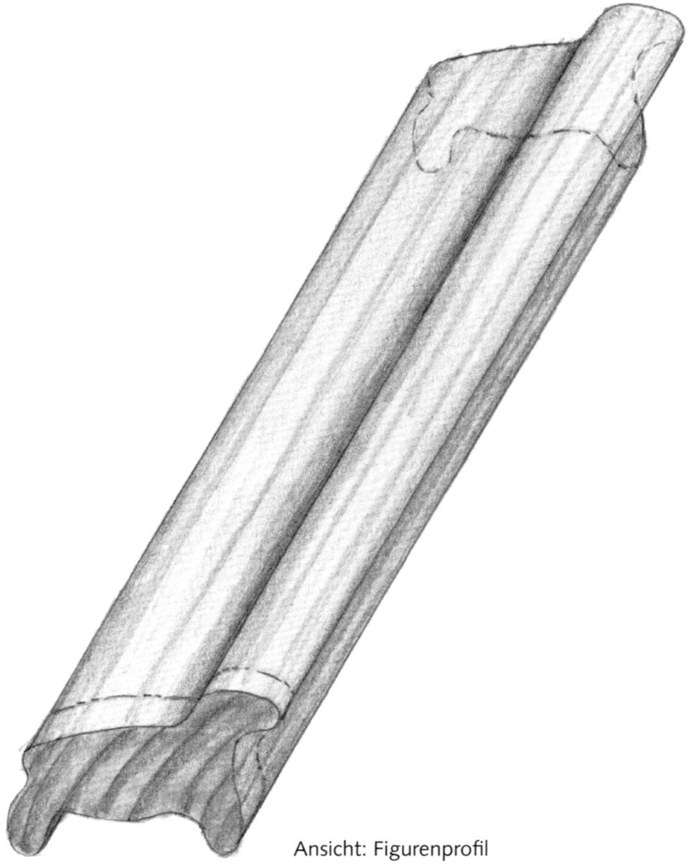

Ansicht: Figurenprofil

Mit dieser Fräsvorrichtung können Kanthölzer in eine Profilform gefräst werden, von der Kleinfiguren entsprechender Form heruntergeschnitten werden können. Sie besteht aus einer Arbeitsplatte, auf der das Werkstück mit Schrauben fixiert wird. Zusätzlich werden auf der Platte zwei Anschlagleisten befestigt, an denen der Führungsschlitten mit der montierten Oberfräse entlanggeführt wird. Der Schlitten besteht aus einer Grundplatte aus Multiplex, die auf zwei Kanthöl-

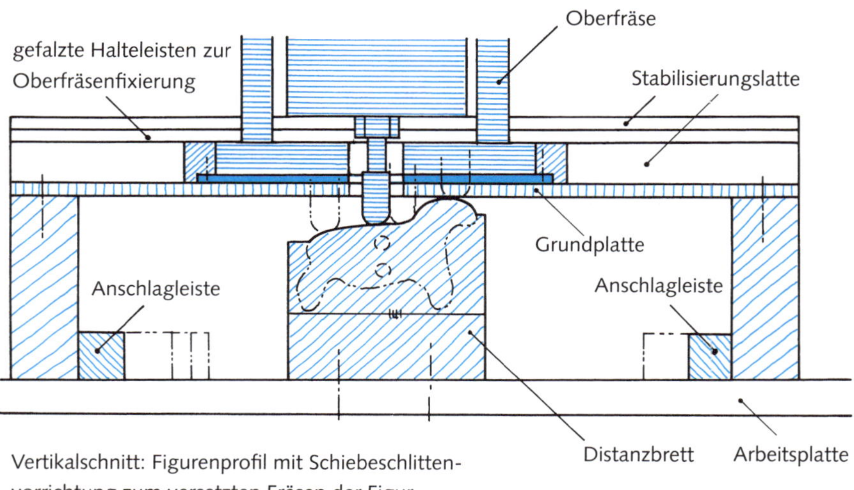

Vertikalschnitt: Figurenprofil mit Schiebeschlittenvorrichtung zum versetzten Fräsen der Figur

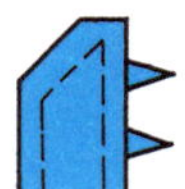
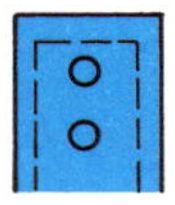

Seiten- und Vorderansicht: Aufsteckhülse für Schraubzwinge zum Fixieren des Figurenprofils

zern oder Brettern aufgeschraubt ist. Auf der (relativ dünnen) Multiplexplatte sind zwei Latten aufgeschraubt, um ein Durchbiegen der Platte zu verhindern. Die Oberfräse wird mit zwei überfalzten Leisten an der Grundplatte befestigt. Diese Befestigungsart macht es möglich, dass die Oberfräse seitwärts verschoben und dann erneut fixiert werden kann. Mit dem Versetzen der Anschlagleisten auf der Arbeitsplatte ist es dann möglich, die Oberfräse sehr variabel einzustellen. Durch seitliches Verschieben und die Höhenverstellung des Fräswerkzeugs kann die Form nach und nach herausgefräst werden. Das Werkstück wird, nachdem eine Seite fertig gefräst ist, gewendet. Wichtig: Auf beiden Seiten muss ein Steg stehenbleiben, damit das Kantholz gut auf der Grundplatte befestigt werden kann. Die Profilstege müssen anschließend noch mit Profilhobel und Schleifpapier endbearbeitet werden, bevor einzelne Formen abgeschnitten werden können.

5.34 Spezialbohrfräsvorrichtung

Fräsbohrungen und Fräsungen in Möbelzierteilen an fertigen Werkstücken

Vertikalschnitt: Rosette mit Fräswerkzeug, Zusatzgrundplatte mit Anschlagklötzen sowie Werkstück und Arbeitsplatte

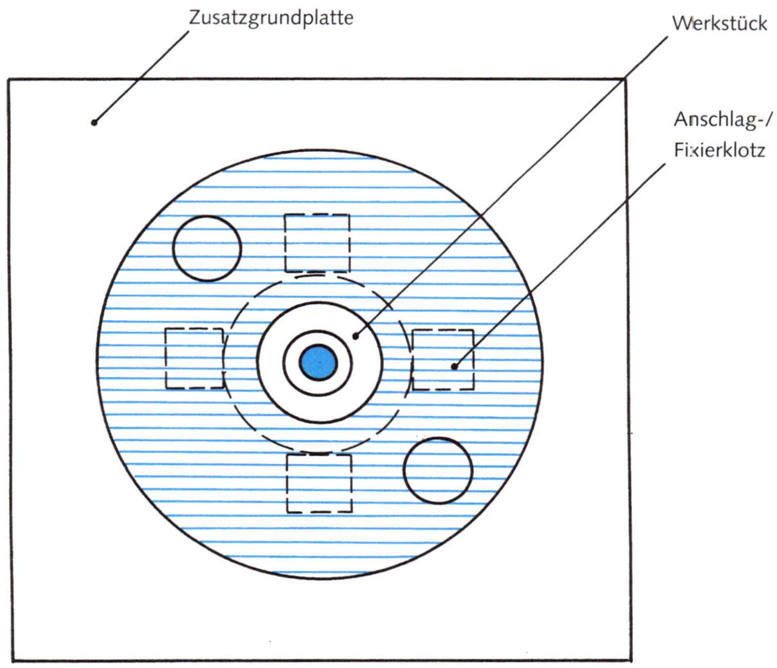

Horizontalschnitt: Zusatzgrundplatte, Oberfräse und Fräswerkzeug

Als Beispiel wurde eine Mittelpunktsbohrung in eine Zierrosette gewählt. Die Vorrichtung besteht aus einer Zusatzgrundplatte aus Multiplex, auf der die Oberfräse befestigt wird. Unter der Grundplatte sind Klötze befestigt, die der Höhe der Zierrosette entsprechen (Anschlagklötze). Die Klötze dienen dazu, den Umfang der Rosette zu begrenzen. Mit der Positionierung von Klötzen um ein Zierteil herum können auch unregelmäßig geformte Teile so eingegrenzt werden, dass Fräsbohrungen problemlos und genau ausgeführt werden können.

5.35 Kantenbearbeitungsvorrichtung für geschweifte Formen

Einbringen von Profilierungen, Fräsbohrungen o. Ä.

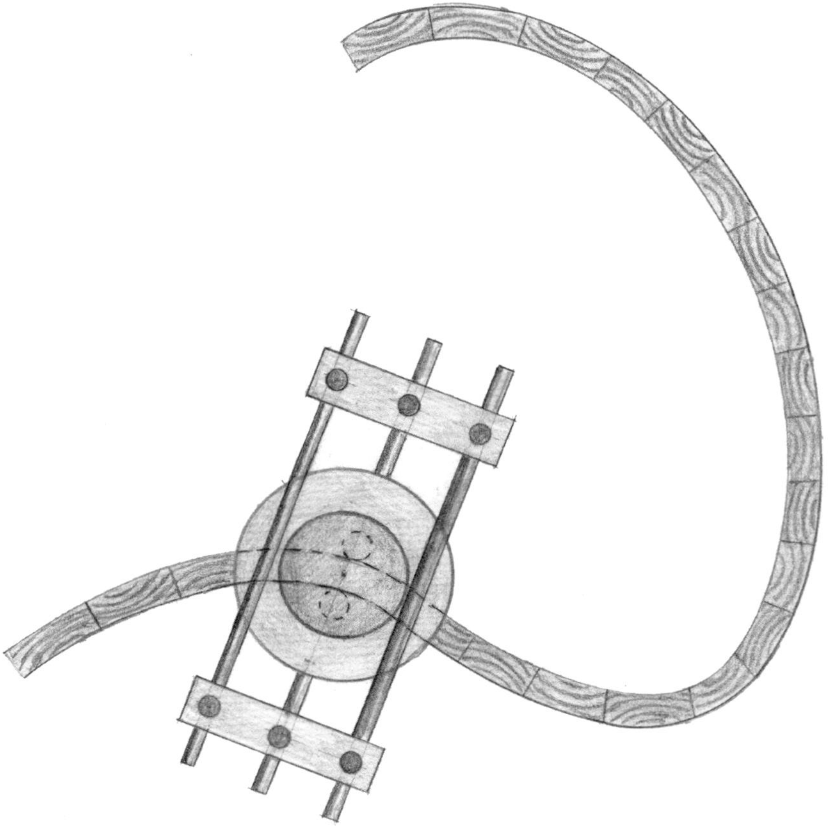

Draufsicht: Werkstück und Vorrichtung (aus Gründen der Übersichtlichkeit sind die Befestigungen der Führungsstäbe auf der Bodenplatte der Oberfräse weggelassen)

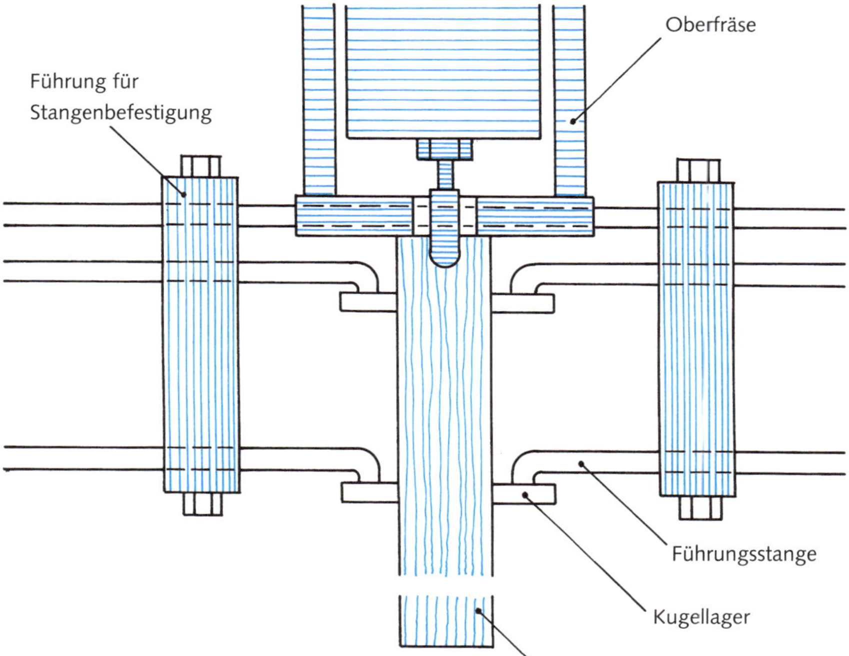

Oberfräse

Führung für Stangenbefestigung

Führungsstange

Kugellager

Werkstück

Vertikalschnitt: Ausschnitt Werkstück und Fräsvorrichtungen mit Doppelkugellager

Die Vorrichtung besteht aus einem Vierkantstahl, in dem sowohl die Führungsstangen des Seitenanschlags der Oberfräse als auch die Doppelführungen mit Kugellager Platz finden. Der Vierkantstahl hat zwei Bohrungen für die Führungsstangen der Oberfräse. Von oben wird eine Gewindebohrung angebracht, mit der der Vierkantstahl an den Führungsstangen befestigt wird. In der Mitte zwischen den beiden Bohrungen werden etwas tiefer und am unteren Ende Bohrungen für die Kugellagerstangen angebracht. Fixiert werden die Kugellagerführungen mit Maschinenschrauben, die oben und unten in Gewindebohrungen eingedreht werden. In der Schnittzeichnung wird ersichtlich, weshalb zwei Kugellagerführungen untereinander angebracht werden sollten: Durch die Doppelführung wird sicher verhindert, dass die Oberfräse während des Fräsvorgangs seitlich abkippt.

5.36 Zapfenlochfräsvorrichtung/ Reparaturvorrichtung

Fräsen von Zapfenlöchern in Stuhlbeine, Tischbeine u. Ä.; Herausfräsen beschädigter Stellen

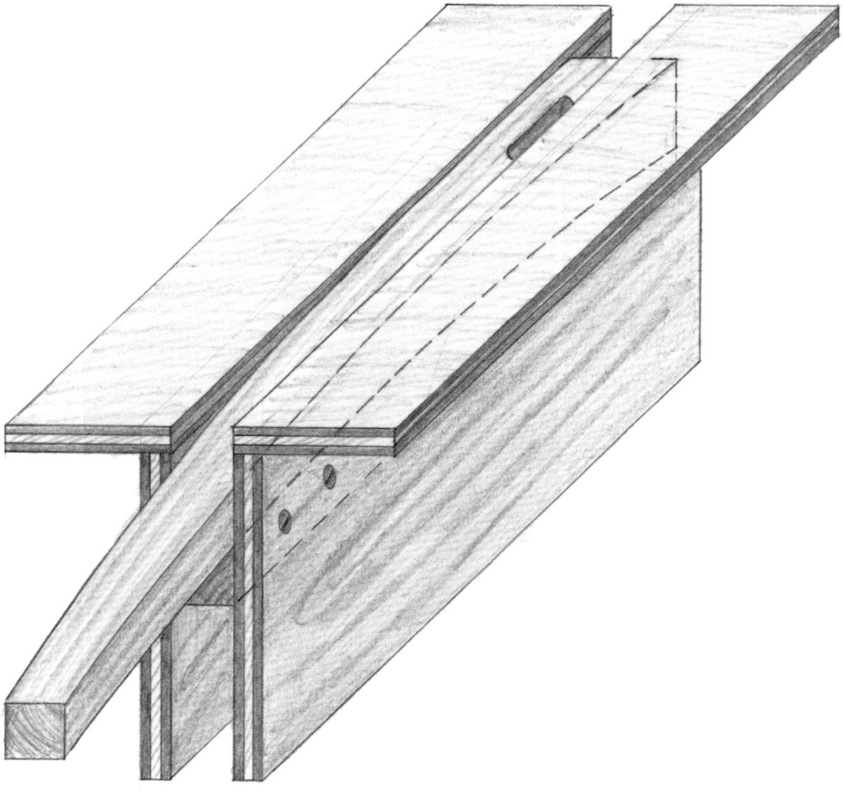

Ansicht: Vorrichtung mit waagrecht eingespanntem Stuhlbein und Auflage für die Oberfräse (Befestigungswinkel und Seitenführungen sind nicht mitgezeichnet)

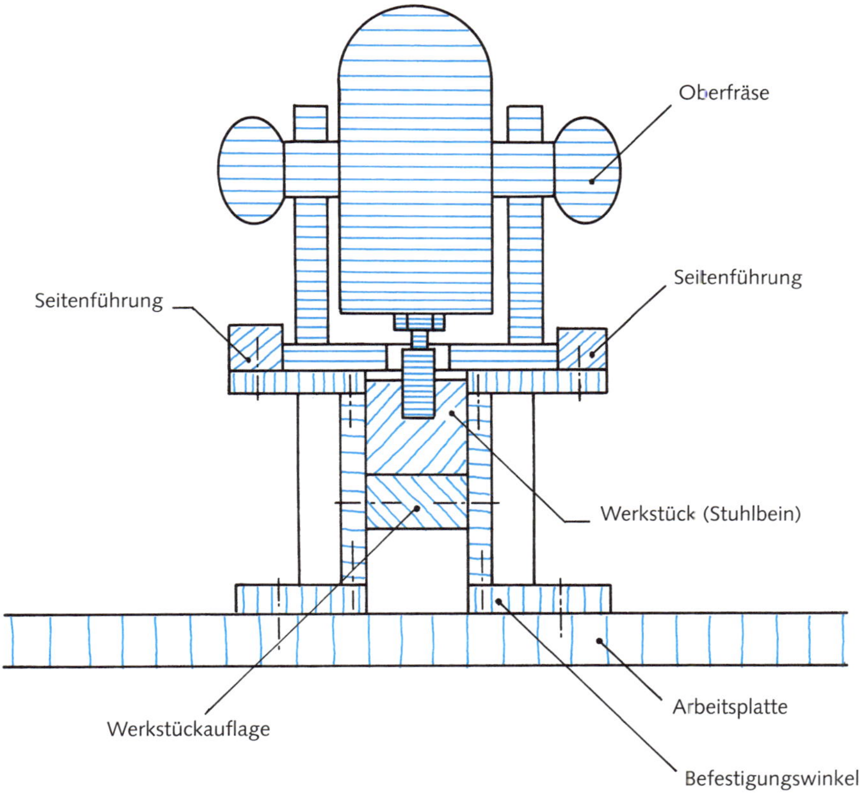

Vertikalschnitt: Oberfräse mit Seitenführungen, Winkelauflage und Werkstück mit Höhenausgleich

Die Vorrichtung ist zugleich eine Halte- und eine Führungsvorrichtung für die Oberfräse. Sie besteht aus zwei Winkeln aus Multiplex, die mit einem Distanzkantholz verbunden sind, das in der Breite dem Maß an der dicksten Stelle des Werkstücks entspricht. Bei sich verjüngenden Werkstücken müssen entsprechende Negativstücke hergestellt werden. Die Werkstücke werden mit schmalen Keilen in der Winkelvorrichtung fixiert. Auf den oberen beiden Winkelflächen werden Führungsleisten und Begrenzungsleisten für die Begrenzung der Fräslänge verschraubt. Anschließend kann die Fräsung ausgeführt werden.

5.37 Vorrichtung für beidseitig bearbeitbare Kleinteile

Herstellen von Kleinteilen, wie abgerundete Möbelgriffe, aus Kanthölzern

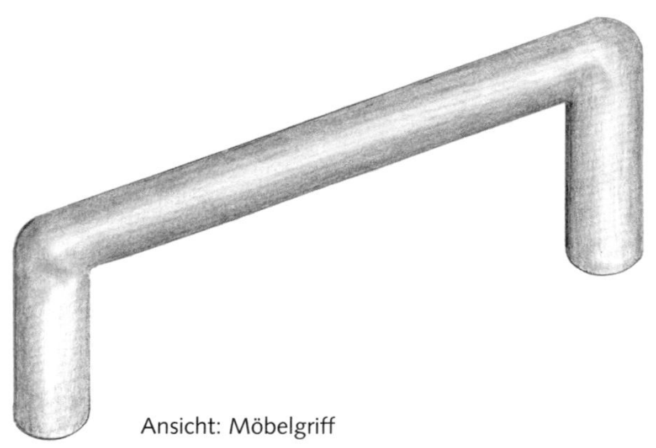

Ansicht: Möbelgriff

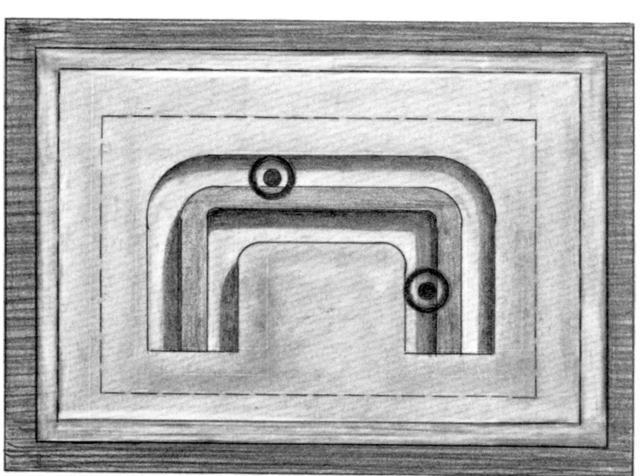

Draufsicht: Grundrahmen mit auf Falz aufgelegter Schablone und gefrästem Formteil (Nutfräser mit Kopierhülse ist in der Schnittzeichnung eingezeichnet)

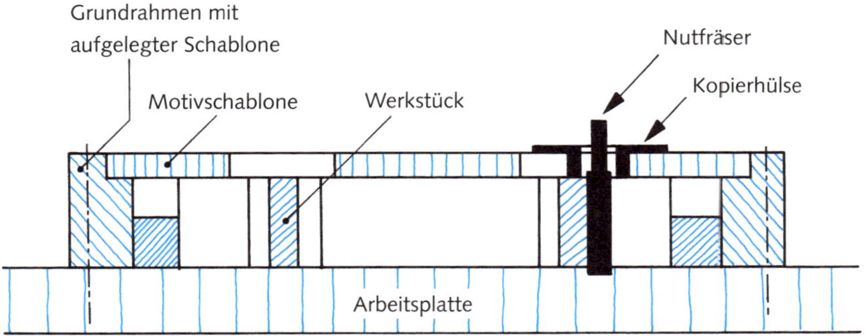

Vertikalschnitt: Grundrahmen mit aufgelegter Formschablone, Nutfräser und Kopierhülse sowie Werkstück (gefräst) und Distanzleiste

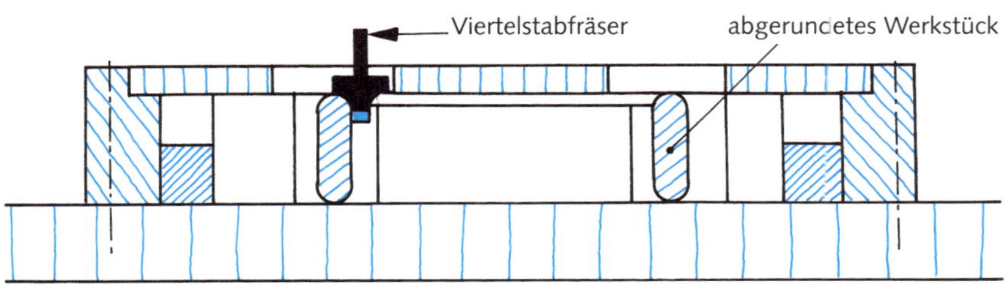

Vertikalschnitt: Wie oben, jedoch Werkstück mit Viertelstabfräser abgerundet (Werkstück wurde dabei einmal gedreht)

Die Vorrichtung besteht aus einem stabilen Grundrahmen mit einem innen angearbeiteten Falz, der dazu dient, die Formschablonen aufzunehmen. Zuerst wird das Werkstück eingelegt, das genau in den Rahmen passen muss. Anschließend wird die Schablone eingelegt; diese muss so genau hergestellt werden, dass ihre Mitte genau mit der Mittelinie des Werkstücks übereinstimmt. Dadurch ist es möglich, auch sehr breite Griffe herzustellen, indem das Material einmal gedreht wird. Werden die Griffe beidseitig abgerundet, ist das Drehen des Werkstücks ohnehin notwendig. Der Griff wird zuerst mit einem Falzfräser herausgefräst, wobei, wie in der Zeichnung zu sehen, ein Steg stehen bleibt. Anschließend wird der Griff mit einem passenden Viertelstabfräser mit Anlaufring abgerundet. Der gleiche Arbeitsgang wird nach dem Drehen des Werkstücks wiederholt. Nach dem Feinschliff kann der Griff vorsichtig aus dem Material herausgeschnitten werden.

5.38 Formfräsvorrichtung zur Serienfertigung von Zaunlattenenden u. Ä.

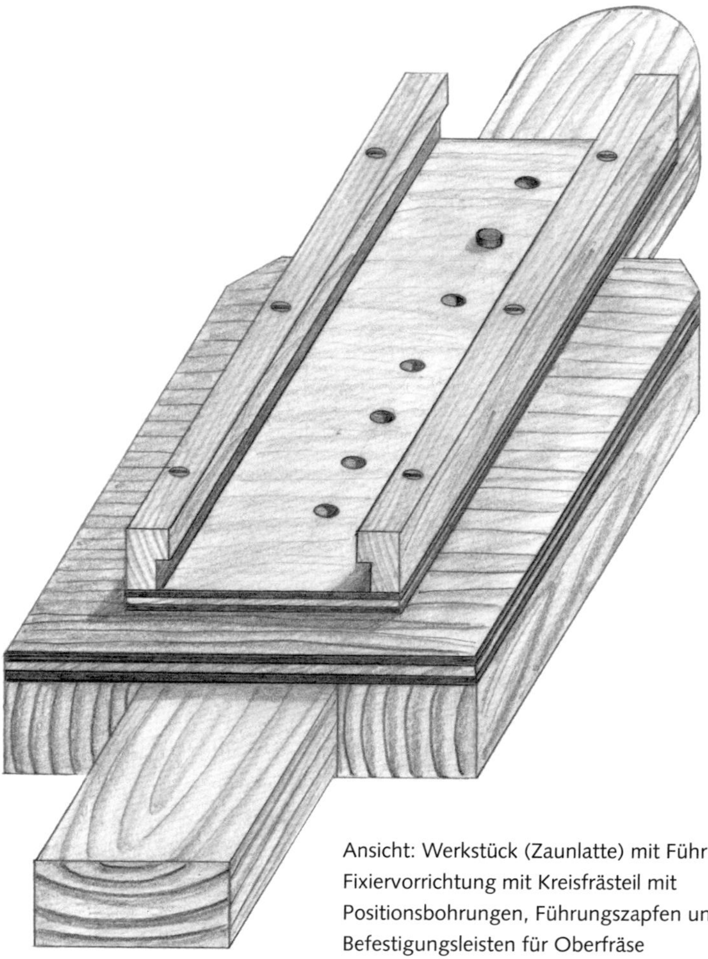

Ansicht: Werkstück (Zaunlatte) mit Führungs-Fixiervorrichtung mit Kreisfrästeil mit Positionsbohrungen, Führungszapfen und Befestigungsleisten für Oberfräse

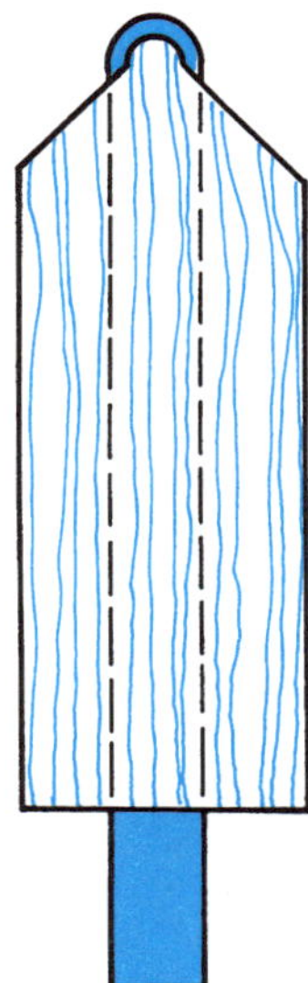

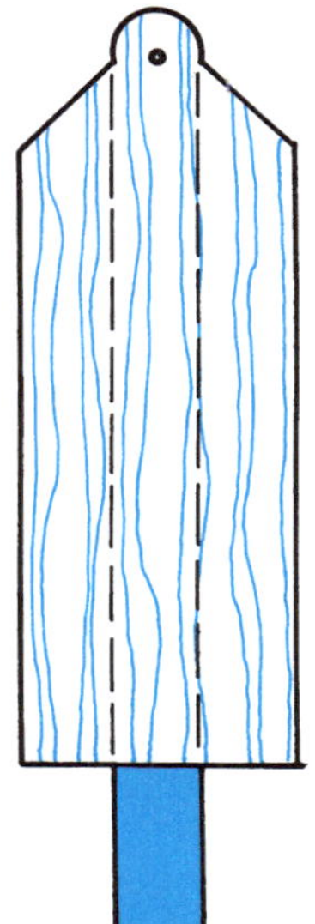

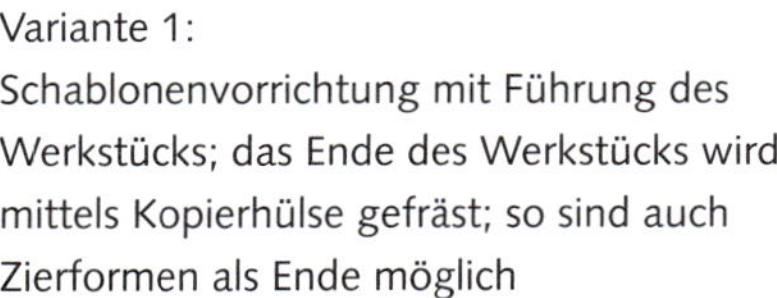

Variante 1:
Schablonenvorrichtung mit Führung des Werkstücks; das Ende des Werkstücks wird mittels Kopierhülse gefräst; so sind auch Zierformen als Ende möglich

Variante 2:
Vorrichtung zur Bearbeitung mit kleiner Kreisfräsvorrichtung (auch als Schablone für Bündigfräser bei obenliegendem Kugellager verwendbar)

Handelt es sich um Rundformen, bietet es sich an, eine Kreisfräsvorrichtung mit in die Vorrichtung zu integrieren. Müssen andere Formen hergestellt werden, ist es sinnvoll, Schablonen zu verwenden und mit Kopierhülsen zu umfahren. Die Vorrichtung besteht aus einer Arbeitsplatte, auf der die Führungslatten (in Werkstückstärke) aufgeschraubt werden. Die Führungslatten werden an das Werkstück angelegt (mit einer Papierzwischenlage) und mit der Arbeitsplatte verschraubt. Danach wird eine Multiplexplatte mit Schrauben befestigt. In dieser Platte sind auf der Mittelachse des Werkstücks Positionsbohrungen für den Drehbolzen der Kreisfräsvorrichtung angebracht. Die Kreisfräsvorrichtung besteht aus einem langen Multiplexstreifen, an dessen Seite gefalzte Leisten angebracht sind, um damit die Oberfräse in Position zu halten. Nachdem das Werkstück in Position geschoben und fixiert ist, kann mit der Kreisfräsvorrichtung die Form gefräst werden. Zur Schonung des Fräswerkzeugs sollten die Werkstückenden mit der Bandsäge grob vorgesägt werden.

5.39 Spannvorrichtung für Kleinteile

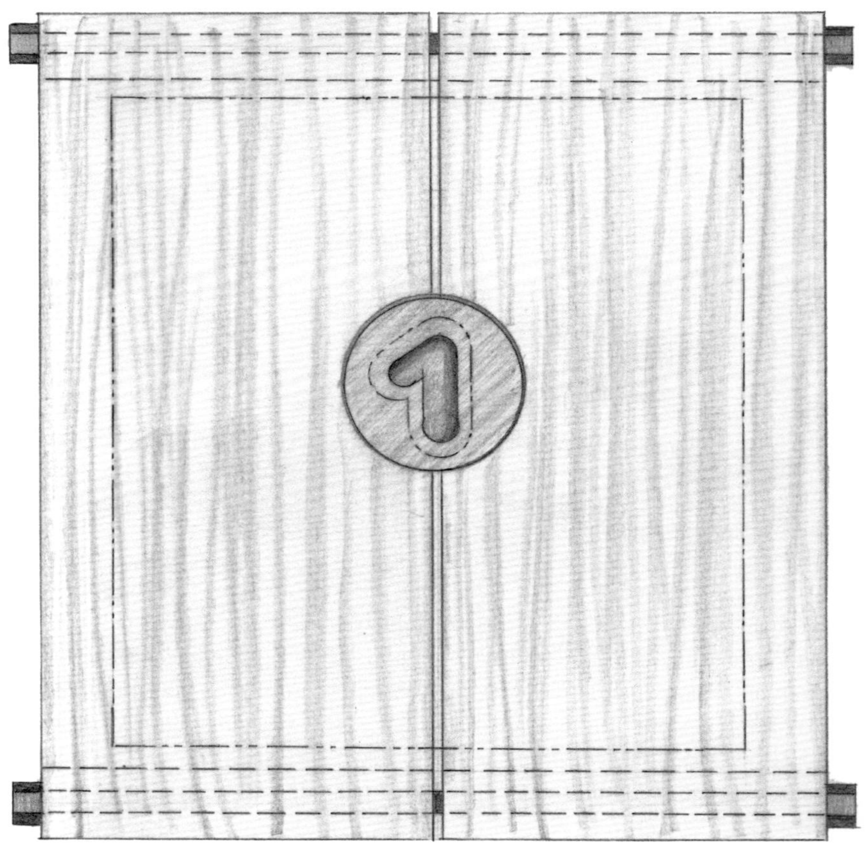

Draufsicht: Spannvorrichtung mit Werkstück

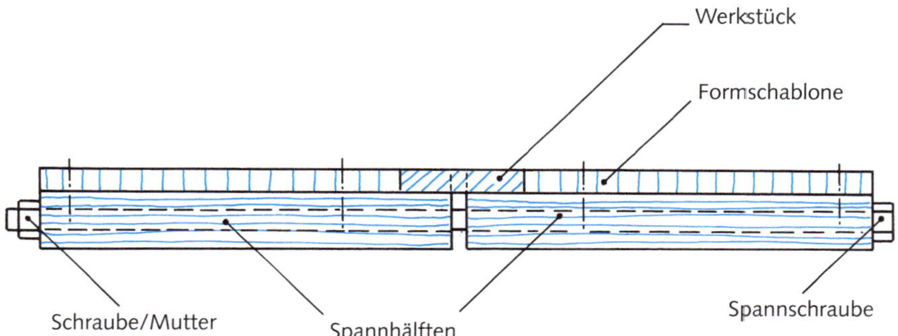

Vertikalschnitt: Formauflage mit eingespanntem Werkstück, Spannschraube mit Mutter und Spannteilen

Die Vorrichtung besteht aus zwei Bretthälften, die mit Gewindestäben und Muttern miteinander verbunden sind. Das zu fixierende Motiv wird zwischen beide Bretthälften aufgelegt und nach dem Aufzeichnen ausgeschnitten. Eines der Bretter wird leicht abgehobelt, sodass eine kleine Lücke entsteht. Danach wird das Werkstück eingelegt und die Muttern werden angezogen. Auf diese Weise ist das kleine Werkstück sicher in den Bretthälften fixiert und kann so weiter bearbeitet werden.

5.40 Kopierhülsen-Wechselvorrichtung

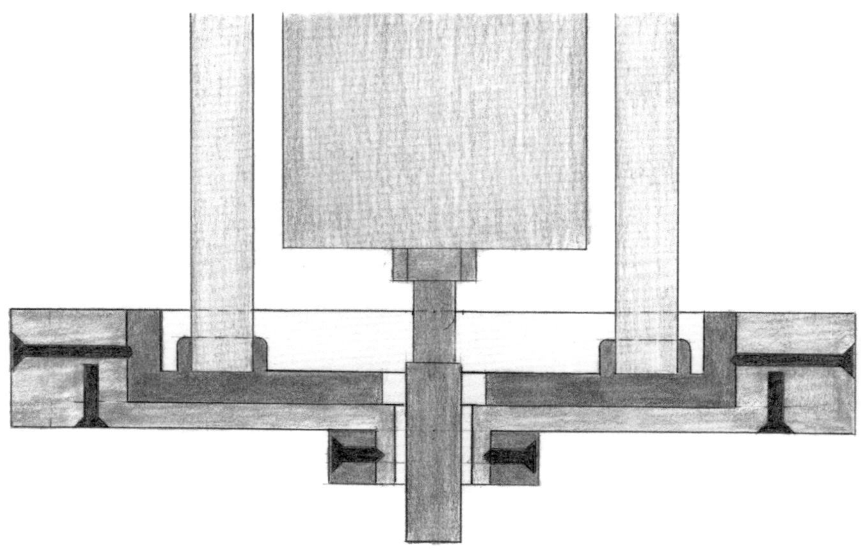

Vertikalschnitt: Oberfräse und gefräster bzw. gedrehter Zusatzteller mit Kopierhülse (in den unteren Ring der Kopierhülse ist eine Rille gedreht, um die Zusatzhülsenringe sicher befestigen zu können)

Die Vorrichtung dient dazu, das Wechseln von Kopierhülsen zu rationalisieren und zusätzlich gedrehte Aufsatzringe verwenden zu können. Dadurch wird ein differenziertes Spektrum von Maßveränderungen durch Kopierhülsen ermöglicht. Es können je nach Bedarf Distanzringe gedreht werden. Diese Vorrichtung ist für eine Oberfräse mit runder Bodenplatte gedacht, kann aber auch für andere Bodenplatten angefertigt werden. Die Wechselvorrichtung kann nur auf einer Drehmaschine hergestellt werden. Es wird eine Metallscheibe so ausgedreht, dass die Bodenplatte der Oberfräse genau in die gedrehte Öffnung passt.

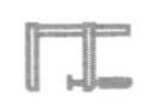

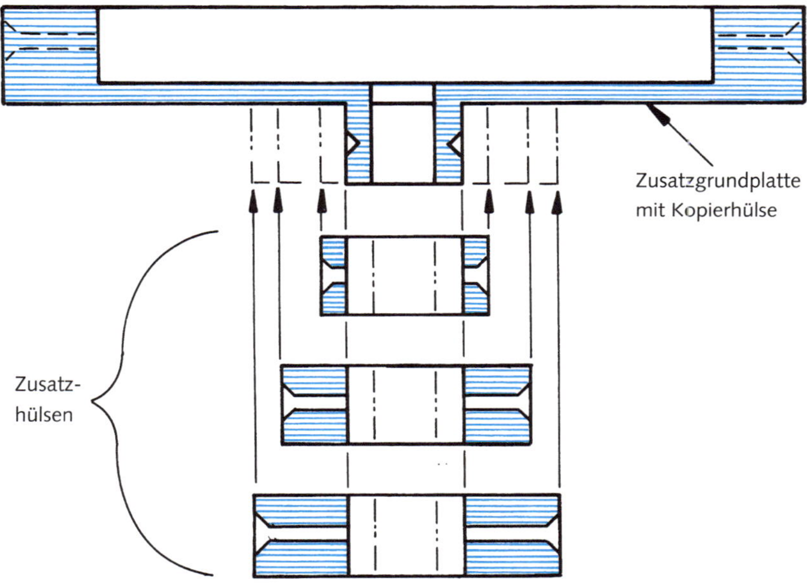

Vertikalschnitt: Gedrehte Kopierhülsenvorrichtung und aufsteckbare Zusatzhülsen mit Gewindebohrungen

In der Mitte wird eine Öffnung gedreht, die etwas größer als der verwendete Fräser ist. Danach wird die Metallscheibe unten so gedreht, dass ein Kopierring mit genauem Außenmaß entsteht. In der Mitte dieses Zusatzringes wird eine keilförmige Rille gedreht, in die die Befestigungsschrauben der Distanzringe mit ihrer Spitze Halt finden und so die Ringe fixieren. Die Zusatzringe können immer mit der gleichen Mittenbohrung aus einem Rohr oder Rundvollmaterial gedreht werden. In die Ringe müssen Gewinde geschnitten werden, in die Maden-schrauben oder Senkkopfschrauben eingedreht werden können.

5.41 Kopierhülsenvorrichtung

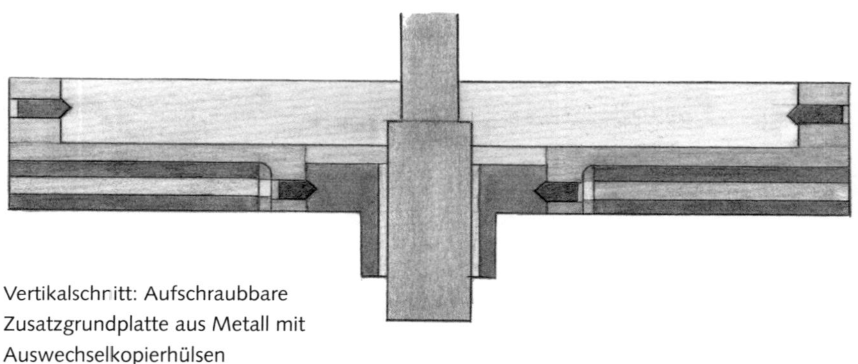

Vertikalschnitt: Aufschraubbare Zusatzgrundplatte aus Metall mit Auswechselkopierhülsen

Vertikalschnitt: Gedrehte Kopierhülsen mit abgestufter Größenreduzierung

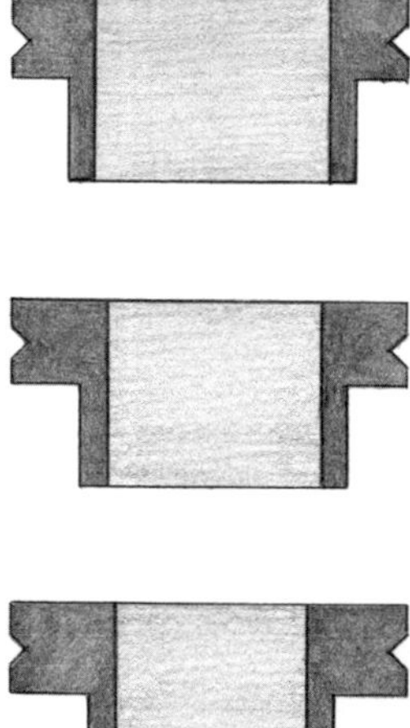

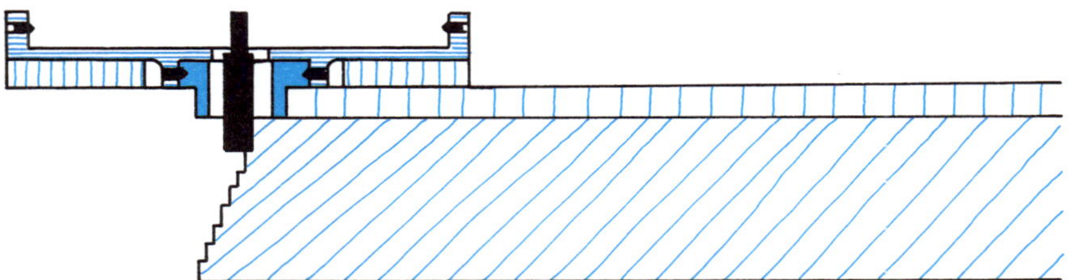

Vertikalschnitt: Zusatzgrundplatte mit Vorrichtung zum Verschrauben von Kopierhülsen sowie Ersatzkopierhülse

Diese Vorrichtung entspricht im Prinzip der Vorrichtung 5.40, hat aber statt Distanzringen einzelne Kopierhülsen, die in eine Grundvorrichtung eingesetzt werden. Die Grundvorrichtung besteht aus einer gedrehten Metallplatte, in die eine Vertiefung für die Bodenplatte der Oberfräse gedreht wurde. Zusätzlich ist ein Zusatzring angedreht, in dem sich seitlich zwei Gewindebohrungen befinden, sodass die Kopierringe darin problemlos befestigt werden können. Die Kopierhülsen haben in ihrem breiten Teil eine keilförmige Rille, in die die Spitze der Madenschraube gedreht wird. Der Durchmesser des breiten Teils mit der Rille hat immer das gleiche Maß, während der kleinere Teil nach Bedarf auf Maß gedreht wird. Wie in der Schnittzeichnung gut zu sehen ist, kann so mit einer Schablone und entsprechend gefertigten Kopierhülsen ein Werkstück mit einem treppenartigen Profil hergestellt werden.

5.42 Kurvenfräslineal zur Schablonenherstellung

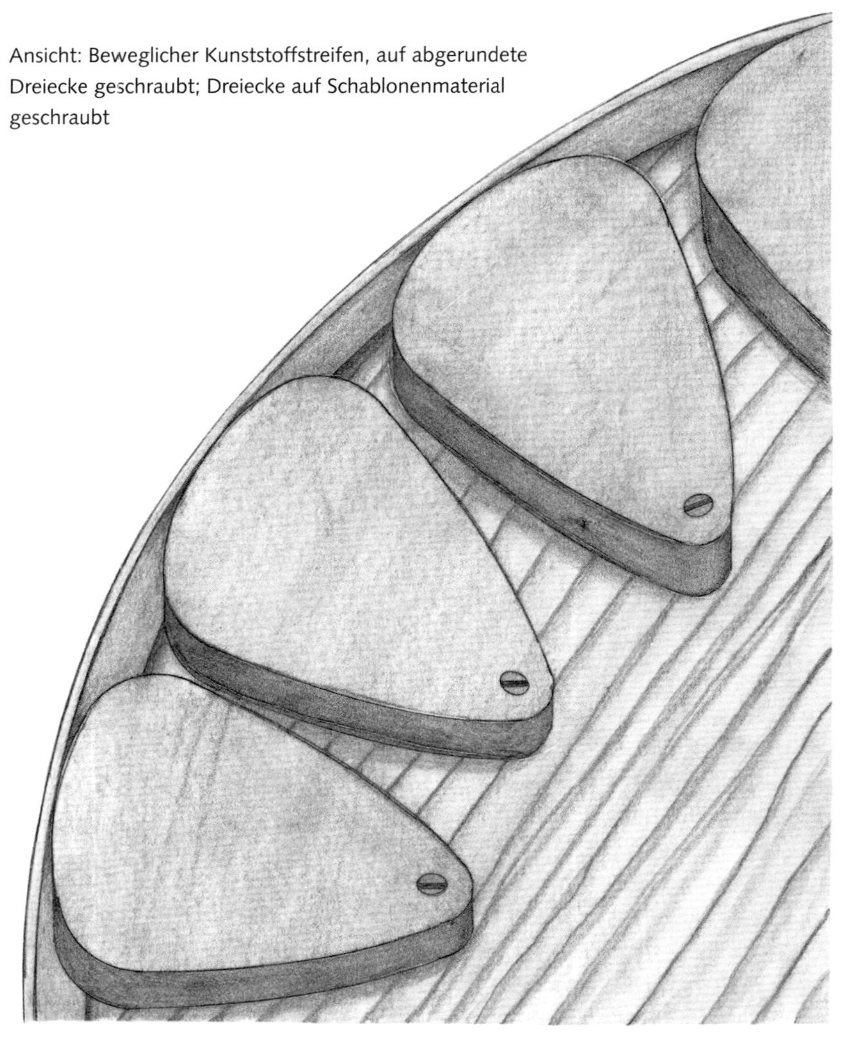

Ansicht: Beweglicher Kunststoffstreifen, auf abgerundete Dreiecke geschraubt; Dreiecke auf Schablonenmaterial geschraubt

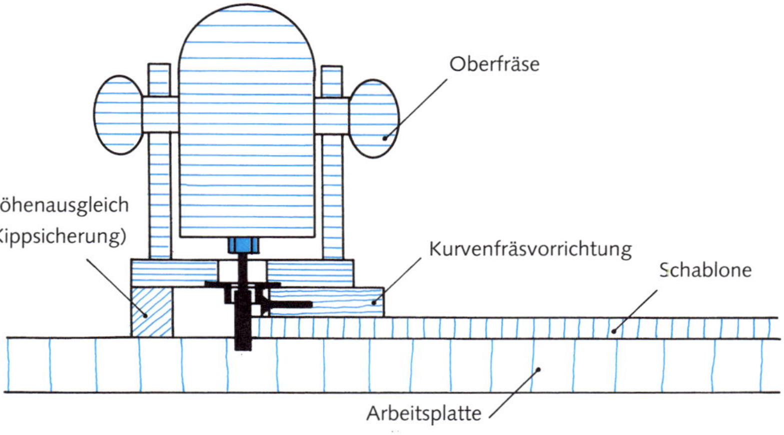

Oberfräse

Höhenausgleich (Kippsicherung)

Kurvenfräsvorrichtung

Schablone

Arbeitsplatte

Vertikalschnitt: Kurvenfräslineal bei Bearbeitung mit Kopierhülse

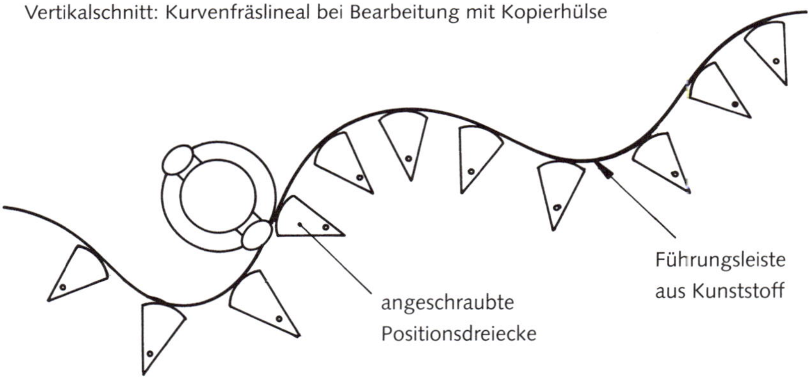

Führungsleiste aus Kunststoff

angeschraubte Positionsdreiecke

Draufsicht: Kurvenfräslineal bei Bearbeitung mit geführter Bodenplatte der Oberfräse

Das Kurvenlineal dient dazu, Kurvenschablonen in größerem Ausmaß herzustellen. Es besteht aus einem stabilen, aber biegsamen Kunststoffstreifen und angeschraubten Segmentteilen. Diese Segmentteile bestehen aus Holz und sind von der Form her mit abgerundeten Dreiecken vergleichbar. Diese Dreiecke werden mit ihrer Rundung mittig an den Kunststoffstreifen geschraubt. Der Kunststoffstreifen mit den angeschraubten Dreieckteilen wird entsprechend der Zeichnung so auf einer Multiplexplatte verschraubt, dass die Oberfräse mit ihrer Bodenplatte daran entlanggeführt werden kann und der Fräser genau die angerissene Form erfasst. Entweder wird dann das gefräste Formteil zur Schablone, oder die Multiplexplatte mit aufgeschraubtem Fräslineal wird zu Herstellung weiterer gleicher Formteile verwendet.

6 Vorrichtungen zur Kantenbearbeitung

6.1 Einfache Kantenbearbeitungsvorrichtung

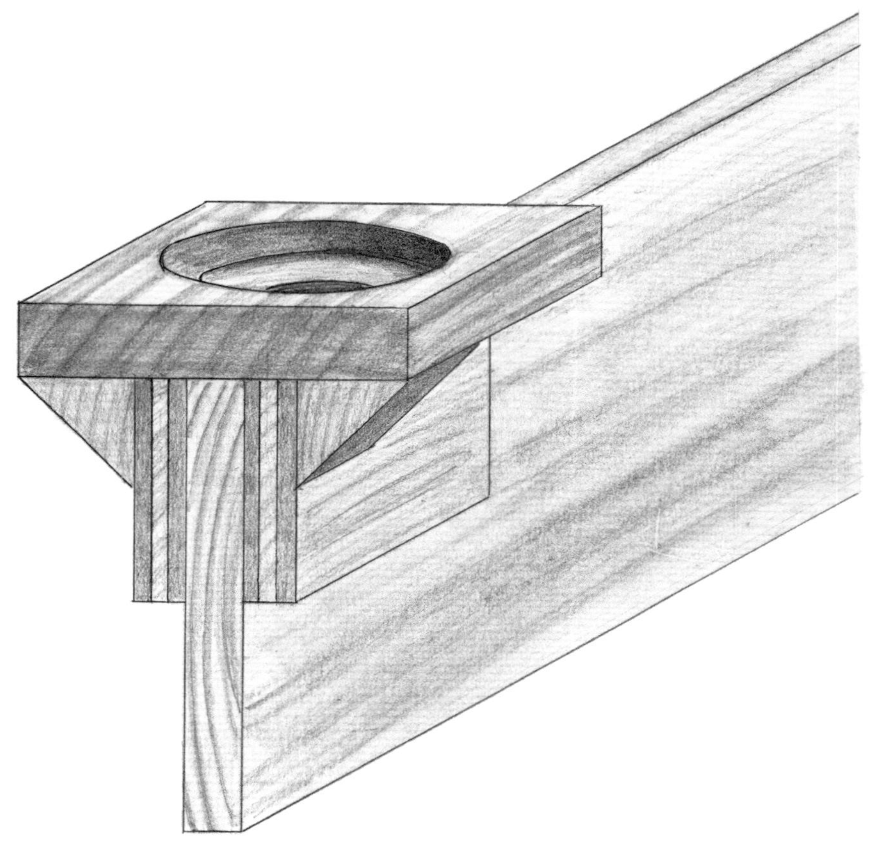

Ansicht: Zusatzgrundplatte, Seitenführungen und Winkelstützen sowie Werkstück

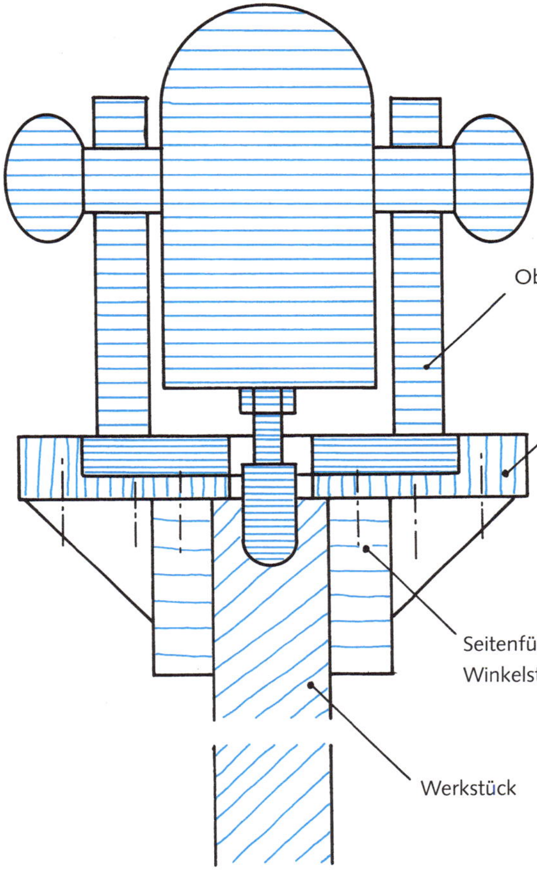

Oberfräse

Zusatzgrundplatte

Seitenführung mit Winkelstütze

Werkstück

Vertikalschnitt: Kantenbearbeitungsvorrichtung

Die Vorrichtung dient der Bearbeitung von Kanten und verhindert das Abkippen der Oberfräse bei der Kantenbearbeitung. Sie besteht aus einer quadratischen Zusatzgrundplatte mit mindestens 19 mm Materialstärke. In diese Platte wird eine Vertiefung zur Aufnahme der Oberfräse gefräst. Unter der Platte sind zwei kleine Platten aus Multiplex befestigt, an die zur Stabilisierung Dreieckswinkel angebracht sind. Diese Winkelvorrichtung wird so unter der Grundplatte befestigt, dass beide Winkelbretter eng am Werkstück anliegen. Wichtig ist, dass die Vorrichtung beim Fräsvorgang leicht geführt werden kann, aber kein Spiel hat.

6.2 Kantenfräsvorrichtung mit Schablonenwechselvorrichtung

Fräsen von Motiven in Kanten oder schmale Werkstücke

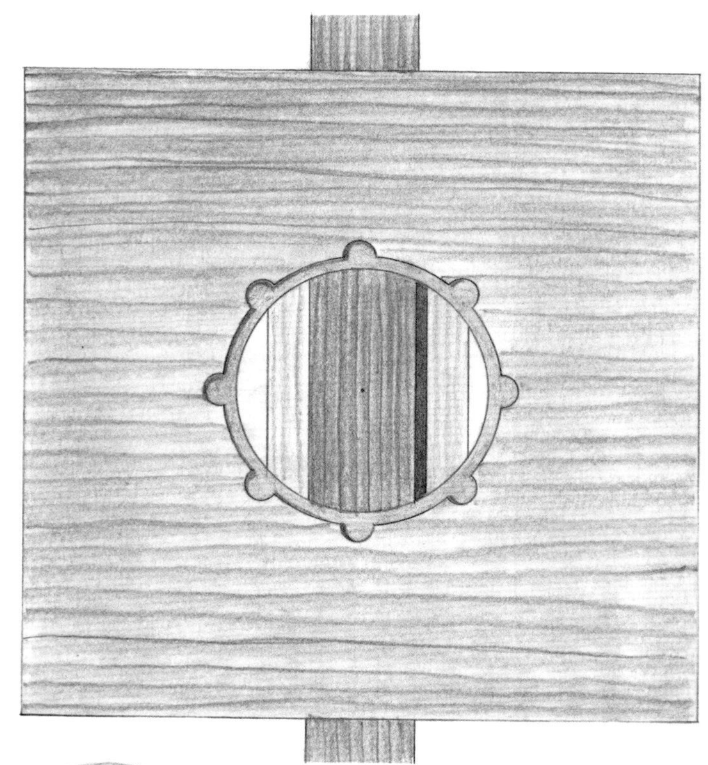

Draufsicht: Grundschablone mit Ausschnitt für Motiv-Wechselschablone mit Aussparungen und Falz; Werkstück mit seitlichen Führungen

Draufsicht: Motiv-Wechselschablone zum Fräsen von Mustern durch Umsetzen der Schablone

         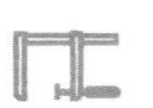 

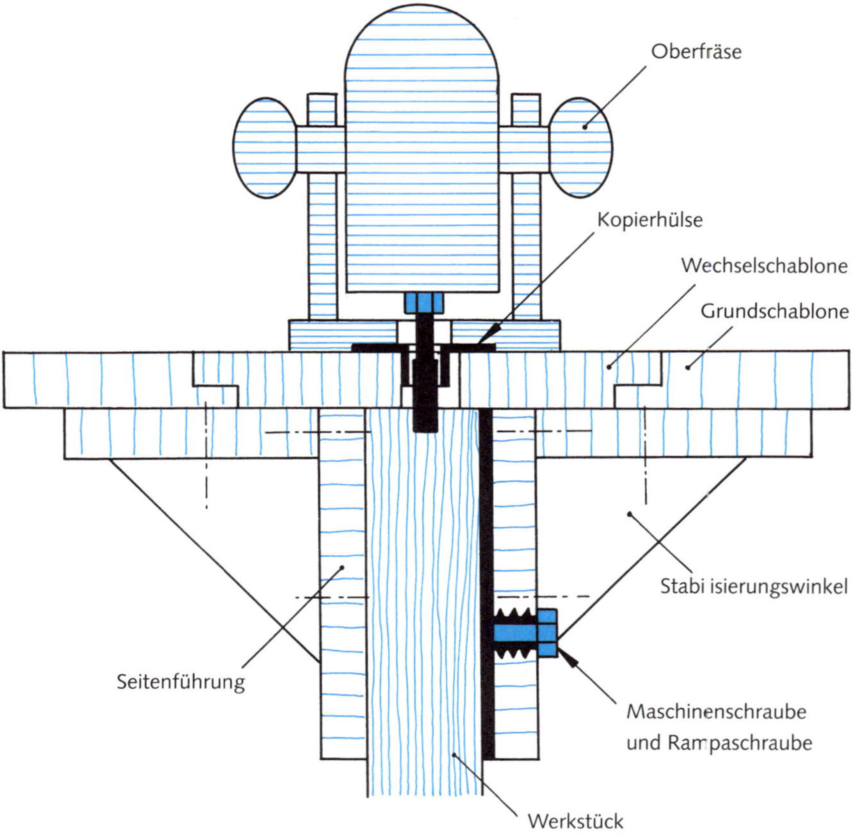

Oberfräse

Kopierhülse

Wechselschablone

Grundschablone

Stabilisierungswinkel

Seitenführung

Maschinenschraube und Rampaschraube

Werkstück

Vertikalschnitt: Kantenfräsvorrichtung mit Grund- und Motiv-Wechselschablone, Führung sowie Werkstück

Im Prinzip entspricht dieses Beispiel der Vorrichtung 6.1, unterscheidet sich aber dadurch, dass sie am Werkstück fixiert und nicht mit der Oberfräse geführt wird. Aus der Grundschablone wird ein Kreis herausgefräst; zusätzlich wird darin ein Falz angearbeitet. Weiterhin werden halbkreisförmige Aussparungen angebracht, sodass die Motiv-Wechselschablone (mit entsprechenden Positivhalbkreisen am äußeren Rand) darin eingelegt werden kann. Die Befestigung am Werkstück erfolgt mittels Rampaschraube und eingedrehter Maschinenschraube.

6.3 Kantenfräsvorrichtung für liegende Werkstücke

Fräsen von Zierelementen in die Stirnseite von geraden oder runden Werkstücken

Ansicht: Kantenfräsvorrichtung mit Werkstück

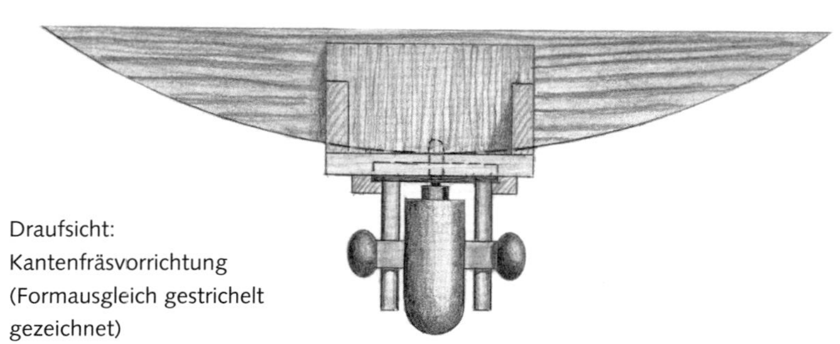

Draufsicht: Kantenfräsvorrichtung (Formausgleich gestrichelt gezeichnet)

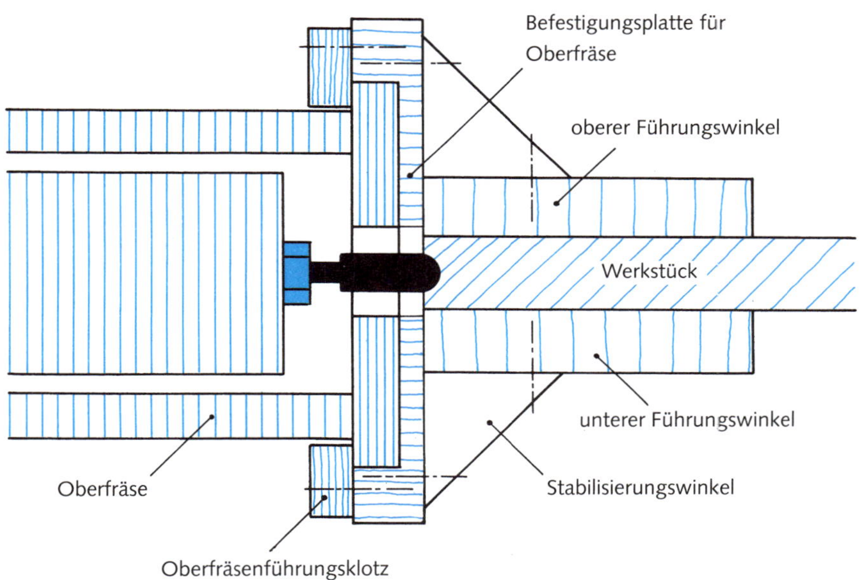

Vertikalschnitt: Kantenfräsvorrichtung mit Fixierungen, Führung und Werkstück

Diese Vorrichtung entspricht der Vorrichtung 6.1, unterscheidet sich aber dadurch, dass das obere und untere Winkelstück, die am Werkstück anliegen, eine längere Auflagefläche haben.
Bei runden Werkstücken muss zusätzlich ein Negativstück der Werkstückform hergestellt werden, damit die Oberfräse genau im Winkel geführt werden kann.

6.4 Kombinierte Bohrfräsvorrichtung

Einfräsen von Bohrungen in Kanten

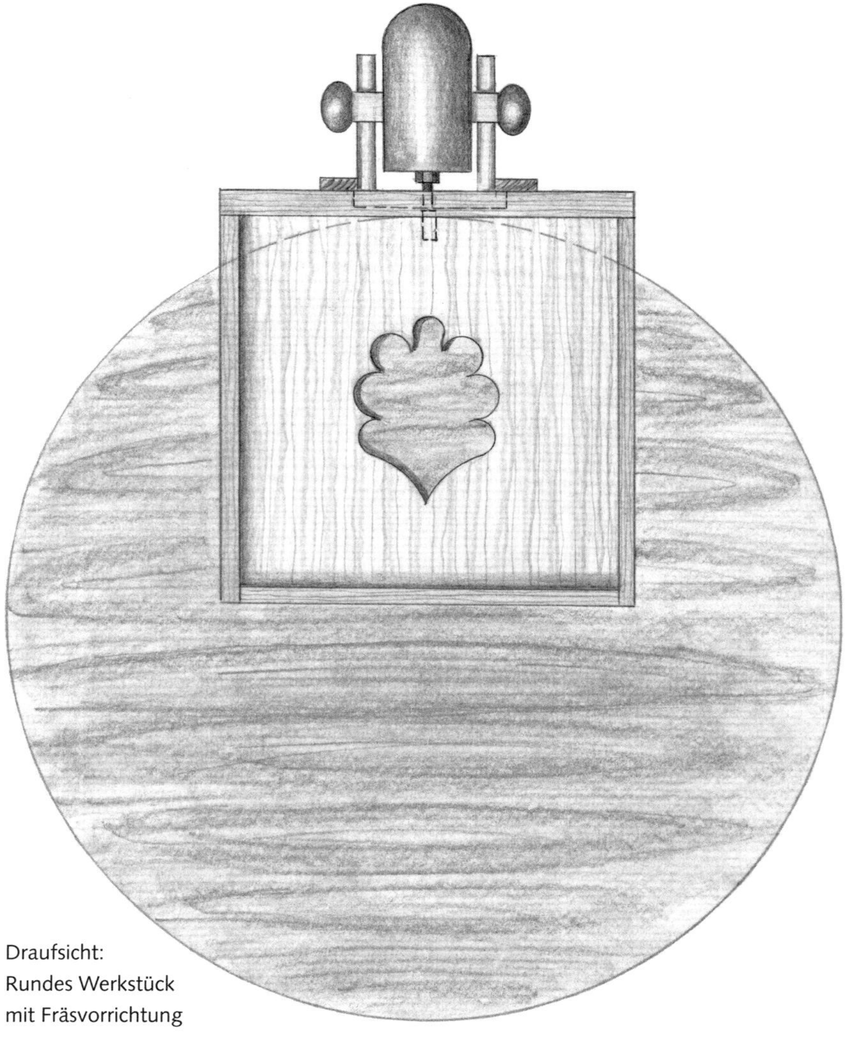

Draufsicht:
Rundes Werkstück
mit Fräsvorrichtung

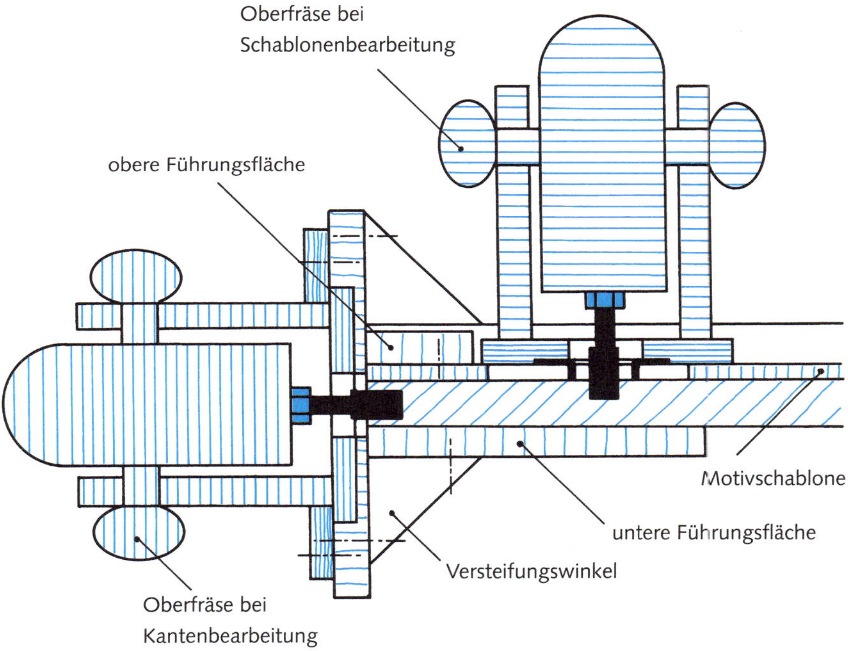

Oberfräse bei Schablonenbearbeitung

obere Führungsfläche

Motivschablone

untere Führungsfläche

Versteifungswinkel

Oberfräse bei Kantenbearbeitung

Vertikalschnitt: Bohrfräsvorrichtung für Kanten- und Flächenbearbeitung

Zusätzlich zu dieser Vorrichtung wird eine Formschablone an der Grundvorrichtung befestigt, sodass Formfräsungen parallel zum Rand des Werkstücks hergestellt werden können. Die Vorrichtung entspricht der Vorrichtung 6.1 mit dem einzigen Unterschied, dass unter dem oberen Winkel eine Schablone befestigt wird. Die Schablone, die relativ dünn sein muss, hat zur Stabilisierung einen Rahmen. Will man unterschiedliche Schablonen verwenden, kann auch ein offener Rahmen hergestellt werden, in den die Wechselschablonen eingelegt werden können.

6.5 Verstellbare Kantenfräsvorrichtung

Fräsen von Zierkehlen und anderen Profilen in die Kanten von runden und geraden Werkstücken

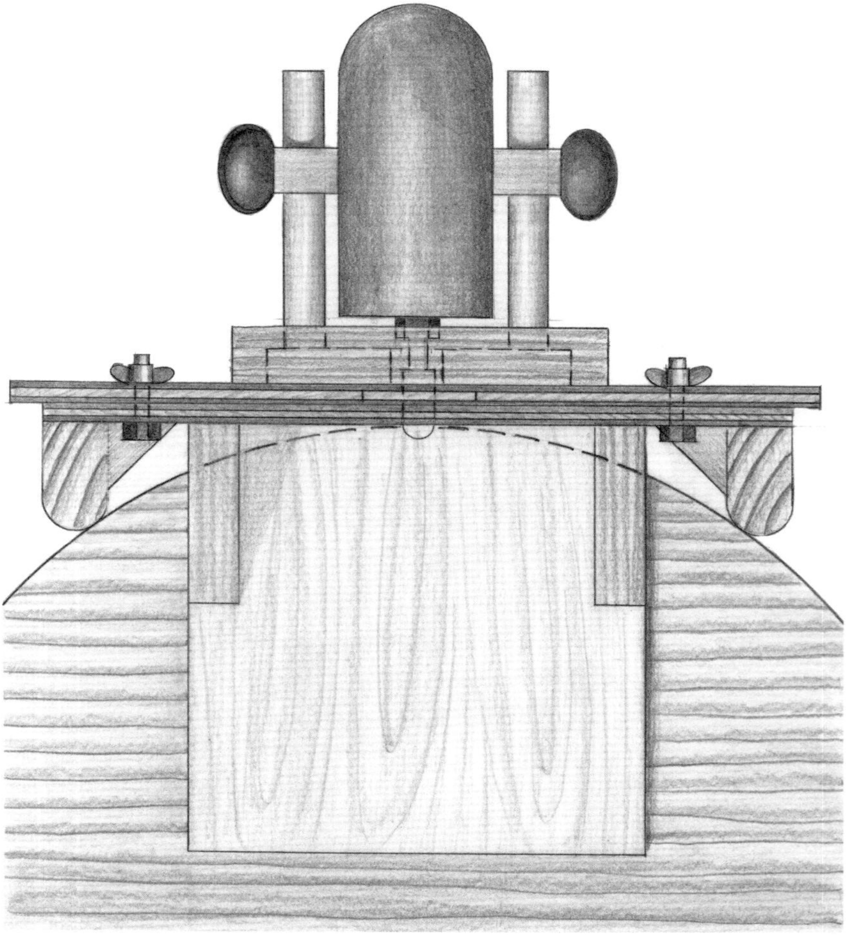

Draufsicht: Werkstück mit Kantenfräsvorrichtung mit Formausgleich und Höhenverstellung (mittels Langlöchern und Flügelschrauben)

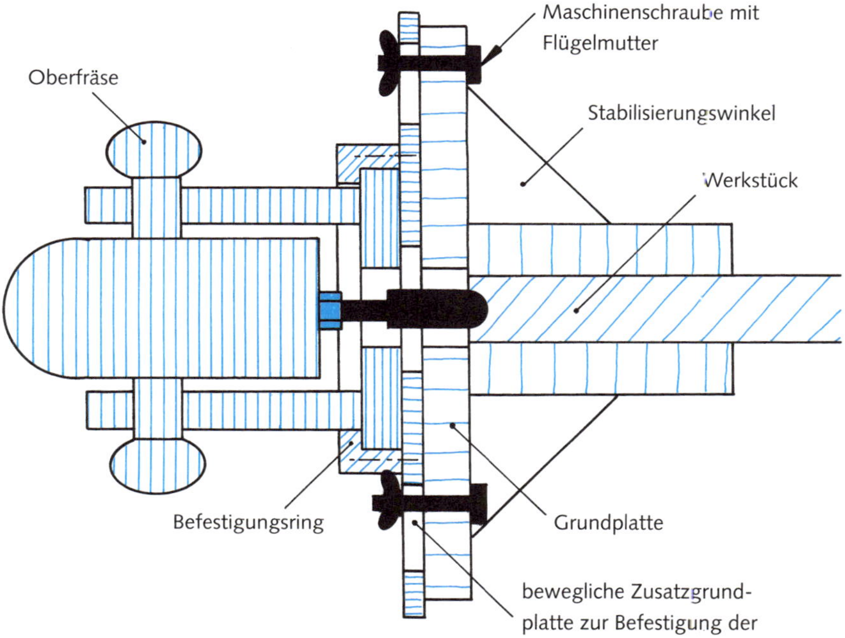

Maschinenschraube mit Flügelmutter

Oberfräse

Stabilisierungswinkel

Werkstück

Befestigungsring

Grundplatte

bewegliche Zusatzgrundplatte zur Befestigung der Oberfräse

Vertikalschnitt: Kantenfräsvorrichtung mit Befestigung, Stabilisierung und Werkstück

Im Grundprinzip entspricht die Vorrichtung den bisher gezeigten Modellen, hat aber eine etwas andere Verstellmöglichkeit zur Maßveränderung. Sie besteht aus einer Grundplatte aus Multiplex, die an die Kante des Werkstücks angelegt wird. Zu beiden Seiten des Werkstücks wird ein Multiplexwinkel spielfrei an der Grundplatte verschraubt. Die Oberfräse hat eine Zusatzgrundplatte aus einer Furnierplatte. Diese Grundplatte ist verschraubt und mit Doppelklebeband mit der Bodenplatte der Oberfräse verbunden. Sie hat auf jeder Seite zwei Langlochführungen, durch die Flügelschrauben gesteckt werden. Durch die Schrauben wird die Zusatzgrundplatte mit der Kantenfräsvorrichtung verbunden. Durch die Verstellmöglichkeit können problemlos unterschiedliche Einstellungen der Fräsposition vorgenommen werden. Für Rundformen werden unter der Grundplatte der Kantenfräsvorrichtung Führungsteile verschraubt, sodass die Vorrichtung kippsicher am Werkstück entlanggeführt werden kann.

         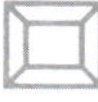

7 Bohrfräsvorrichtungen

7.1 Einfache Positioniervorrichtung

Genaue Positionierung einer Bohrfrässchablone auf dem Werkstück

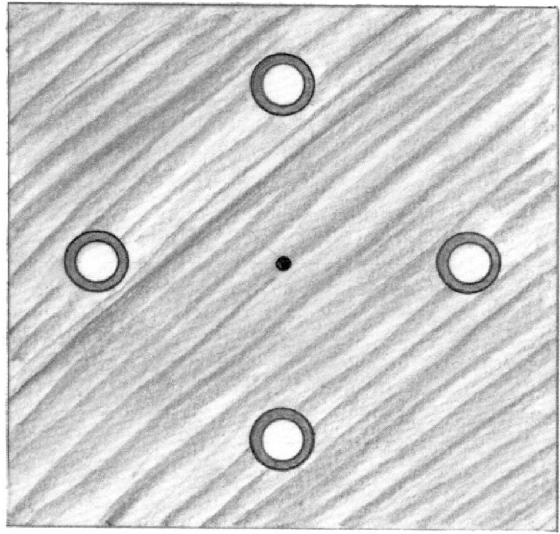

Horizontalschnitt: Vorrichtung mit Mittenbohrung für Reißnadel und Bohrungen mit Kopierhülsen

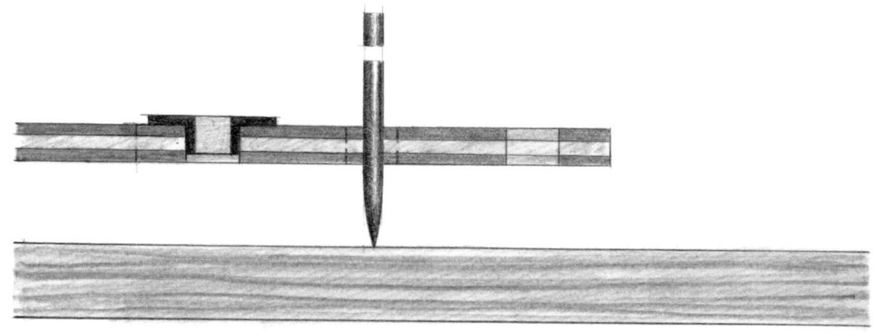

Vertikalschnitt: Vorrichtung mit Kopierhülse, Reißnadel und Werkstück

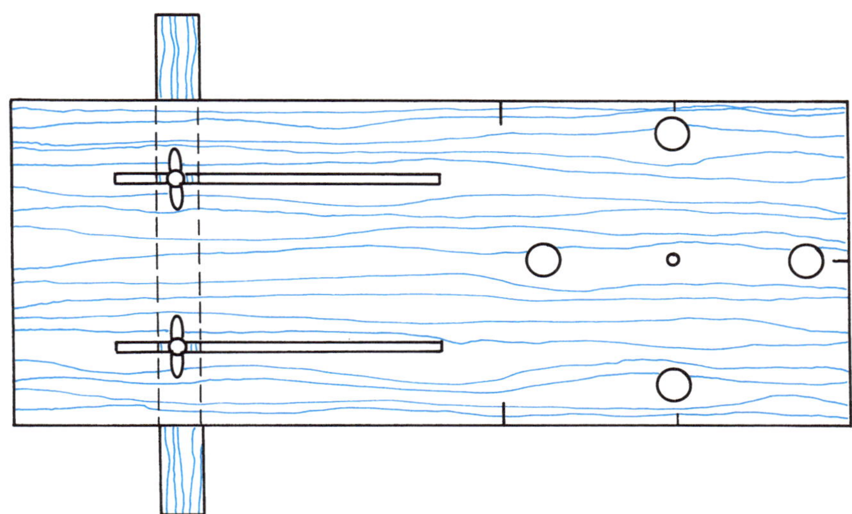

Draufsicht: Positioniervorrichtung mit Verlängerung zur variablen Verstellung mittels Flügelschrauben

Das Beispiel zeigt eine Bohrschablone mit genauer Mittelpunktsbohrung, um mittels Reißnadel die Schablone genau auf einem angerissenen Positionspunkt fixieren zu können. Die Reißnadel wird dabei durch die Bohrung gesteckt und auf den Positionspunkt aufgesetzt. Danach kann die Schablone in die richtige Position gedreht und fixiert werden.

7.2 Lochreihen-Schablonenvorrichtung

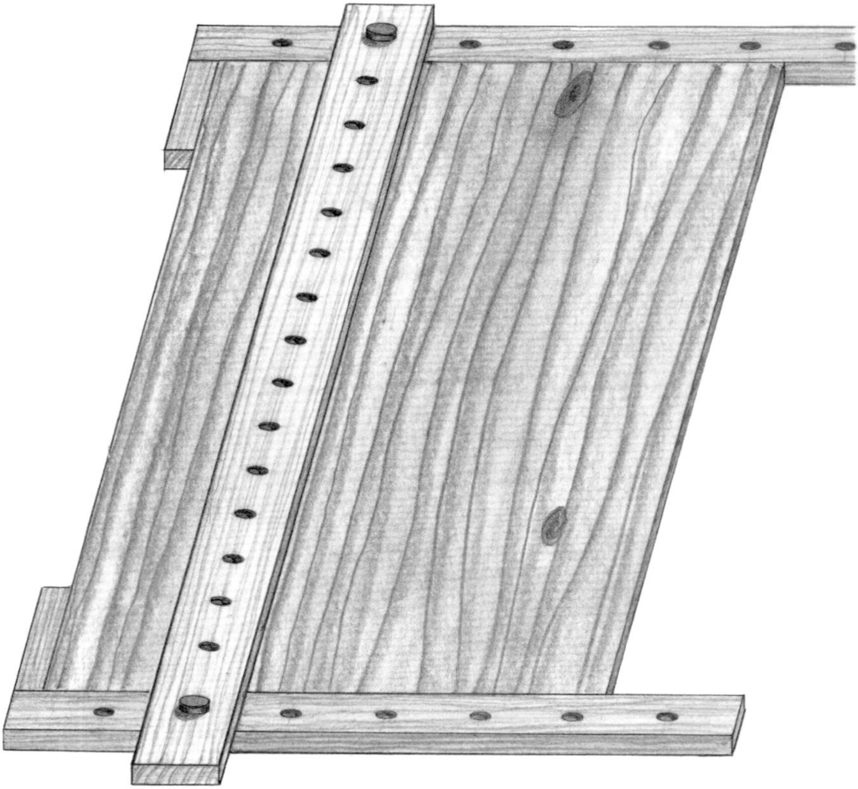

Ansicht: Werkstück mit Querlochleisten und verstellbarem Längsbrett mit Lochreihenbohrungen zur Aufnahme von Kopierhülsen

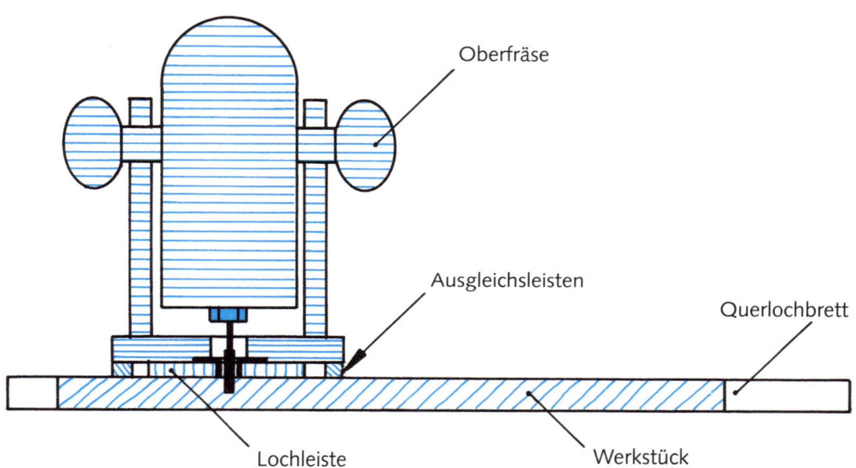

Vertikalschnitt: Oberfräse mit Lochleisten und Querlochbrett; Ausgleichsleisten verhindern ein Kippen der Oberfräse

Durch die problemlose Verstellbarkeit ist die Vorrichtung vielseitig einsetzbar. Es können in allen Teilen die Positionsbohrungen nach Bedarf hergestellt werden; zusätzlich kann das Werkstück zur Feinjustierung verschoben und fixiert werden. Die Vorrichtung besteht aus zwei Winkellatten mit Reihenpositionsbohrungen. Diese Winkel werden an das Werkstück angelegt und zusammen mit dem Werkstück fixiert. Anschließend wird ein Streifen aus Multiplex mit Positionsbohrungen so aufgelegt, dass zwei Führungsbolzen genau in die Bohrungen der beiden Winkellatten passen. Durch Versetzen der Führungsbolzen kann der Multiplexstreifen nach Bedarf umgesteckt werden.

7.3 Verstellbare Serien-Fräsbohrvorrichtung

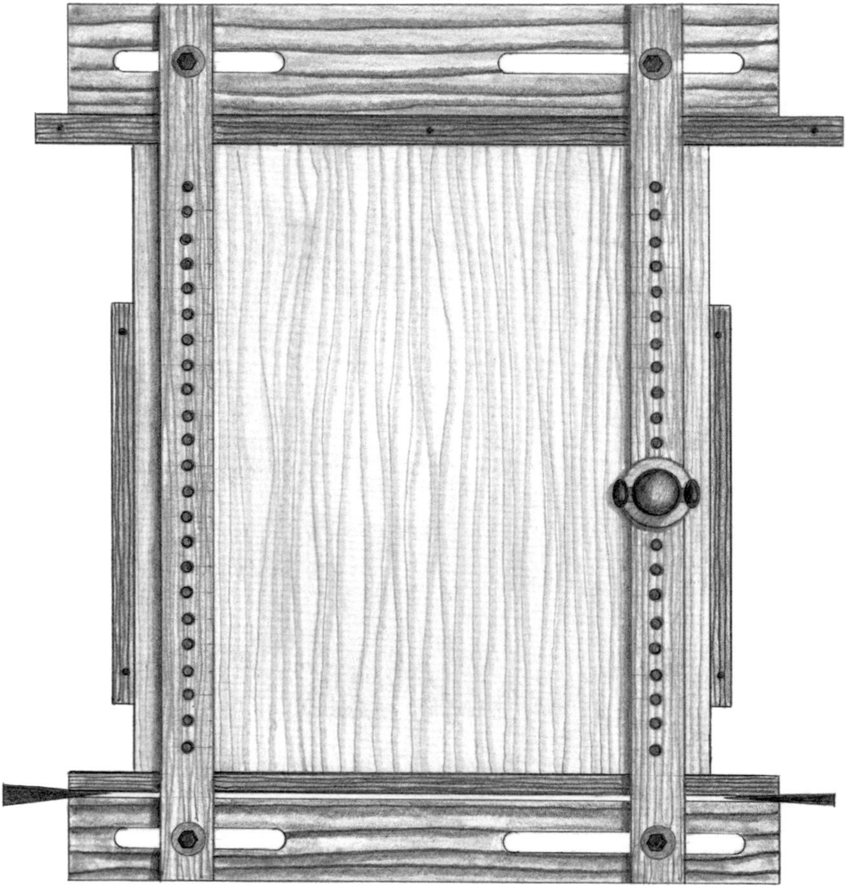

Draufsicht: Werkstück mit Bohrvorrichtung und Oberfräse mit Kopierhülse bei der Herstellung von Bohrungen in eine Schrankseite (die Vorrichtung wird nach dem Positionieren mit Keilen am Werkstück befestigt)

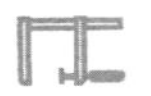

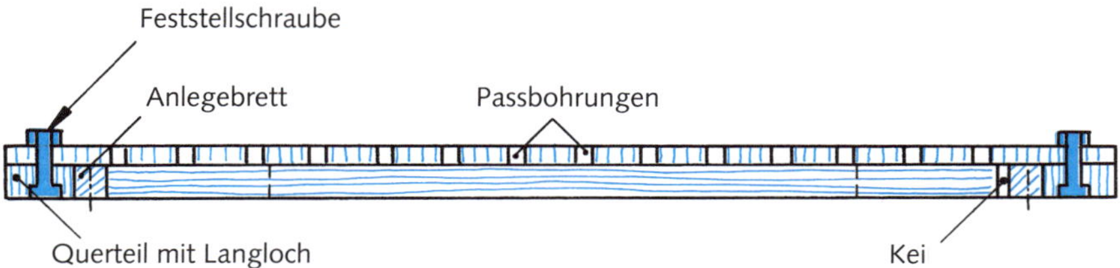

Vertikalschnitt (Längsrichtung): Werkstück mit Lochschablonenbrett, Feststellschraube sowie Zulagen und Lochschablonenquerstück mit Langloch

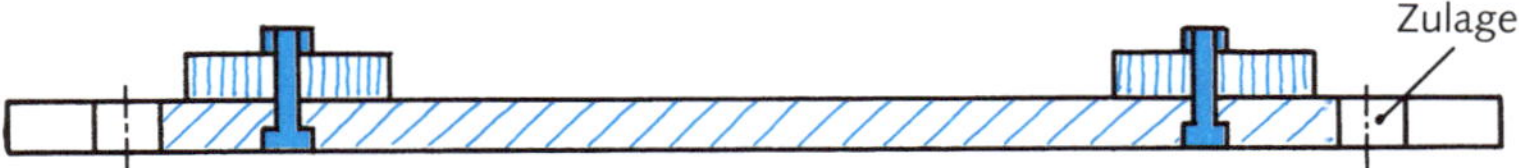

Vertikalschnitt Querrichtung: Werkstück mit aufgeschraubten Lochschablonenbrettern und Zulagen

Da die Herstellung sehr aufwendig ist, lohnt sich die Vorrichtung nur für größere Serien von Werkstücken. Sie besteht aus zwei Querbrettern, in die links und rechts zwei Langlöcher eingefräst sind. Diese Bretter werden oben und unten an die Zulagen des Werkstücks angelegt. Anschließend werden zwei Langlochstreifen mit Positionsbohrungen so aufgelegt, dass sie über den Querbrettern liegen. Die Langlochstreifen werden mit Schrauben an den Querbrettern genau in Position verschraubt und mit Keilen an den Zulagen des Werkstücks fixiert.

7.4 Einfache Serien-Eckfräsvorrichtung

Fräsen mehrerer Schrägbohrungen in die Kante eines Werkstücks

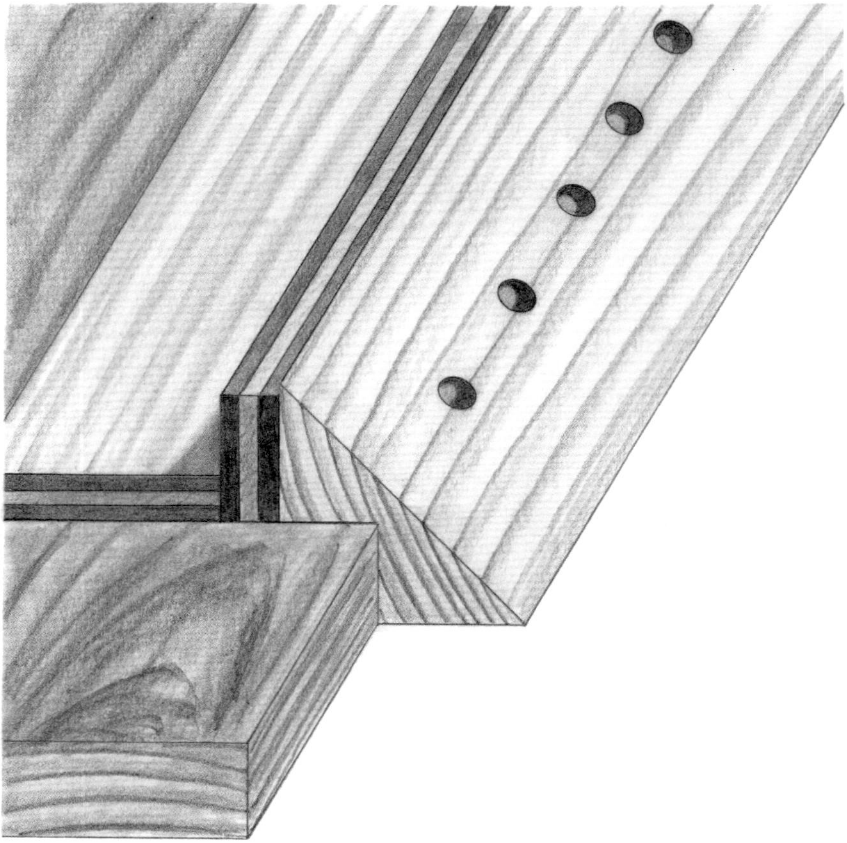

Ansicht: Werkstück mit aufgelegtem Prisma mit Positionsbohrungen und Auflagewinkel aus Multiplex (die Bohrungen wurden mit Kopierhülse und Nutfräser hergestellt)

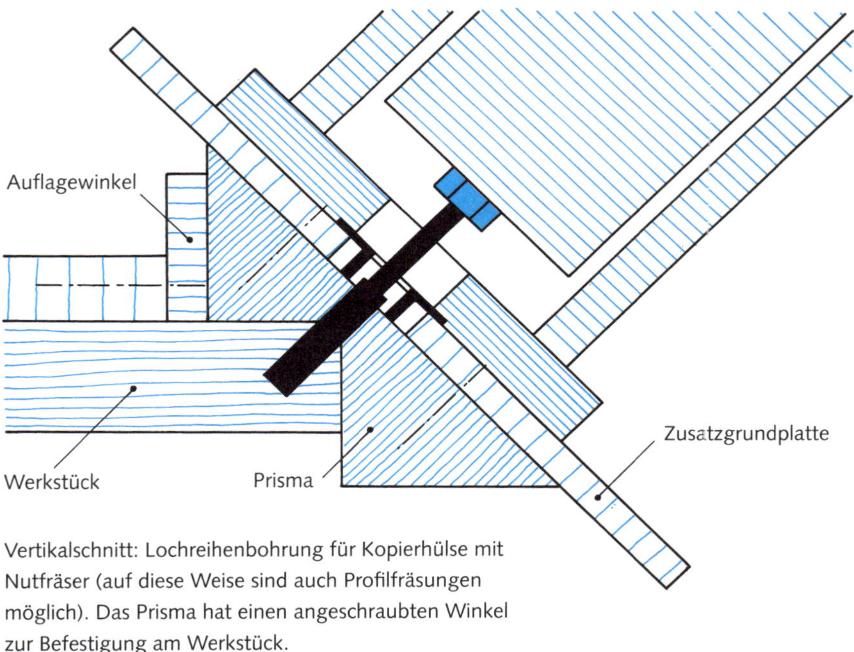

Vertikalschnitt: Lochreihenbohrung für Kopierhülse mit Nutfräser (auf diese Weise sind auch Profilfräsungen möglich). Das Prisma hat einen angeschraubten Winkel zur Befestigung am Werkstück.

Die Vorrichtung besteht aus einer Dreiecksleiste, in deren Längskante ein Prisma eingeschnitten ist. Vorher wurden Positionsbohrungen in die Dreiecksleiste eingebohrt. Das Prismendreieck mit den Positionsbohrungen wird auf die Kante des Werkstücks aufgelegt. Danach wird ein Auflagewinkel an die obere Kante der Dreiecks-Prismenleiste geschraubt, um sie sicher auf dem Werkstück zu fixieren. Anschließend können die Bohrfräsungen ausgeführt werden.

7.5 Verstellbare Bohrvorrichtung

Einbringen von Bohrungen in Stirnseiten von Werkstücken

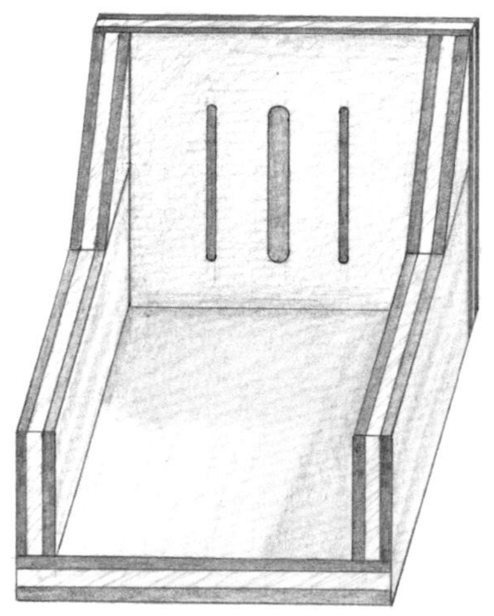

Ansicht:
Befestigungsvorrichtung mit Langlöchern zur Höhenverstellung des Fräswerkzeugs

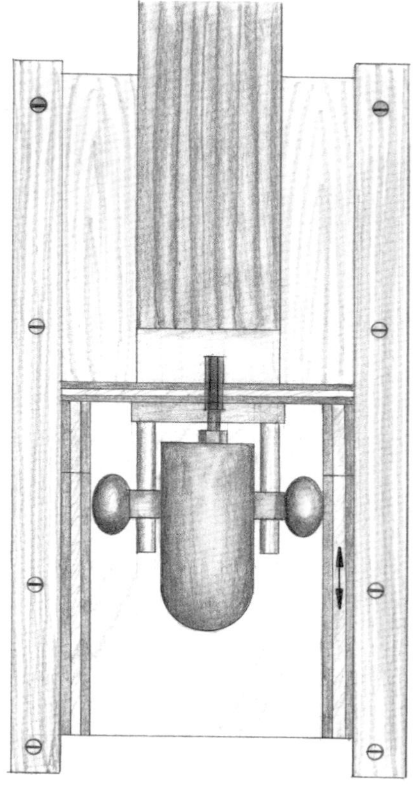

Draufsicht: Vorrichtung mit Oberfräse zwischen seitlichen Führungen; Werkstück mit Passleisten

        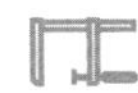

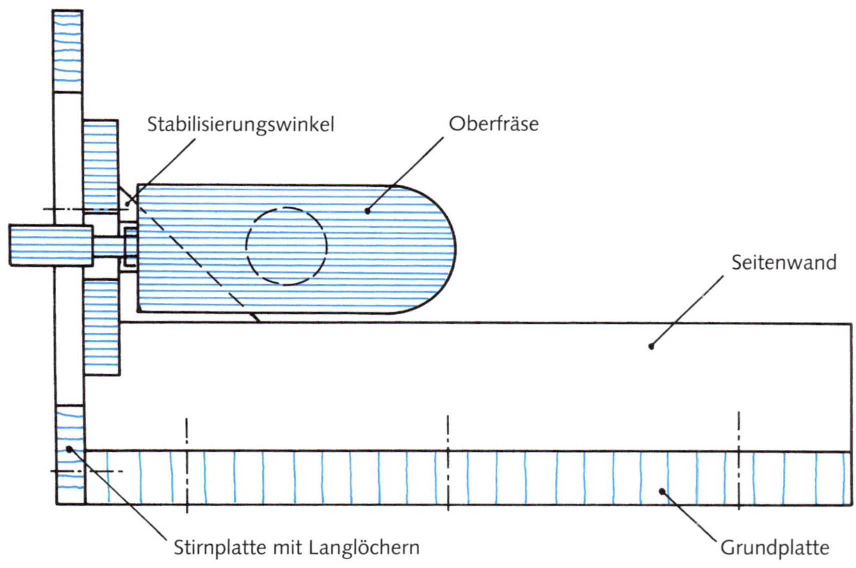

Vertikalschnitt: Oberfräse in Führungskasten mit Werkstück

Die Vorrichtung besteht aus einer Grundplatte mit zwei Seitenführungen und einem U-förmigen Kasten, der zwischen den Führungsleisten geführt wird. In der Stirnseite des Kastens befinden sich drei senkrechte Langlochbohrungen, zwei für die Führungsschrauben und eine für das Fräswerkzeug. Wird an der Bodenplatte der Oberfräse eine Zusatzplatte befestigt, kann die Oberfräse damit an der Stirnseite des Fräskastens befestigt werden. Das Werkstück wird von außen an die Stirnplatte des Kastens geschoben und fixiert. Änderungen der Fräsposition können sowohl durch Unterlegen und Verschieben des Werkstücks als auch durch die Höhenverstellung der Oberfräse erreicht werden. Die Bohrung kann auch ausgeführt werden, indem der Kasten mit der montierten Oberfräse gegen das Werkstück geschoben wird.

7.6 Bohrfräsvorrichtung für Serienfräsungen

Serienfräsungen in Stirnkanten und Flächen von Werkstücken

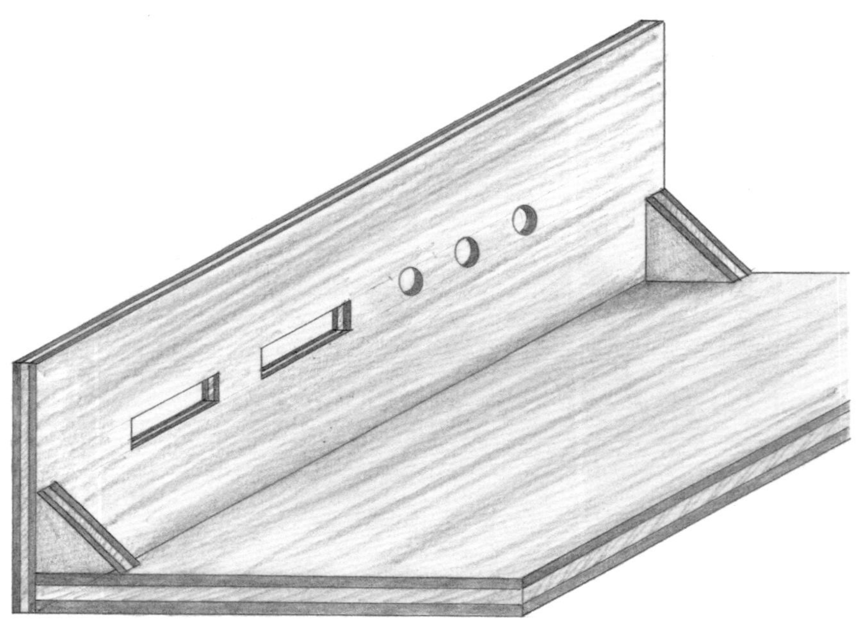

Ansicht: Schablonenwinkel mit Langlöchern und Bohrungen; die Bohrungen werden mittels Kopierhülse gefertigt.

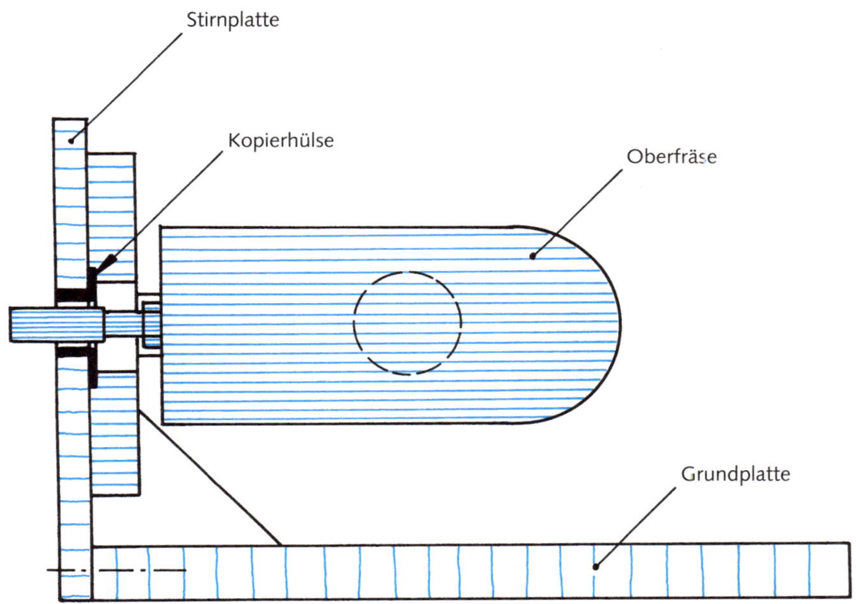

Vertikalschnitt: Fräsvorrichtung mit Multiplexwinkel (Schablonenwinkel) und Oberfräse mit Kopierhülse

Die Vorrichtung besteht aus einem großen Winkel aus Multiplex mit zwei Dreieckswinkeln zur Verstärkung. Der Winkel wird passgenau am Werkstück ausgerichtet und fixiert. Danach werden die Motive mit der Oberfräse und montierter Kopierhülse gefräst. Die Fräshöhe wird durch Unterlegen des Werkstücks mit Distanzmaterial bestimmt.

7.7 Komplexe Bohrfrässchablonenvorrichtung

Anbringen unterschiedlicher Bohrungen, zusätzlicher Formfräsungen o. Ä.

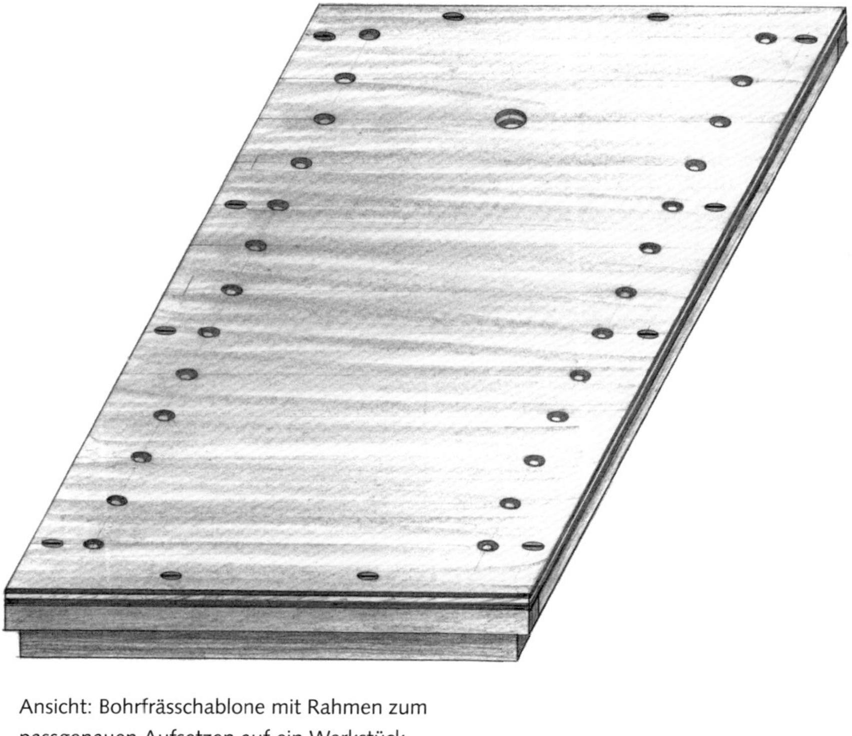

Ansicht: Bohrfrässchablone mit Rahmen zum passgenauen Aufsetzen auf ein Werkstück

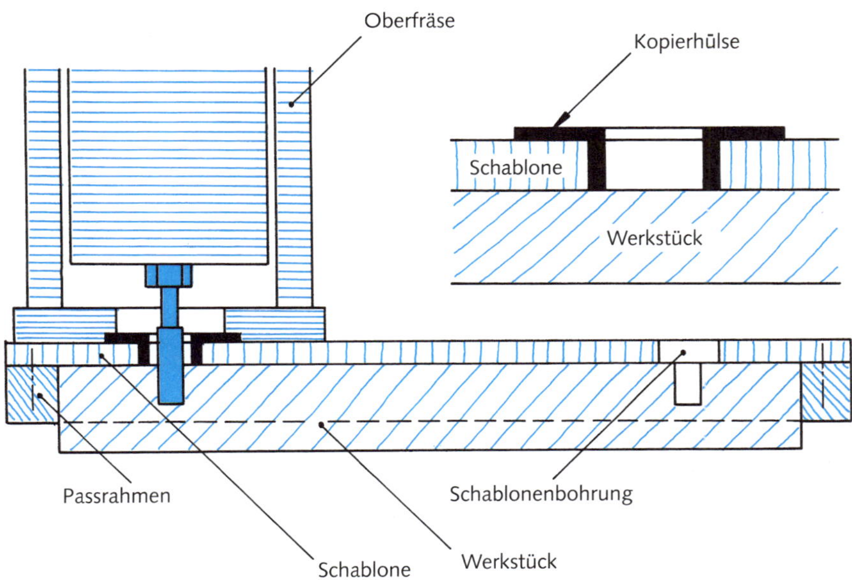

Vertikalschnitte: Kopierhülse mit Werkstück (rechts). Oberfräse mit Bohrschablone, Seitenführungen und Werkstück (links)

Die Großschablone wird so gearbeitet, dass die Fräsarbeiten mit montierter Kopierhülse ausgeführt werden können. Die Schablonenvorrichtung besteht aus einer großen Multiplexplatte, in die entsprechende Bohrungen und Aussparungen eingearbeitet sind. Unter der Platte wird ein Rahmen aus Leisten aufgeschraubt, der genau auf das zu bearbeitende Werkstück passt. Die Schablone wird mit dem Rahmen auf das Werkstück aufgesetzt und ist damit sicher fixiert. Nach dem Fräsvorgang kann die Vorrichtung problemlos auf weitere Werkstücke aufgelegt werden.

7.8 Bohrfrässchablone für unterschiedliche Fräswerkzeuge

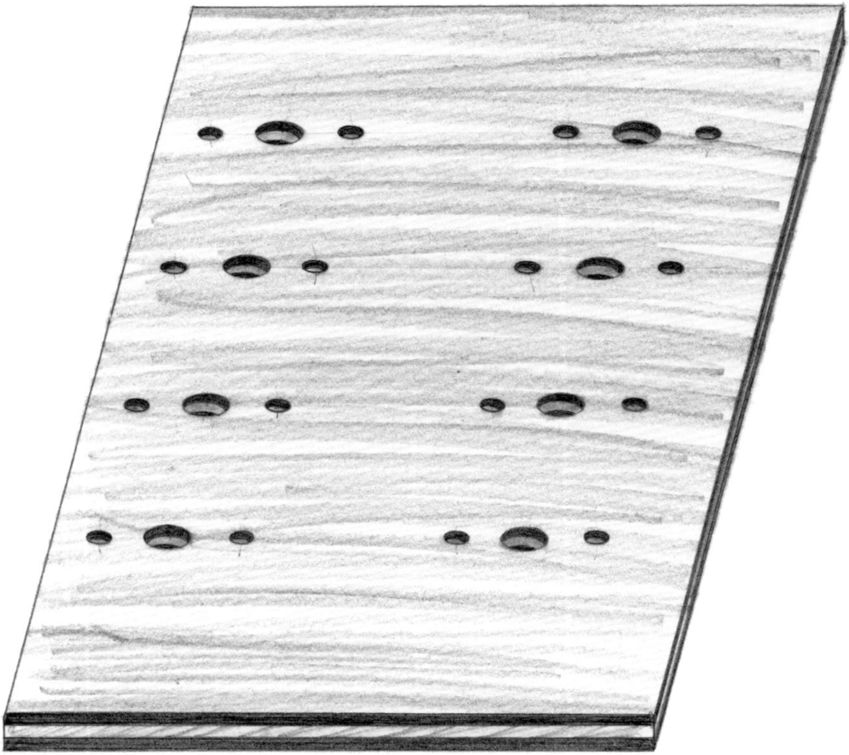

Ansicht: Schablone mit Doppelpassbohrungen und Mittenöffnung für unterschiedliche Werkzeugdurchmesser (so sind auch Profilbohrungen möglich, z. B. halbrunde Vertiefungen u. Ä.)

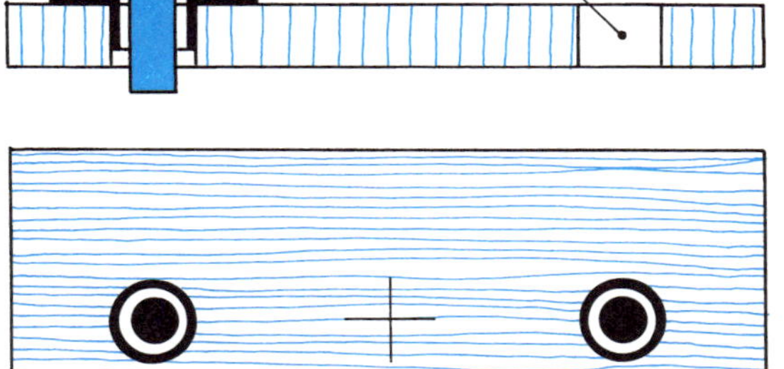

Vertikalschnitt: Bohrschablone für Doppelpassbohrungen

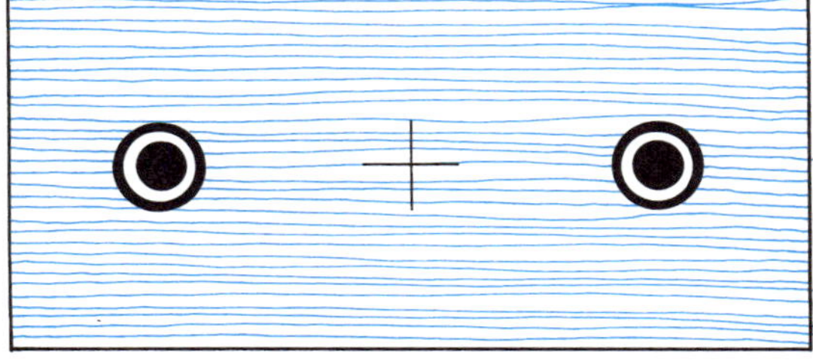

Horizontalschnitt: Bohrschablone für Doppelpassbohrungen mit Kopierhülse und Fräsbohrer bzw. Nutfräser

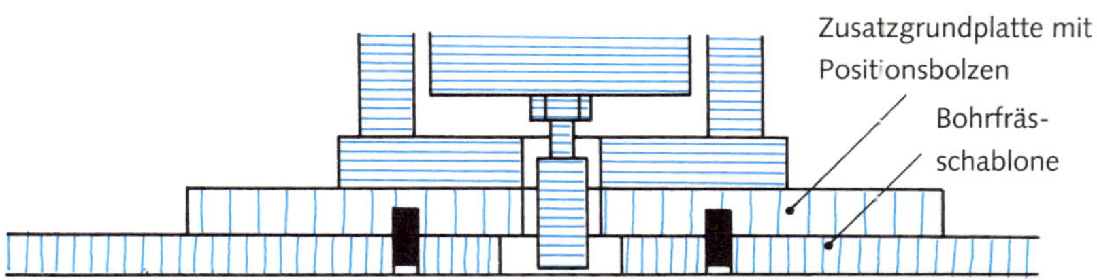

Vertikalschnitt: Oberfräse mit Zusatzgrundplatte und Passbolzen sowie Fräs-/Bohrwerkzeug und Bohrschablone für das Werkstück

Bei der Vorrichtung können bei festgelegter Fixierung der Oberfräse unterschiedliche Durchmesser von Fräswerkzeugen verwendet werden. Sie besteht aus einer Multiplexplatte, in die paarweise Positionsbohrungen eingearbeitet sind. Diese Doppelbohrungen dienen dazu, zwei Führungszapfen aufzunehmen, die sich in der Zusatzgrundplatte der Oberfräse befinden. Diese Zusatzplatte sollte aus einer Leichtmetallplatte hergestellt werden, kann aber auch aus einer stabilen Multiplexplatte bestehen. Wichtig: Die beiden Führungszapfen müssen genau den gleichen Abstand zum Fräsmittelpunkt haben. Nur wenn die Zusatzgrundplatte dann auch mittig befestigt wird, können genaue Fräsbohrungen durchgeführt werden. Die Verwendung einer Aluminiumplatte hat den Vorteil, dass Gewindebohrungen für die Bolzen hergestellt werden können.

         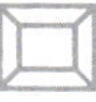

7.9 Bohrfrässchablonenvorrichtung

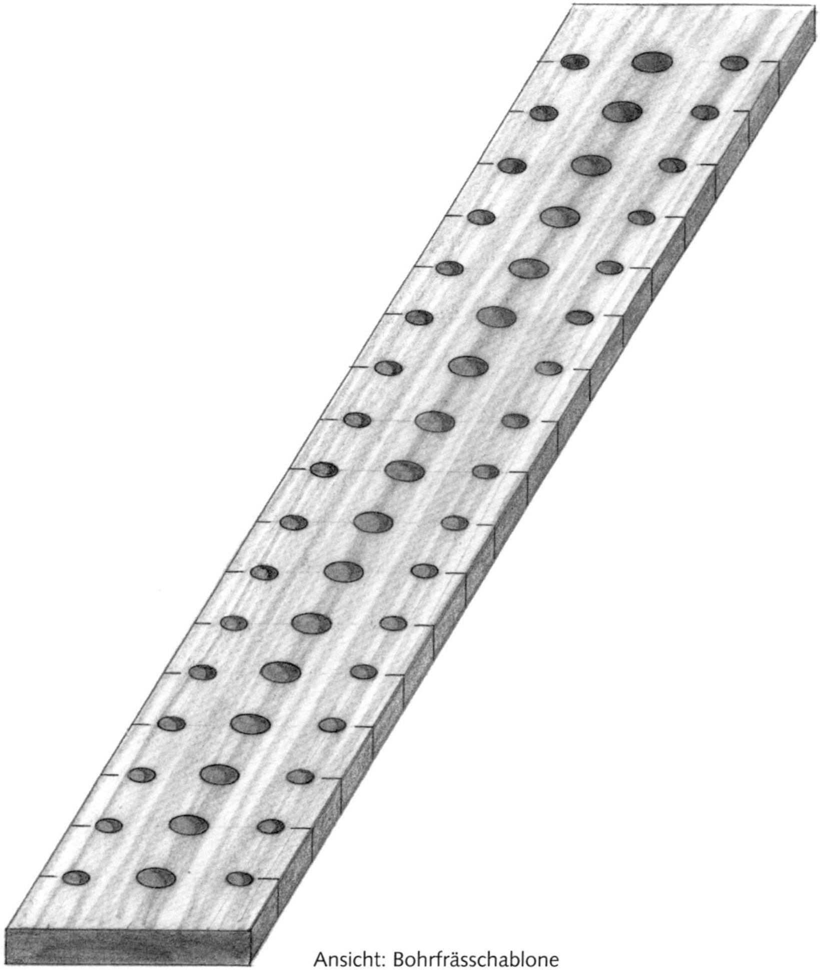

Ansicht: Bohrfrässchablone

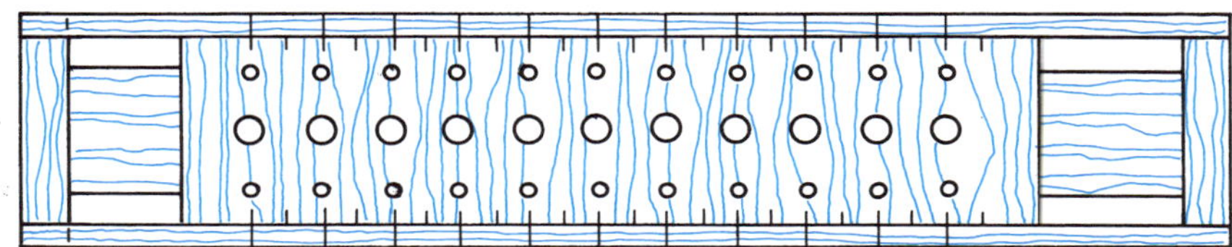

Variante mit Grundrahmen (bessere Verstellbarkeit)
Draufsicht: Bohrfrässchablone, Rahmen und Distanzplatten

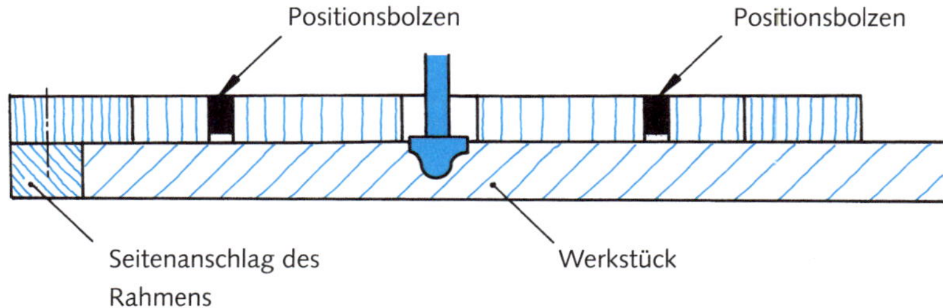

Vertikalschnitt: Grundrahmen mit Seitenanschlag und Bohrfrässchablone mit Positionsbolzen und Profilfräser

Die Fräsvorrichtung entspricht im Prinzip der Vorrichtung 7.8, ist aber für Fräsarbeiten an längeren Werkstücken konzipiert. Es können Fräswerkzeuge mit unterschiedlichen Durchmessern benutzt werden. Die Vorrichtung besteht aus einem langen Multiplexstreifen, in den in gleichen Abständen Doppelbohrungen eingearbeitet sind. Mittig zwischen beiden Bohrungen befindet sich eine größere Bohrung zum Durchlass unterschiedlicher Fräswerkzeuge.

8 Buchstabenfräsvorrichtungen

8.1 Schriftschablonen-Fräsvorrichtung

Herstellung von Negativ- und Positivbuchstaben

Teilansicht: Grundrahmen und Verschieberahmen mit eingelegter Buchstabenschablone (hier: Buchstabe »O« mit Verbindungsstegen für den Mittelteil; für den Buchstaben werden zwei Schablonen benötigt)

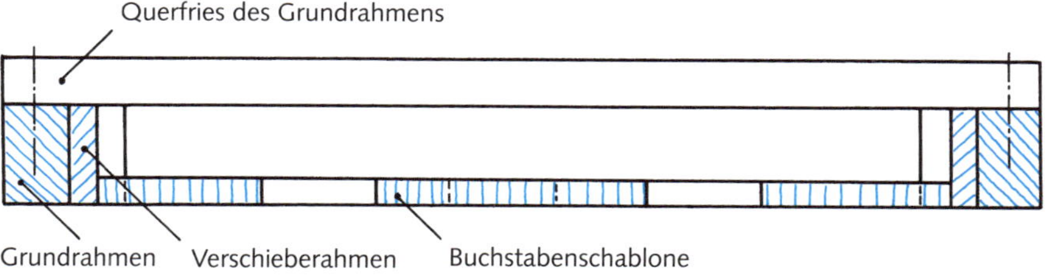

Vertikalschnitt: Grund- und Verschieberahmen mit Buchstabenschablone

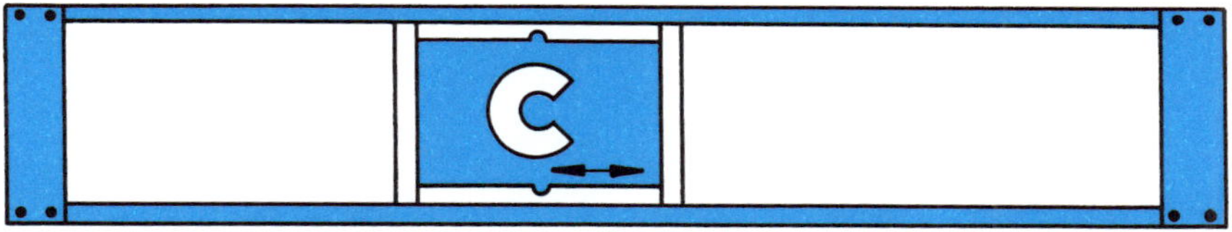

Draufsicht: Grundrahmen mit Verschieberahmen und Buchstabenschablone

Die Vorrichtung besteht aus einem rechteckigen, stabilen Rahmen, in den ein Zusatzrahmen passgenau eingelegt werden kann. In den Zusatzrahmen werden die Buchstabenschablonen eingelegt. Die Schablonen haben angearbeitete Halbkreisausbuchtungen, die in die halbkreisförmigen Aussparungen des Zusatzrahmens passen. Werden die Schablonen passgenau ausgesägt, kann auf diese Ausbuchtungen auch verzichtet werden. Der lange Grundrahmen wird fest auf dem Werkstück fixiert, sodass alle Buchstaben sicher auf einer Linie sind. Wird beispielsweise ein »O« gefräst, so muss der mittlere Kreis mit Stegen mit der Schablone verbunden werden. Um das »O« dann vollständig fertig fräsen zu können, muss ein zweites »O« hergestellt werden, bei dem sich die Stege an anderer Stelle befinden. So lassen sich die Buchstaben als Ganzes fertig fräsen. Bei Positivbuchstaben wird das gleiche Verfahren angewendet. Durch Verschieben des Zusatzrahmens können nach und nach alle Buchstaben eines Wortes oder Satzes gefräst werden. Die Vorrichtung eignet sich allerdings nur für relativ große Buchstaben.

8.2 Positiv-Schablonenvorrichtung für spezielle Buchstaben in Großformat

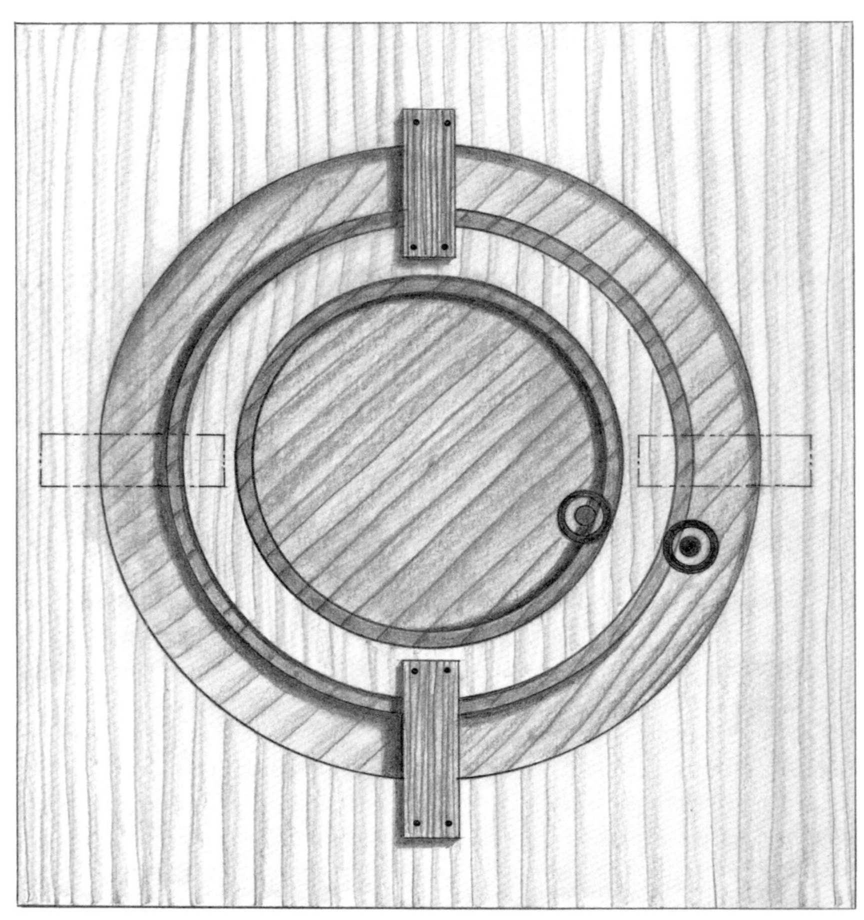

Draufsicht: Quadratische Grundschablone mit Buchstabenschablone und Verbindungsstegen sowie Werkstückausschnitt

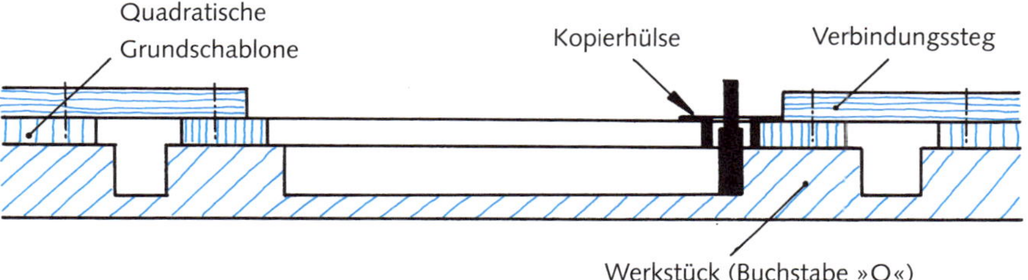

Vertikalschnitt: Werkstück mit Grund- und Buchstabenschablone mit Verbindungsstegen

Die Schablonenvorrichtung wird benutzt, um Buchstaben wie das »O« oder das »e« als Positiv- oder Negativform herzustellen. Wie die Vorrichtung 8.1 besteht diese Vorrichtung aus einem Grundrahmen, der auf das Werkstück aufgelegt wird. Die Buchstabenschablonen werden allerdings direkt in den Rahmen eingelegt und fixiert. Speziell für Buchstaben wie das »O« wird ein Ring aus Multiplex mit aufgeschraubten Stegen verbunden. Mit Oberfräse und Kopierhülse wird dieser Ring von beiden Seiten umfahren und so der Buchstabe gefräst. Um die stehengebliebenen Stege wegfräsen zu können, werden versetzt neue Stege mit dem Ring verschraubt. Erst dann können die alten Stege entfernt werden. Auf diese Weise wird der Ring genau in Position gehalten und der Buchstabe kann in einem weiteren Arbeitsgang fertig gefräst werden.

8.3 Biegeschablonen-Buchstabenfräsvorrichtung

Fräsen von Buchstaben und Schriften in zylindrische Werkstücke

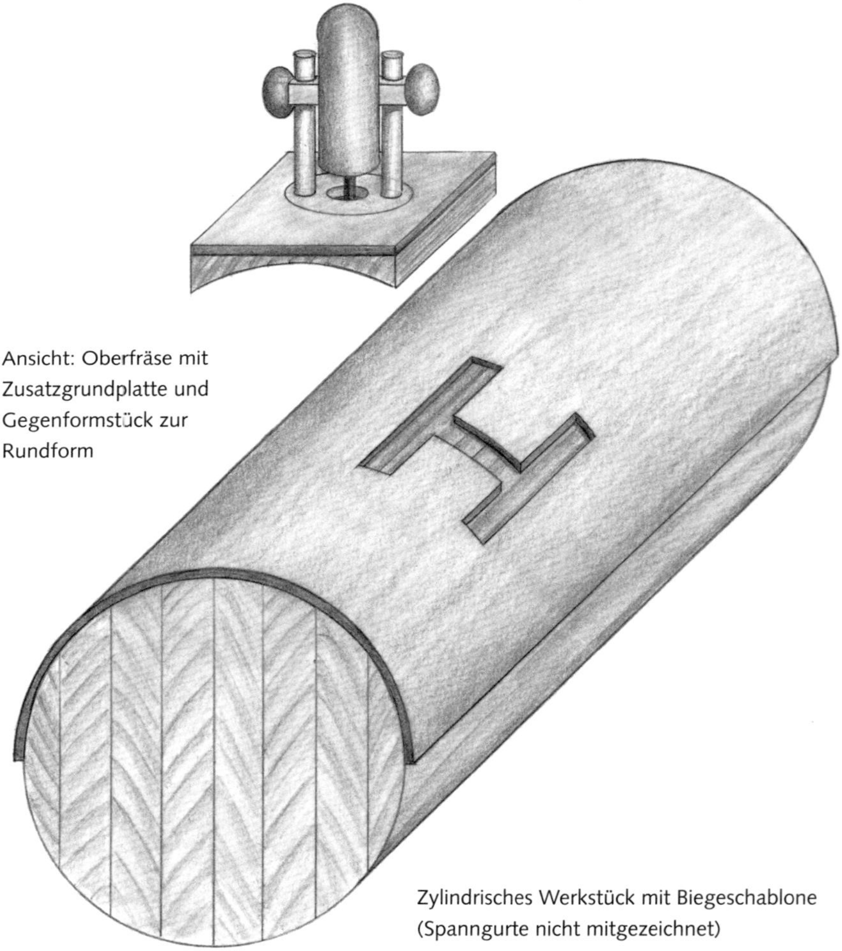

Ansicht: Oberfräse mit Zusatzgrundplatte und Gegenformstück zur Rundform

Zylindrisches Werkstück mit Biegeschablone (Spanngurte nicht mitgezeichnet)

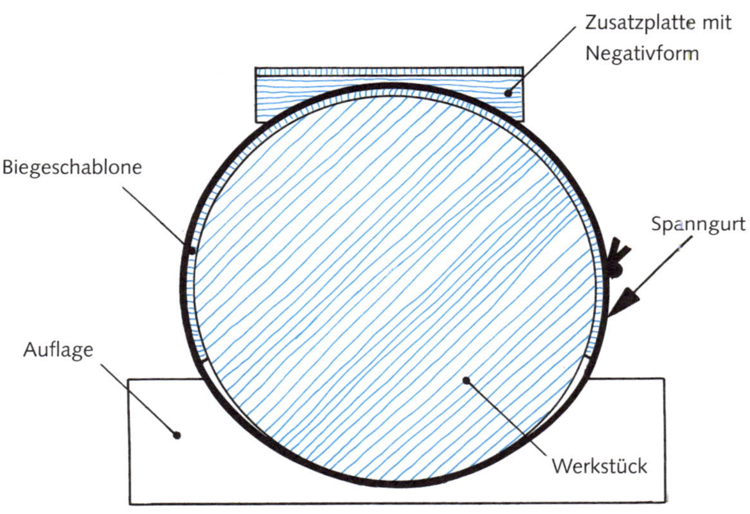

Vertikalschnitt: Zylindrisches Werkstück, Biegeschablone, Spanngurt und Zusatzgrundplatte mit Negativform

Die Buchstaben werden in eine Hartfaserplatte geschnitten und auf Maß gefeilt. Anschließend wird die Platte in feuchtem Zustand mit dem Werkstück verbunden und unter Zugabe von gebogenen Zulagen gebogen und getrocknet. Dann wird diese gebogene Schablone auf dem Werkstück fixiert, sodass die Motivfräsung durchgeführt werden kann. Um überhaupt fräsen zu können, muss für die Oberfräse eine Zusatzgrundplatte hergestellt und mit der Oberfräse verbunden werden. Unter die Zusatzplatte wird eine Negativform des Werkstücks mit dem zusätzlichen Dickenmaß der Schablone geschraubt. Auf diese Weise liegt die Oberfräse sehr gut auf der Unterlage auf und kann problemlos von oben nach unten und von links nach rechts und umgekehrt geführt werden. Die Biegeschablone wird mit Spanngurten fixiert, um das Werkstück nicht zu beschädigen.

8.4 Verschiebbare Frässchablonenvorrichtung für senkrechte Schriften

Fräsen von Negativ- und Positivschriften

Draufsicht: Werkstück mit Schlittenvorrichtung und verschiebbarem Schablonenrahmen für Wechsel- und Wendeschablonen

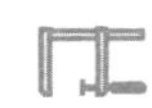

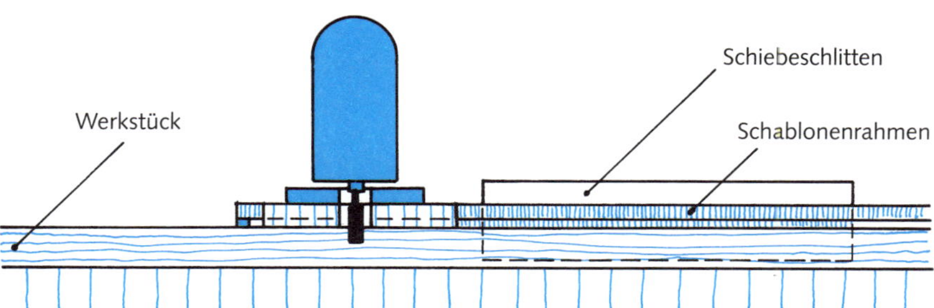

Vertikalschnitt: Seitenansicht

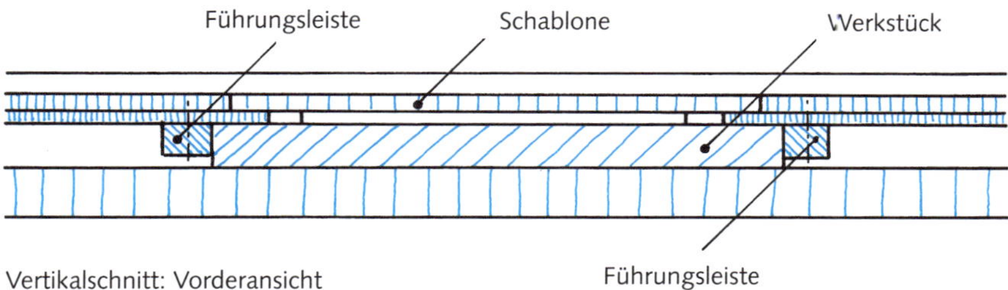

Vertikalschnitt: Vorderansicht

Die Buchstaben sind in einen rechteckigen dünnen Streifen aus Multiplex eingearbeitet und können nach Bedarf verschoben werden. Die Vorrichtung besteht aus einem rechteckigen Schlitten, der quer über das Werkstück gelegt wird. Unter dem Schlitten sind im rechten Winkel zwei Führungsleisten befestigt, die an das Werkstück angelegt werden. Zusätzlich sind zwei dünne Streifen aus Multiplex unter dem Schlitten befestigt, die einen Durchlass für den Schriftschablonenstreifen frei lassen. Die beiden Streifen liegen direkt auf dem Werkstück auf. Der Schablonenstreifen kann genau so wie der Schlitten verschoben und dadurch genau eingepasst werden. Werden die Buchstabenschablonen genau auf Mittelachse gearbeitet, können symmetrische Buchstaben wie das »O« oder das »A« durch Umdrehen der Schablone in der gleichen Höhenposition mit einer Schablone hergestellt werden.

8.5 Verschiebbare Schriftschablonenvorrichtung

Fräsen von Negativschriften mittlerer Größe

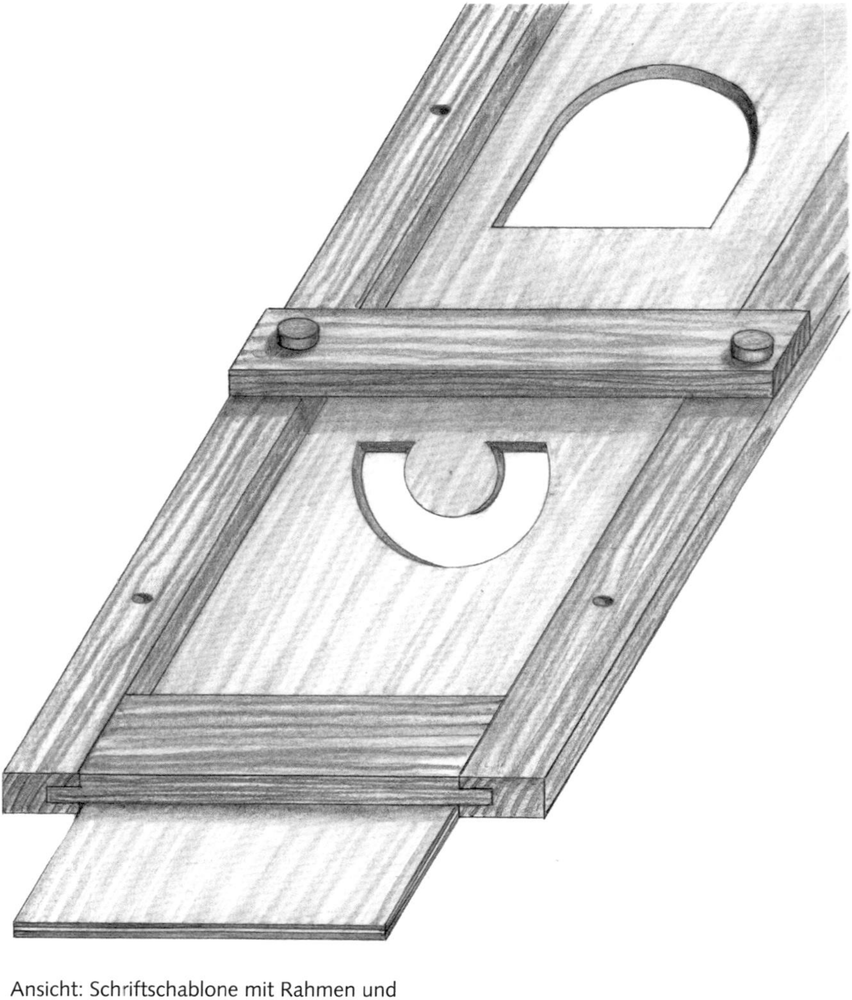

Ansicht: Schriftschablone mit Rahmen und versetzbarer Stabilisierungsleiste

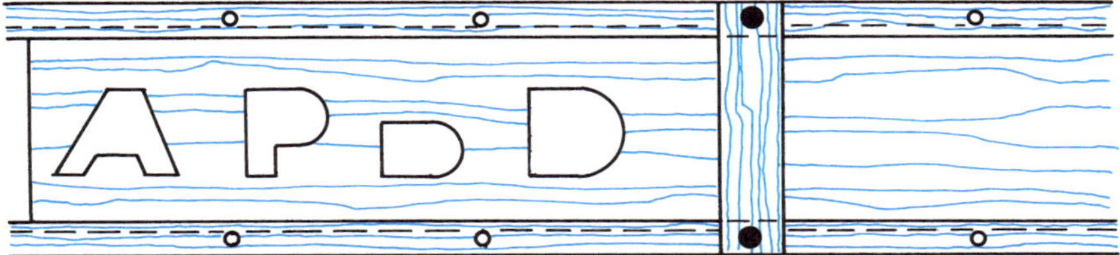

Draufsicht (Detail): Schiebeschablone und Führungsrahmen mit Stabilisierungsleiste

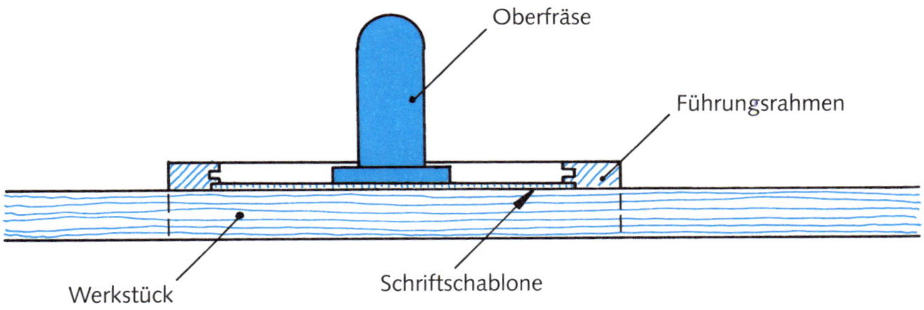

Vertikalschnitt: Werkstück, Führungsrahmen mit Schriftschablone

Es werden Universalbuchstaben-Schablonen gefertigt, die immer wieder gebraucht werden können. Die Vorrichtung besteht aus einem langen Rahmen, der an den Enden mit einem Querstück verbunden ist. Wegen der großen Länge sind in den langen Rahmenhölzern Bohrungen angebracht, in die ein Zwischensteg mit Bolzen eingesteckt werden kann. Dadurch ist es möglich, an unterschiedlichen Stellen Stabilisierungsstege zu positionieren.

Die Schablonenstreifen müssen innerhalb des Rahmens spielfrei bewegt werden können. Die Buchstabenausschnitte sind ähnlich einer Schreibschablone nach Alphabet angelegt und werden nach Bedarf verschoben. Wichtig ist selbstverständlich, dass alle Buchstaben genau auf einer Linie liegen.

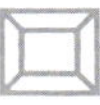

8.6 Drehbare Schriftschablonenvorrichtung zum Beschriften von Kreisformen

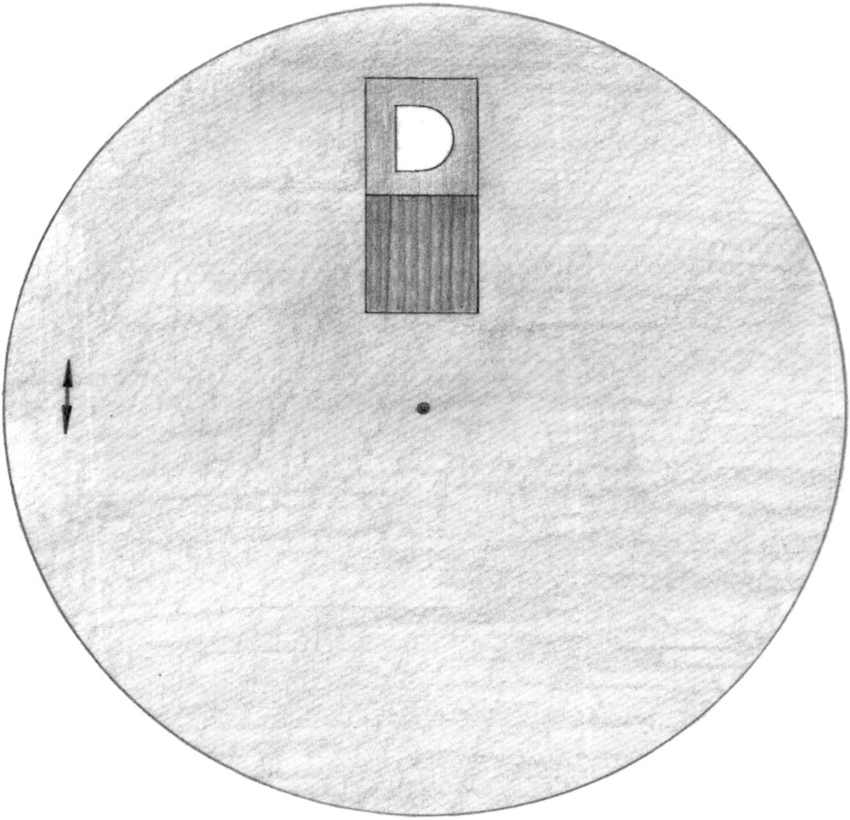

Draufsicht: Drehscheibe aus Acrylglas mit Drehbolzen und Ausschnitt für Buchstaben-Wechselschablonen (Wechselschablone kann mit Distanzplatten in der Höhe verstellt werden)

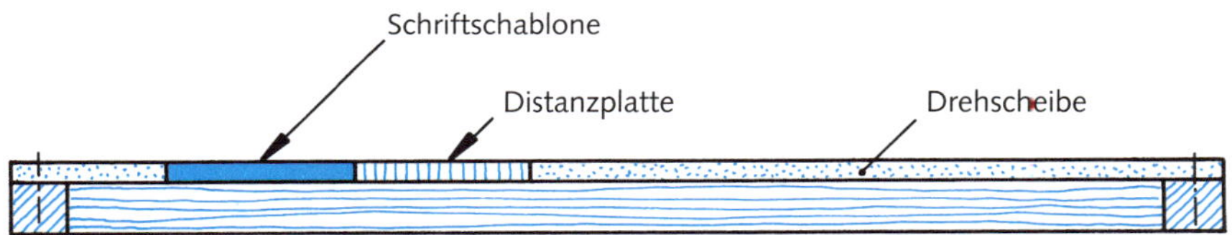

Vertikalschnitt: Variante, wenn das Werkstück nicht verletzt werden darf

Die Vorrichtung ist um einen Mittelpunktsbolzen drehbar und durch einen rechteckigen Ausschnitt auch in im rechten Winkel dazu verstellbar. Sie besteht aus einer Scheibe aus Multiplex. In der Mitte befindet sich eine Bohrung, um einen Drehbolzen aufzunehmen. In Richtung des Mittelpunkts ist die Scheibe rechteckig ausgeschnitten; der Ausschnitt dient dazu, Wechselschablonen und Distanzplatten aufzunehmen. Die Schriftschablonen werden in der richtigen Höhe in den Ausschnitt gelegt; die verbliebenen Leerräume im Rahmenausschnitt werden mit Distanzplatten spielfrei ausgefüllt. Anschließend kann die Scheibe auf dem Werkstück positioniert werden. Nachdem ein Buchstabe gefräst wurde, wird eine neue Schablone in der gleichen Höhe eingelegt und in Fräsposition gedreht. Auf diese Weise ist es möglich, Wörter in kreisförmige Werkstücke zu fräsen.

    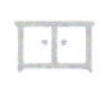     

8.7 Drehbare Schriftschablonenvorrichtung für große Werkstückdurchmesser

Kreisförmiges Fräsen von Schriften in große, kreisförmige Werkstücke

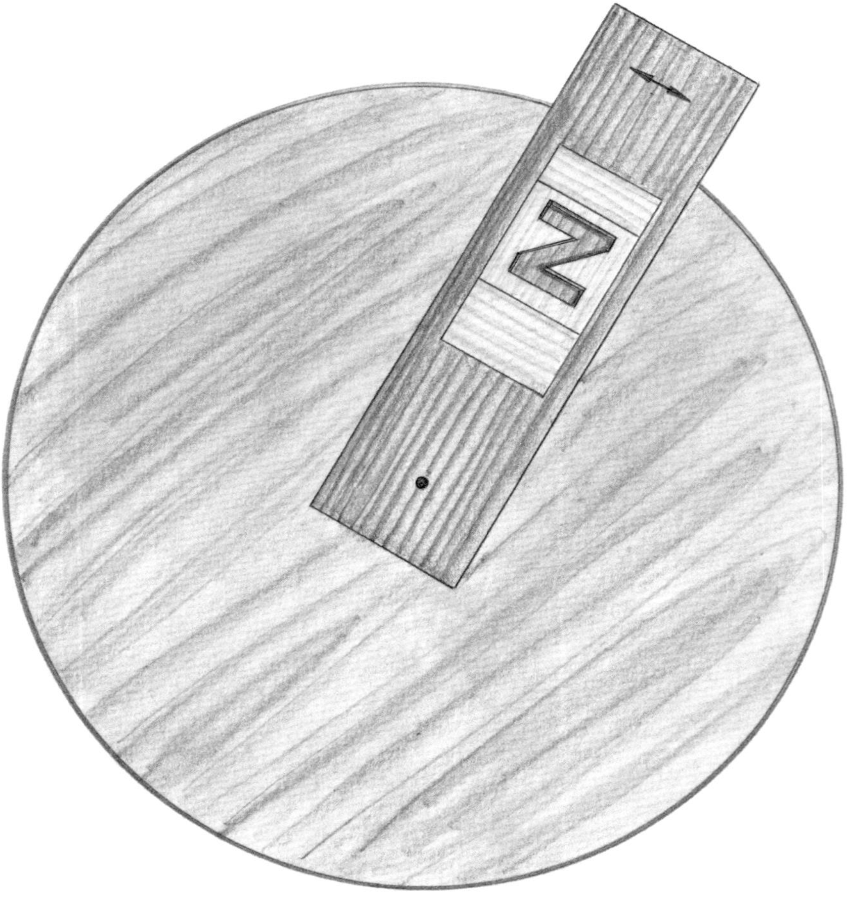

Draufsicht: Werkstück mit Kreisschablonenführung mit Rahmen zum Einsetzen von Wechselschablonen

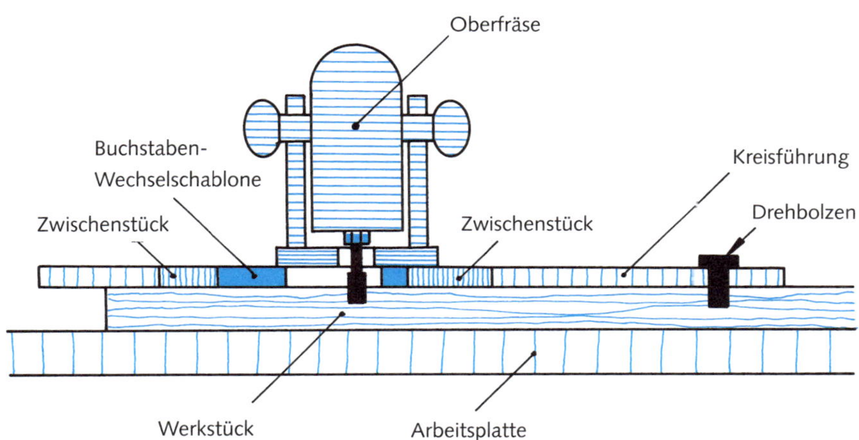

Vertikalschnitt: Kreisführung mit Buchstaben-Wechselschablone

Die Vorrichtung besteht aus einem Streifen aus Multiplex, der an einem Ende eine Bohrung für einen Drehbolzen und zusätzlich noch einen rechteckigen Ausschnitt hat, in den Wechselschablonen mit Distanzplatten eingesetzt werden können. Vom Funktionsprinzip lässt sich diese Vorrichtung mit der Vorrichtung 8.6 vergleichen. Der Vorteil ist, dass bei sehr großen Werkstücken der Materialeinsatz relativ klein ist. Außerdem ist die Vorrichtung aufgrund ihres geringeren Gewichts noch handhabbar.

8.8 Variable drehbare Schriftschablonen-Fräsvorrichtung für große Werkstücke

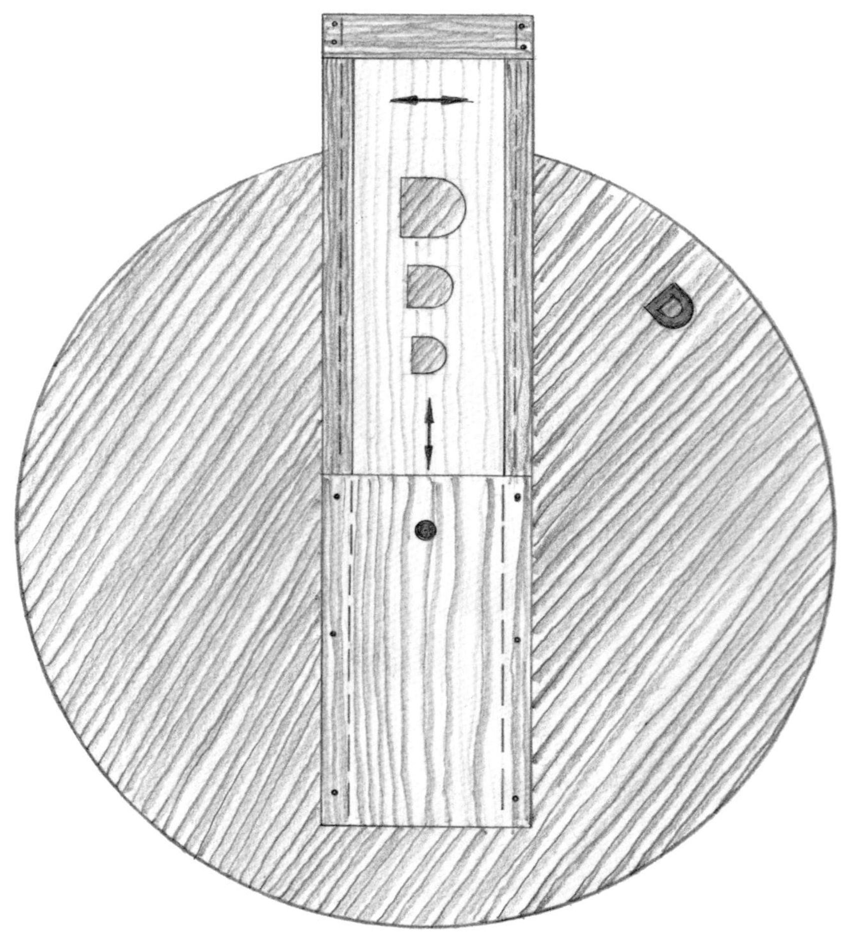

Draufsicht: Werkstück mit Kreisführung und auswechsel- und verstellbarer Buchstabenschablone

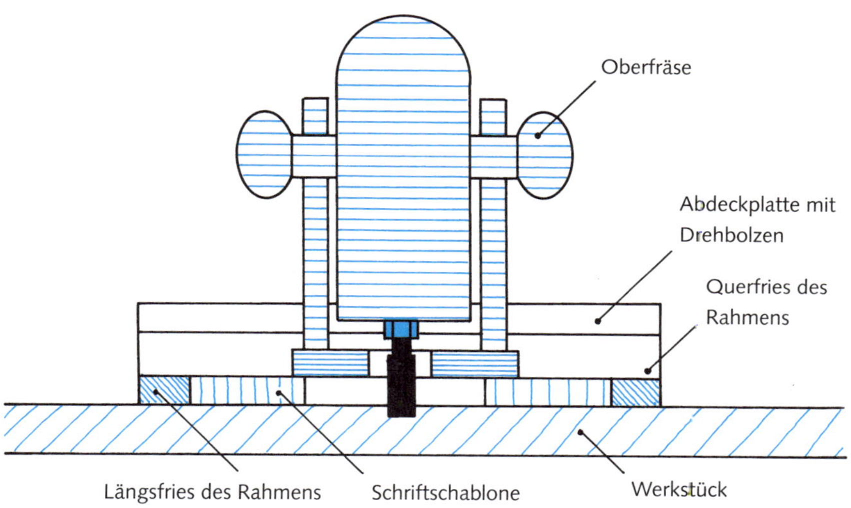

Vertikalschnitt: Oberfräse, Bolzenplatte, Schablone und Werkstück

Diese Vorrichtung wird genauso wie die Vorrichtung 8.7 für große Werkstücke verwendet. Die Vorrichtung besteht aus einem rechteckigen Rahmen, in den eine Wechselschablone eingesetzt werden kann. Auf dem Rahmen wird eine Platte verschraubt, die den Drehbolzen aufnimmt. Bei Maßveränderungen wird entweder eine neue Bohrung in die Bolzenplatte gebohrt, oder die Schablone wird gekürzt und das Differenzmaß durch Distanzplatten ausgeglichen (siehe Beispiel 8.7). Gefräst wird mit Kopierhülsen.

     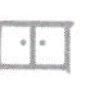     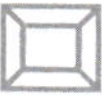

8.9 Drehbare Schriftschablone

Fräsen von wenigen Buchstaben in mittelgroße Werkstücke; für Einzelstücke geeignet

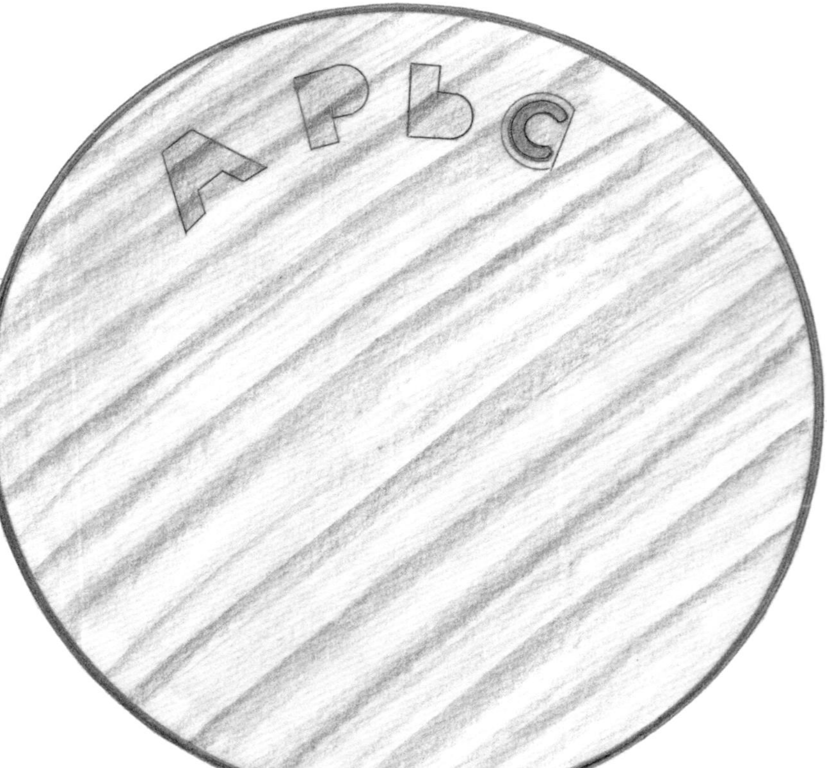

Draufsicht: Rundes Werkstück mit aufgelegter drehbarer Schriftenplatte und Führungsring

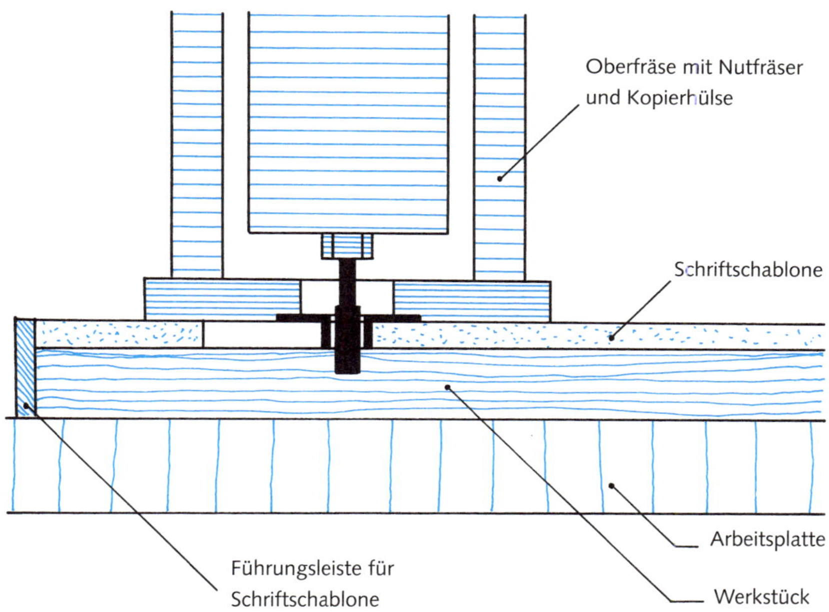

Vertikalschnitt: Rundes Werkstück mit Leistenrand und runder Schriftschablone aus Acrylglas

Die Vorrichtung besteht aus einer Scheibe aus Multiplex mit einer Mittelpunktsbohrung für die Aufnahme eines Drehbolzens. Die benötigten Buchstaben werden direkt in die Platte eingearbeitet und zwar so, dass alle Buchstaben auf einer Kreislinie liegen. Müssen Positivbuchstaben gefräst werden, ist es allerdings sinnvoll, einen Rahmen für Wechselbuchstaben vorzusehen, wobei zu beachten ist, dass die Grundlinie der Buchstaben genau eingehalten wird.

8.10 Variable Schriftfräsvorrichtung für gerade und kreisförmige Werkstücke

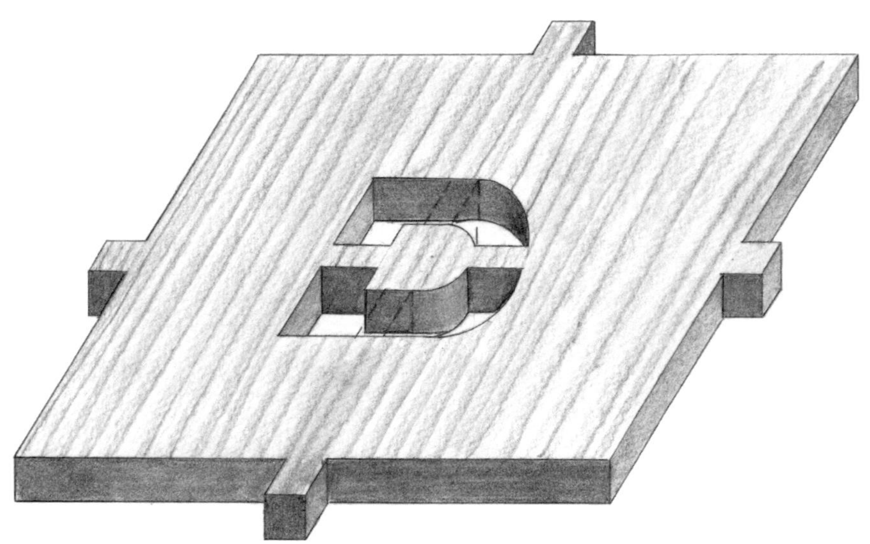

Ansicht: Wechselschablone für den Buchstaben »D« (der Buchstabe wird zweimal bearbeitet, wobei die Stege für das Mittelstück versetzt werden müssen). Die Zapfen dienen dem genauen Einpassen der Schablone.

Die Vorrichtung ist in der Herstellung etwas aufwendiger als die bisherigen Schriftfräsvorrichtungen, hat aber den Vorteil, dass sie mehr Varianten der Schriftplatzierung bietet. Sie besteht aus einem rechteckigen Rahmen, der in den Längsfriesen rechteckige Ausschnitte zur Aufnahme von (Buchstaben-) Wechselschablonen hat. Die Schablonen sind quadratisch und haben mittig angeordnet an jeder Seite rechteckige Überstände, die genau in die rechteckigen Ausschnitte des Rahmens passen. Das hat den Vorteil, dass sie gedreht und

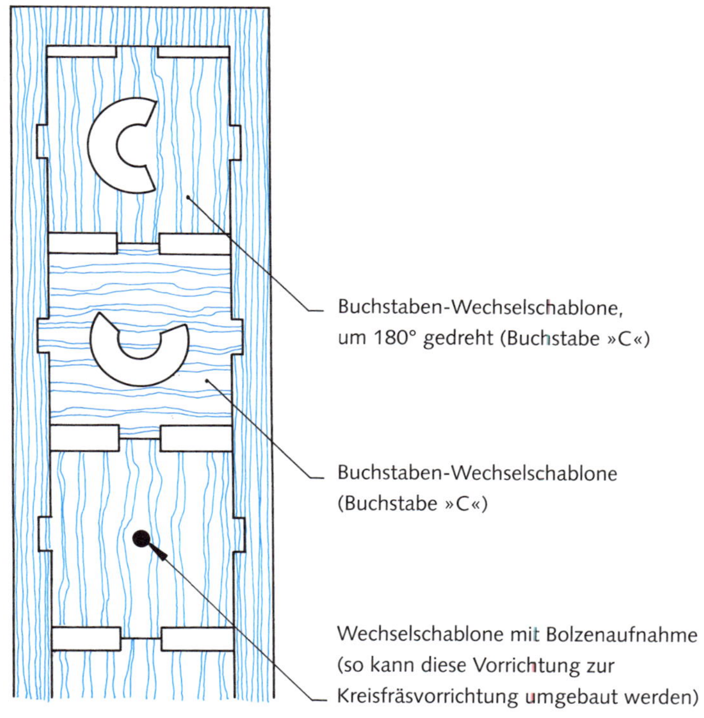

Draufsicht: Rahmenvorrichtung mit Aussparungen. (Buchstaben-) Wechselschablonen mit Wende- und Drehmöglichkeit um 180° sowie Wechselteil mit Drehbolzen

genau positioniert werden können (siehe Draufsichtzeichnung auf der rechten Seite). Zudem kann ein neutrales Teil mit einem Drehbolzen eingesetzt werden. Dadurch kann die Vorrichtung auch als Kreisschrift-Fräsvorrichtung verwendet werden. Bei Verwendung in gerader Richtung wird der Rahmen zwischen zwei geraden Führungsbrettern verschoben und fixiert. Zusätzlich kann durch unterschiedliche Einsetzpositionen der Buchstabenschablonen eine Maßveränderung herbeigeführt werden.

8.11 Einfache Buchstabenfräsvorrichtung mit Wechselschablonen

Fräsen von kurzen Wörtern mit gerader Buchstabenzahl

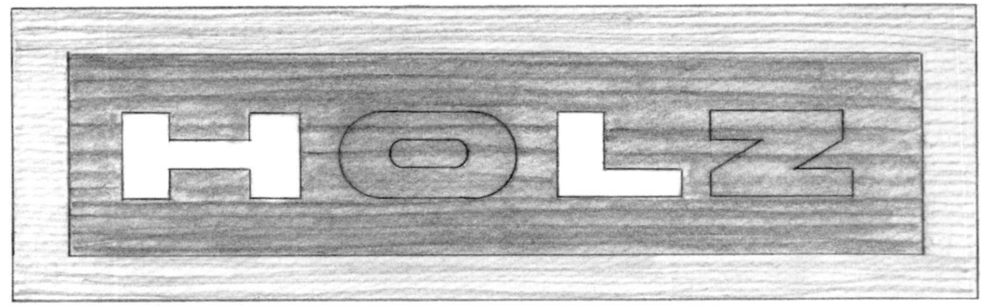

Draufsicht: Rahmen mit Einlegeschablone mit dem ersten und dritten Buchstaben eines Wortes aus vier Buchstaben

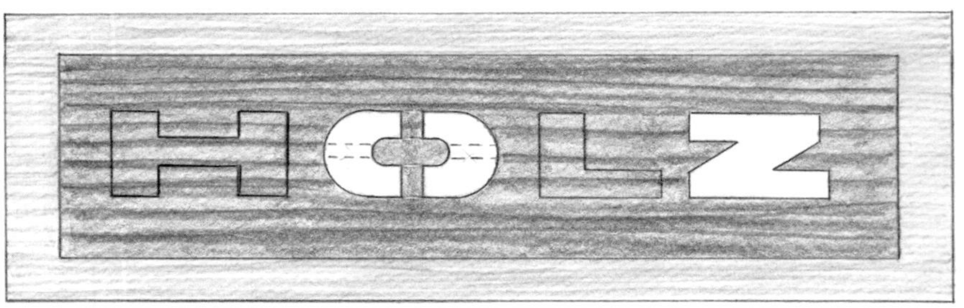

Draufsicht: Rahmen mit Einlegeschablone mit dem zweiten und vierten Buchstaben

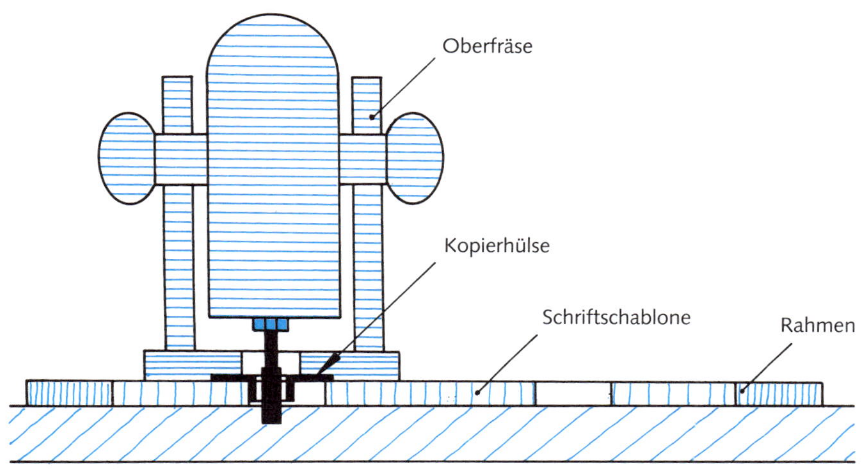

Vertikalschnitt: Oberfräse, Rahmen mit Schriftschablone

Die Vorrichtung wird verwendet, um kurze Wörter mit gerader Buchstabenzahl zu fräsen und für kleine Buchstabenabstände (Zerbrechlichkeit der Schablonen!). Sie besteht aus einem Rahmen und zwei Wechselschablonen. Wie in dem Beispiel zu sehen, wird nur jeder zweite Buchstabe in der Schablone herausgearbeitet. Dadurch liegen die Buchstaben so weit auseinander, dass die Schablone robust und stabil ist. Nachdem die Buchstaben der einen Schablone gefräst sind, werden mit der zweiten Schablone die fehlenden Buchstaben gefräst. Die Methode lässt sich auch auf andere Fräsaufgaben übertragen, wenn die zu fräsenden Motive sehr dicht beieinander liegen.

Anhang

Die Bearbeitungsideen im Überblick

1 Primärvorrichtungen zur Befestigung der Oberfräse

1.1 Einfache Befestigungsvorrichtung mit Flügelschrauben
1.2 Positioniervorrichtung
1.3 Befestigungsvorrichtung mit Metallklammern
1.4 Befestigungsvorrichtung aus zwei Teilen
1.5 Versenkbare Oberfräsenbefestigung
1.6 Bolzenscheibe
1.7 Verstellbarer Frästiefenausgleich

2 Schablonenvorrichtungen

2.1 Einfache Schablonenrahmenvorrichtung
2.2 Vierfachrahmen-Fräsvorrichtung
2.3 Wendeschablonenvorrichtung
2.4 Einfache Verschiebeschablonen-Vorrichtung
2.5 Verschiebbare Randverzierungs-Schablonenvorrichtung
2.6 Verstellbare Schablonenrahmen-Vorrichtung
2.7 Verstellbare Lochreihen-Schablonenvorrichtung
2.8 Eckfräs-Schablonenvorrichtung
2.9 Ecken-Abrundvorrichtung
2.10 Eckwinkel-Zierform-Fräsvorrichtung
2.11 Motivschablonen-Eckfräsvorrichtung
2.12 Drehbare Kreisschablone
2.13 Segmentrahmen-Fräsvorrichtung (1)
2.14 Segmentrahmen-Fräsvorrichtung (2)
2.15 Segment-Schablonenrahmen als Fertigmatrize
2.16 Schachbrettmuster-Fräsvorrichtung
2.17 Motiv-Eckschablonenvorrichtung zum randnahen Fräsen
2.18 Balken-Fräsrahmen-Zierfräsvorrichtung
2.19 Spezialrahmenvorrichtung für Wende-Wechselschablonen
2.20 Kreuzrahmen-Wechselschablonen-Fräsvorrichtung
2.21 Lamellen-Fräsvorrichtung (1)
2.22 Lamellen-Fräsvorrichtung (2)
2.23 Schablonen-Scheibendrehvorrichtung
2.24 Mehrfach drehbare Scheibenfräsvorrichtung
2.25 Fortsetzungsschablonen-Fräsvorrichtung
2.26 Mehrfach verstellbare Schlittenfräsvorrichtung zum Fräsen unterschiedlicher Motive
2.27 Mehrfach verstellbare Schlitten-Schablonenfräsvorrichtung
2.28 Mehrfach verstellbare Schlittenfräsvorrichtung für Wechselschablonenstreifen
2.29 Diagonal-Fräsvorrichtung
2.30 Einfache Kreisfräsvorrichtung für Parallelzierkehlen u. Ä.
2.31 Variable Kreisfrässchablone für Stufenfräsungen u. Ä.
2.32 Einfache verstellbare Scheibenfräsvorrichtung für festgelegte Positionen
2.33 Wiederholungsschablonen-Umsteckvorrichtung mit Rahmen
2.34 Schablonenvorrichtung zum Fräsen paralleler Nuten oder Gitter o. Ä.
2.35 Wechselschablonenvorrichtung in Kreuzform

5 Sondervorrichtungen

5.1 Ausbesserungsvorrichtung
5.2 Türfalz-Ausbesserungsvorrichtung
5.3 Schablonen-Platzierungsvorrichtung für große Werkstücke
5.4 Schablonenvorrichtung für schwer zugängliche, große bearbeitete Werkstücke
5.5 Vorrichtung zum Fräsen von Parallelzierkehlen in unregelmäßige Werkstücke
5.6 Frässchlitten zur Herstellung von Parallelfräsungen
5.7 Einfacher Frässchlitten für zylindrische Werkstücke
5.8 Schrägfräsvorrichtung
5.9 Frässchmiege
5.10 Parallelfräsvorrichtung als Schiebeschlittenausführung
5.11 Variable Parallelfräsvorrichtung
5.12 Spezialkreisfräsvorrichtung zum Fräsen von Segmentstreifen
5.13 Verstellbare Fräsbrücke
5.14 Eintauchfräsvorrichtung
5.15 Zusatzfrästeller zur nachträglichen Bearbeitung von Vertiefungen
5.16 Oberfräsenhobel
5.17 Fräshobel-Kantenbearbeitungsvorrichtung
5.18 Überblattungs- und Zapfenfräsvorrichtung
5.19 Kanten-Schrägfräsvorrichtung
5.20 Kantenausbesserungsvorrichtung
5.21 Positiv-Negativ-Fräsvorrichtung
5.22 Spezialvorrichtung zur nachträglichen Bearbeitung von Zierrosetten u. Ä.
5.23 Langloch-Fräsvorrichtung
5.24 Schlittenfräsvorrichtung zum Fräsen von Schrägen
5.25 Führungsvorrichtung zum Nachfräsen von Kanten von Verschalungen
5.26 Kantenbearbeitungsvorrichtung
5.27 Kantenbearbeitungsvorrichtung für geschwungene Verschalungen u. Ä.
5.28 Verschalungsfräsvorrichtung
5.29 Frässchlitten für gebogene Werkstücke
5.30 Frässchlitten für Bogenformen
5.31 Innenbogen-Fräsvorrichtung
5.32 Figuren-Fräsvorrichtung
5.33 Kleinfiguren-Fräsvorrichtung
5.34 Spezialbohrfräsvorrichtung
5.35 Kantenbearbeitungsvorrichtung für geschweifte Formen
5.36 Zapfenlochfräsvorrichtung/Reparaturvorrichtung
5.37 Vorrichtung für beidseitig bearbeitbare Kleinteile
5.38 Formfräsvorrichtung zur Serienfertigung von Zaunlattenenden u. Ä.
5.39 Spannvorrichtung für Kleinteile
5.40 Kopierhülsen-Wechselvorrichtung
5.41 Kopierhülsenvorrichtung
5.42 Kurvenfräslineal zur Schablonenherstellung

6 Vorrichtungen zur Kantenbearbeitung

6.1 Einfache Kantenbearbeitungsvorrichtung
6.2 Kantenfräsvorrichtung mit Schablonenwechselvorrichtung
6.3 Kantenfräsvorrichtung für liegende Werkstücke
6.4 Kombinierte Bohrfräsvorrichtung
6.5 Verstellbare Kantenfräsvorrichtung

7 Bohrfräsvorrichtungen

7.1 Einfache Positioniervorrichtung
7.2 Lochreihen-Schablonenvorrichtung
7.3 Verstellbare Serien-Fräsbohrvorrichtung

7.4 Einfache Serien-Eckfräsvorrichtung
7.5 Verstellbare Bohrvorrichtung
7.6 Bohrfräsvorrichtung für Serienfräsungen
7.7 Komplexe Bohrfrässchablonenvorrichtung
7.8 Bohrfrässchablone für unterschiedliche Fräswerkzeuge
7.9 Bohrfrässchablonenvorrichtung

8 Buchstabenfräsvorrichtungen
8.1 Schriftschablonen-Fräsvorrichtung
8.2 Positiv-Schablonenvorrichtung für spezielle Buchstaben in Großformat
8.3 Biegeschablonen-Buchstabenfräsvorrichtung
8.4 Verschiebbare Frässchablonenvorrichtung für senkrechte Schriften
8.5 Verschiebbare Schriftschablonenvorrichtung
8.6 Drehbare Schriftschablonenvorrichtung zum Beschriften von Kreisformen
8.7 Drehbare Schriftschablonenvorrichtung für große Werkstückdurchmesser
8.8 Variable drehbare Schriftschablonen-Fräsvorrichtung für große Werkstücke
8.9 Drehbare Schriftschablone
8.10 Variable Schriftfräsvorrichtung für gerade und kreisförmige Werkstücke
8.11 Einfache Buchstabenfräsvorrichtung mit Wechselschablonen

Stichwortverzeichnis

Weitere Titel aus der Reihe

Handbuch für Schreiner

Richard Wagner

Die Oberfräse und andere Spezialwerkzeuge
150 Zusatzvorrichtungen zum Nachbauen

328 Seiten mit 494 Abbildungen
ISBN 978-3-421-03436-6

Richard Wagner liefert Tischlern und Hobbyschreinern über 150 Ideen für die besonderen Einsatz- und Erweiterungsmöglichkeiten mobiler Elektrowerkzeuge in der Holzbearbeitung. Zusatzvorrichtungen für den Gebrauch der Oberfräse bilden den Schwerpunkt des Buchs. Als außerordentlich vielseitiges Elektrowerkzeug ist sie mit diesen Vorrichtungen so variabel einsetzbar, dass unzählige Bearbeitungsprobleme in den Griff zu bekommen sind.
Darüber hinaus gibt der Autor in Text und Bild eine Fülle von Anregungen für den Umgang mit Band- und Winkelschleifer, Bohr- und Drechselmaschine, Stich- und Handkreissäge sowie hilfreiche Tipps für Spann- und Verleimvorrichtungen und vieles mehr.

Richard Wagner

Möbelbau mit der Oberfräse
Methoden der Entwurfsgestaltung

312 Seiten mit 300 Abbildungen
ISBN 978-3-421-03505-9

Einen Fundus an Entwürfen von Möbeln und ihren Einzelteilen gibt Richard Wagner Tischlern, Möbeldesignern, Innenarchitekten und ihren Kunden an die Hand. Diese Ideen und die Details der Bearbeitung mit der Oberfräse in einem erläuternden Praxisteil bieten eine Fülle von Anregungen und Hilfen für die Fertigung individueller Einzelstücke. Die Möbelformen und die Hinweise zur praktischen Umsetzung orientieren sich an der sinnlichen Qualität handwerklich bearbeiteten Holzes, an seiner Schönheit, an schmeichelnden Oberflächen und weichen Formen.

Dieter Stojan / Willi Brokbals

Tipps und Tricks

128 Seiten mit 178 Farbabbildungen
978-3-421-03620-9

Kluge Menschen lernen aus der Erfahrung anderer. Die Sammlung von Tipps und Tricks, zusammengestellt vom ehemaligen Leiter der Meisterschule Ebern, sichert den reichen Erfahrungsschatz des Schreinerhandwerks, ob es nun als Beruf oder Liebhaberei betrieben wird. Dieser Erfahrungsschatz erleichtert Lehrlingen den Einstieg in den Beruf, gibt Gesellen wie Hobbyschreinern wertvolle Hinweise für ihre Arbeit, regt zum Nachdenken an und motiviert, eigenes Wissen gezielt weiterzugeben. Die Gliederung des Handbuchs folgt dem üblichen Arbeitsablauf beim Schreinern: Lager, Maschinenarbeit, Bankarbeit, Oberflächenbehandlung, Montage. Zeichnungen von Willi Brokbals veranschaulichen die Arbeiten.